KB169873

한 역사학자가 쓴 성경 이야기

구약편

한 역사학자가 쓴
성경 이야기

구약편

김호동

까치

저자 김호동(金浩東)

1954년 청주에서 태어났다. 1979년 서울대학교 동양사학과를 졸업하고, 1986년 하버드 대학교에서 박사학위를 받았고, 그해부터 2020년까지 서울대학교 동양사학과 교수로 재직했다. 현재 서울대학교 명예교수이자 대한민국 학술원 회원이다. 저서로는 『근대 중앙아시아의 혁명과 좌절』, 『황하에서 천산까지』, 『동방 기독교와 동서문명』, 『몽골제국과 고려』, 『몽골제국과 세계사의 탄생』 등이 있고, 역서로는 『몽골 제국 기행 : 마르코 폴로의 선구자들』, 『역사서설』, 『유목사회의 구조』, 『칭기스한』, 『유라시아 유목제국사』, 『마르코 폴로의 동방견문록』, 『이슬람 1400년』, 『라시드 앗 딘의 집사』(전4권) 등이 있다. "케임브리지 히스토리" 시리즈의 『케임브리지 몽골 제국사』(근간 예정)를 편집하고 있다.

© 2016 김호동

한 역사학자가 쓴 성경 이야기 : 구약편

저자 / 김호동
발행처 / 까치글방
발행인 / 박후영
주소 / 서울시 용산구 서빙고로 67, 파크타워 103동 1003호
전화 / 02・735・8998, 736・7768
팩시밀리 / 02・723・4591
홈페이지 / www.kachibooks.co.kr
전자우편 / kachibooks@gmail.com
등록번호 / 1-528
등록일 / 1977. 8. 5
초판 1쇄 발행일 / 2016. 11. 15
        6쇄 발행일 / 2024. 2. 20

값 / 뒤표지에 쓰여 있음

ISBN 978-89-7291-629-1 93900

이 도서의 국립중앙도서관 출판시도서목록(CIP)은 서지정보유통지원시스템 홈페이지(http://seoji.nl.go.kr)와 국가자료공동목록시스템(http://www.nl.go.kr/kolisnet)에서 이용하실 수 있습니다. (CIP 제어번호 : CIP2016026816)

시작하며

성경은 기독교의 경전이다. 기독교를 믿는 사람들은 이 책에 하나님이 오랜 세월에 걸쳐서 여러 선지자들을 통해서 인류에게 나타낸 계시들, 그리고 마지막에는 예수 그리스도를 통해서 전해준 구원의 메시지가 담겨 있다고 믿는다. 따라서 책의 이름에 '성(스러운)'이라는 수식어가 붙여져도 이상한 일이 아니다. 그런데 그것이 우리말에서만 그런 것이 아니다. 영어에서도 '홀리 바이블(Holy Bible)'이라고 부르며, 심지어 아랍어로도 '키탑 알 무까다스(Kitab al-Muqaddas)' 즉 '성스러운 책'이라고 한다. 따라서 그것을 경전으로 받아들이는 사람들에게 그것은 시공을 초월한 영원한 진리를 담고 있는 책이기도 하다.

그러나 성경은 시공을 초월한 신비한 계시, 철학적인 변론, 혹은 형이상학적인 담론들로만 채워진 책이 아니다. 그 책에서는 천지창조부터 시작해서 인간과 문명의 발생과 타락, 민족과 제국의 흥망성쇠, 선인과 악인의 대결, 죄악의 심판과 구원의 희망 등 수많은 흥미진진한 이야기들이 전개된다. 그 이야기들은 마치 공상소설이나 영화처럼 허구로 지어낸 것이 아니라, 역사의 무대에서 실제로 벌어졌던 사건과 인물들에 관한 기록이기도 하다. 그런 의미에서 성경은 기독교의 경전이자 동시에 역사의 기록물이기도 하다.

다만 성경은 통상적인 역사 기록물과는 유를 달리한다. 성경이 아닌 다른 역사서들도 저자나 편찬자의 관점 혹은 이념에 따라서 그 내용은 크게 달라지며, 그래서 동일한 사건에 대한 서술도 전혀 다르게 묘사될 수 있다. 그렇지만 통상적인 역사서들은 그 초점에는 조금씩 차이가 있을지라도, 주된 관심이 정치, 사회, 경제 등의 문제에 맞추어져 있으며, 성경처럼 하나님의 계시와 영적인 구원이라는 잣대를 가지고 시비곡절을 따지며 서술한 것은 아니다. 한 마디로 말해서 우리들이 흔히 생각하는 역사란 인간과 인간 사이에 벌어진 사건들의 기록이지만, 성경에 기록된 역사는 하나님과 인간 사이에 일어난 일들이기 때문이다. 따라서 성경에서 서술되는 내용들은 다른 역사서들에 나오는 것과 비슷한 특징을 보이면서도 동시에 지극히 비역사적인 속성을 가지고 있다.

성경을 읽는 사람이라면, 그 누구라도 그것에 내재되어 있는 바로 이 역사성과 비역사성 사이에서 괴리를 느끼지 않을 수 없을 것이다. 이 점에서는 나도 예외가 아니다. 더구나 오랫동안 역사학도로 훈련을 받았고 역사 분야의 글을 써왔던 나로서는 다른 일반 독자들이나 기독교 신자들이 성경을 대할 때보다 훨씬 더 그 역사적인 측면에 민감하게 반응하게 된다. 직업의식의 발로이기는 하겠지만, 성경에 묘사된 어느 일화나 사건을 읽든지 간에 나는 늘 그 역사적 배경을 생각하고 궁금해하며 읽게 된다.

그러나 나는 이 책에서는 성경에 기록된 많은 '기적들', 곧 통념으로는 이해하기 어려운 현상들에 대해서, 그것이 진실이냐 허구냐 하는 문제에 대해서 왈가왈부하지 않는 것을 원칙으로 삼았다. 나는 합리적인 판단과 사고를 중시하는 사람이지만, 성경을 '합리주의적인' 관점으로만 이해하고 해석하는 태도는 옳지 못하다고 생각하기 때문이다. 나는 성경이 '성령의 감동'으로 쓰였다는 주장을 받아들이는 사람이다. 그렇기 때문에 성경에 기록된 수많은 일화와 사건들 가운데 때로 믿기 힘든 것들이 있거나 혹은 과장된 것처럼 느껴지는 것들이 있다고 하더라도, 그렇게 쓰이게 된 나름의 이유가 있다고 생각한다. 온 우주와 세상 안에서 벌어지는 모든 일들에 대해서 우리가 합리적인 인과관계를 통해서 설명할 수 있을 정도로 인간의 지식이 고도의 단계에 이르지는 않았다. 따라서 우리가 설명하기 힘든 현상, 즉 흔히 '기적'이라는 이름으로 부르는 현상도 충분히 가능할 수 있다고 생각한다. 다만 성경에 나오는 모든 기적들이 사실이며 입증 가능하다고 믿는 것은 아니다.

아무튼 성경은 나에게 깊은 영감과 계시의 근원이었지만, 동시에 많은 숙제를 던져주기도 했다. 그래서 나의 성경 읽기는 단편적이었고 어떤 체계를 이루지 못했다. 통독을 하기도 했고 또 기회가 있을 때마다 여기저기를 읽어보았지만, 어쩐지 장님이 코끼리를 만지는 그런 느낌이었다. 신-구약 성경의 무대가 되는 지역과 시대가 나의 전공이었다면, 물론 관련 서적들을 두루 읽을 기회가 있었겠지만, 12-14세기 몽골 제국의 역사를 연구하는 나로서는 그럴 시간도 또 엄두도 내기 힘든 일이었다.

그러던 차에 약간의 시간을 내어서 구약을 좀더 체계적으로 읽고 정리할 수 있는 기회를 가지게 되었다. 물론 그것은 무엇보다도 먼저 나 자신을 위한 작업이었다. 항상 접하는 책이지만, 제대로 모른다는 찜찜함을 떨쳐버리고 싶었다. 내가 전문으로 하는 분야에 대해서 오랜 연구를 거듭한 결과를 발표하려는 그런 시도와는 물론 근본적으로 달랐다. 그러나 구약을 읽고 이런저런 주석서와 책들을 뒤져보면서 역사적인 맥락들을 생각해보는 과정은 무엇보다도 내게 큰 은혜의 시간이었다. 그리고 그것을 글로 쓰는 것 자체도 내게는 일종의 신앙고백과도 같은 것이었다.

따라서 이제 그 결과를 하나의 책의 형태로 세상에 내어놓으려니, 두려움이 앞서는 것은 당연하다. 내가 감히 성경에 대해서 무엇을 안다고……그동안 얼마나 많은 연구들이 있었는데……그렇지만 반드시 전공자가 아니더라도 어떤 분야에 대해서 나름대로 생각한 것들을 글로 정리할 수 있다면, 그래서 그것이 다른 사람들에게 어떤 유익함이 된다면, 용기를 내어도 무방하지 않을까 하는 생각을 하게 되었다. 그리고 하나님께서 내게 주신 은사(恩賜)가 있다면, 그것은 '가르침의 은사'일 것이리라고 평소에도 믿고 있었기 때문에, 그런 은사를 보다 적극적으로 하나님의 일을 위해서 쓰는 것은 오히려 더 좋은 일이 될 수도 있을 것 같았다.

이 책은 모두 10개의 장으로 이루어져 있다. 원래는 구약성경에 나오는 핵심적인 인물들 10명을 골라서, 그들이 하나님에게 선택받은 사람으로서 어떤 역사적 상황 속에서 활동했는가 하는 것을 설명하려는 의도에서 출발했다. 성경을 읽어보면 누구나 느낄 수 있겠지만, 그것은 역사라는 무대에서 하나님과 인간 사이에 벌어지는 일들의 기록이기 때문이다.

하나님, 인간, 역사—이것이 성경의 주제이자 핵심이다. 그래서 믿음의 조상인 아브라함을 다룬 제1장에서부터 시작해서, 야곱과 모세, 여호수아와 사사(士師)들, 사울과 사무엘, 다윗과 솔로몬으로 이어지는 인물들에 대해서 차례로 정리했다. 왕국이 분열한 뒤에는 어느 한 사람을 특정하기 어려웠기 때문에 제8장과 제9장은 북부 왕국과 남부 왕국의 역사와 선지자들에 대해서 썼고, 마지막 제10장은 포로로 끌려갔던 이스라엘 사람들이 귀환하는 이야기로 끝을 맺었다. 특히 여러 일화들의 정확한 이해를 위해서 적절한 지도를 삽입하려고 많은 노력을 기울였다.

이 글의 중간중간에 나오는 많은 해석과 평가들이 나의 독창적인 생각을 반영하는 것은 아니다. 물론 일부 그런 것들이 없는 것은 아니나, 기왕에 내려진 연구와 견해에 기댄 바가 많다. 그러나 이 글은 연구서를 자처하는 것이 아니기 때문에 그 출처들을 일일이 밝히지는 않았다. 다만 책 말미에 참고한 서적들을 적어두었다.

마지막으로 나는 독자들이 이 글을 읽고 구약성경에 나오는 수많은 복잡한 사건과 일화와 인물들에 대해서 좀더 쉽게 이해할 수 있게 된다면, 더 이상 바랄 것이 없겠다. 우선 성경을 '하나님의 말씀'의 기록이라고 믿는 신자들을 염두에 두고 썼지만, 혹시라도 믿지 않는 사람들 가운데 이 글을 재미있게 읽고 성경을 가깝게 하는 계기가 된다면, 더욱 좋을 것이다. 분에 넘치는 전도의 열매까지 얻을 수 있으니 말이다. 그래서 떨림과 함께 기대하는 마음으로 이 책을 독자 여러분에게 내어놓는다.

흑해

트로이

하투사

히타이트

아테네

머케네

갈그미스

알레쏘

크레타

우가리트

하맛

키프로스

카데시

지중해

시돈

다마스쿠스

두로
악코

하솔
므깃도

세겜
벧엘
여리고
예루살렘
헤브론
브엘세바

욥바
아스글론
가사

리비아

가데스 바네아

아바리스(람세스)

멤피스

시나이
반도

미디안

이집트

아마르나

아비도스

테베

홍해

구약시대의
서아시아

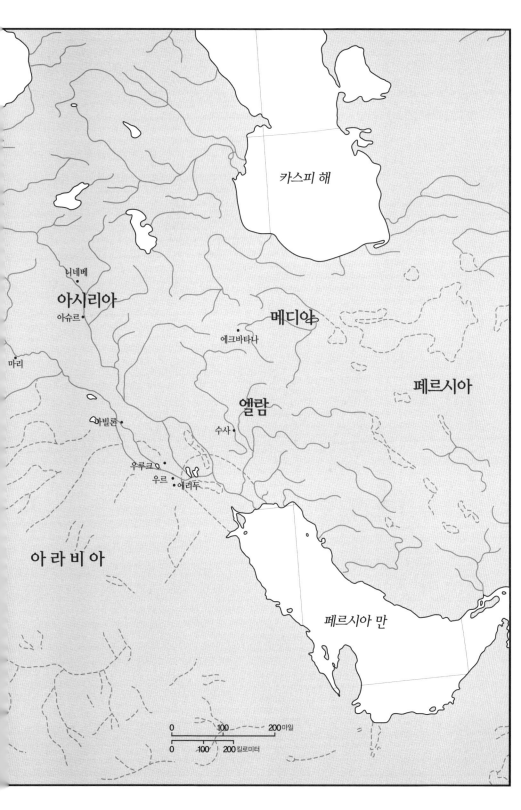

카스피 해

니네베

아시리아

아슈르

메디아

에크바타나

마리

엘람

바빌론

수사

우루크
우르 에리두

페르시아

아라비아

페르시아 만

0   100   200마일

0   100   200킬로미터

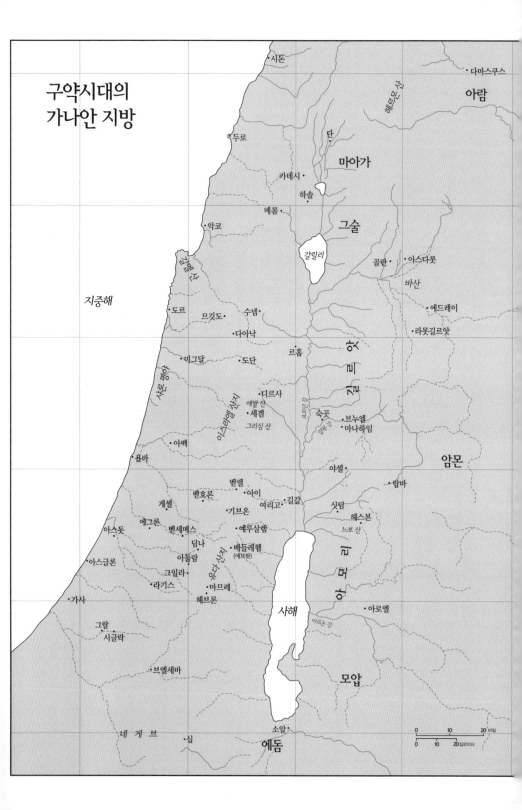

구약시대의
가나안 지방

지중해

시돈

•다마스쿠스

아람

•두로

단

마아가

카데시•

•허술

메롬

그술

갈릴리

골란• •아스다롯

바산

•에드레이

악코•

도르•

므깃도•

수넴•

•다아낙

•라못길르앗

미그달• •도단

르훔

갈멜 산

사론 평야

이스르엘 골짜기

디르사•
에발산
•세겜
그리심 산

숙곳
•브누엘
•마나하임

•아벡

욥바•

야셀•

랍바•

벧엘• •아이
벧호론• 여리고•길갈

게셀•

기브온•

싯딤

헤스본•
느보산

에그론•
벧세메스• •예루살렘

아스돗•

딤나•

•베들레헴
(에브랏)

아둘람•

아스글론•

그일라•

라기스•

마므레•
•헤브론

•가사

사해

아로엘•

그랄•
시글락•

•아르논 강

•브엘세바

모압

네 게 브   •십

소알•

에돔

암몬

유다 산지

느보산

0   10   20마일

0   10   20킬로미터

차례

일러두기

1. 이 책에서 인용된 성경은 '개역개정판'을 기준으로 삼았다.

2. 성경의 인용문에서는 오늘날의 용례와 맞지 않는 고유 명사나 어휘일지라도 그 대로 사용했으나, 본문에서는 오늘날의 용례에 맞게 수정했다(예 : 다메섹 → 다 마스쿠스, 바로 → 파라오 등).

3. 북부 이스라엘 왕국과 남부 유다 왕국의 군주들의 재위 연도에 대해서는 이견이 많으나 이 책에서는 Edwin Thiele의 *The Mysterious Numbers of the Hebrew Kings* (New York: Macmillan, 1951)을 따랐다.

4. 본문에 나오는 구약 성경에 포함된 39권의 서명과 약칭들은 '개역개정판'에 제시 된 것에 따랐는데, 이는 아래와 같다.

   창세기(창), 출애굽기(출), 레위기(레), 민수기(민), 신명기(신), 여호수아(수), 사사 기(삿), 룻기(룻), 사무엘(삼상, 삼하), 열왕기(왕상, 왕하), 역대(대상, 대하), 에스 라(스), 느헤미야(느), 에스더(에), 욥기(욥), 시편(시), 잠언(잠), 전도서(전), 아가 (아), 이사야(사), 예레미야(렘), 애(예레미야애가), 에스겔(겔), 다니엘(단), 호세아 (호), 요엘(욜), 아모스(암), 오바댜(옵), 요나(욘), 미가(미), 나훔(나), 하박국(합), 스바냐(습), 학개(학), 스가랴(슥), 말라기(말)

제1장

많은 민족의 아버지 : 아브라함

아브라함

성경 「창세기」의 처음 11개 장은 천지창조에서부터 시작하여 대홍수를 거쳐서 바벨 탑이 무너지기까지의 이야기를 다루고 있다. 물론 만물의 기원과 인류의 출현에 하나님이 어떻게 개입했는가를 보여주는 내용이기 때문에 그것이 가지는 종교적인 의미는 실로 막중하다. 그러나 거기에는 신화나 설화 등에서 흔히 보이는 함축과 상징으로 가득 차 있어서 그 내용이 역사적으로 사실인지의 여부를 입증하는 것은 불가능하다. 또한 그것에 대하여 어떤 구체적인 내용을 바탕으로 하여 실증적인 설명을 하는 것도 어렵다.

이 글은 성경에 제시된 다양한 일화들 가운데 그 '역사적인' 배경에 대해서 확인 혹은 추정이 가능한 부분으로 국한한다. 그래서 여기서는 「창세기」 11장 마지막 부분에서부터 이야기를 시작해보기로 하자.

하나님은 자신이 창조한 인간들이 저지르는 죄악이 극에 달하자 홍수로써 그 씨를 말리고, 오로지 노아 한 사람의 가족들만을 살려두어 인류의 역사가 새롭게 시작되도록 했다. 그래서 노아의 세 아들인 셈과 함과 야벳의 후손들이 번성하게 되었고 사람들은 다시 땅 위를 채우기 시작했다. 「창세기」 10장은 그들에게서 비롯된 여러 족속과 민족들의 목록이 기록되어 있다. 그러나 이들이 모두 한 사람의 후손들이었기 때문에 "온 땅의 언어가 하나요 말이 하나"(창11:1)일 수밖에 없었다.

그러자 그들은 한 마음이 되어 하늘에 닿을 정도로 높은 탑을 쌓고 도시를 건설하기 시작했으니, 그것이 바로 '바벨(Babel)', 즉 '하나님(el)에게 이르는 문(bab)'이었다. 이에 하나님은 그들의 언어를 혼잡하게 하여 서로 알아들을 수 없게 만들었고, 이로써 도시와 탑의 건설은 중단되었다. 바벨 탑이 무너지게 된 것이다. 그뒤 사람들은 온 땅에 흩어져 살게 되었다.

그때 갈대아 사람들의 고장인 우르라는 도시에 노아의 아들 셈의 후손이었던 데라라는 인물이 살고 있었다. 그의 아들 중의 하나가 아브람(Abram)이었으니 그가 바로 후일 아브라함(Abraham)이라는 이름으로 알려지게 된 인물이었다. 그런데 현재까지 알려진 역사적 기록을 통해서 그의 실존을 확인할 만한 증거는 발견되지 않았다. 따라서 아브라함을 둘러싼 일화도 설화적인 소재를 기반으로 한 것이라는 주장이 제기되었다. 갈대아라는 종족의 명칭 역시 기원전 9세기 중반 아시리아의 기록에서 처음 등장하기 때문에, 그보다 훨씬 이전에 살았던 아브라함이 갈대아 사람들이 살던 우르의 주민이었다는 서술은 앞뒤가 맞지 않는다는 지적도 있다.

그러나 아브라함의 일생은 우르, 하란, 가나안, 이집트 등 구체적인 공간을 무대로 전개되었고, 그 이전의 아담, 가인, 노아와 같은 설화적인 인물들과는 확연히 구별된다. 뿐만 아니라 그의 실존을 확증시켜주는 자료가 없다고 해서 그것이 곧 그의 존재를 부정하는 증거가 되지는 못한다. 지금부터 거의 4,000년 전으로 추정되는 인물과 사건에 대한 증거들이 지금까지 전해진다면 오히려 그것이 놀라운 일일지도 모른다. 더구나 이런 이야기는 여러 가지 형태로 윤색이 되거나 추가될 가능성도 있다. 갈대아라는 표현이 들어가 있는 것도 어쩌면 후대에 추가된 내용일지도 모른다. 아무튼 아브라함의 존재와 그에 관한 일화에 대해서 미심쩍다는 의견을 제시한 학자들도 있지만, 그렇다고 해서 현재 우리가 가지고 있는 정보를 근거로 그것은 '설화'에 불과한 것이라고 단정하기도 어려운 것이 사실이다.

아브라함이라는 말은 히브리어로 풀면 '많은 민족의 아버지'라는 뜻이 된다. 물론 그의 이름이 실제로 히브리어였는지에 대해서는 회의적인 의견도 있다. 성경에 의하면, 그 이름은 늦은 나이가 되도록 아들을 가지지 못했던 그에게 하나님이 장차 큰 민족을 이루게 하리라고 약속을 하면서 새로 지어준 것이었다.

사실 성경을 읽어보면 '이름'이 얼마나 중요한 것인지 새삼 깨닫게 된다. 사람만 그러한 것이 아니라 동물과 식물 나아가서 생명이 없는 모든 만물이 다 그러하다. 창조의 첫 날에 하나님은 "빛이 생겨라" 하여 빛과 어둠을 나눈 뒤 빛을 '낮'이라 하고 어둠을 '밤'이라고 불렀다. 그다음에는 창공 위에 있는 물과 아래에 있는 물을 나눈 뒤, 창공을 '하늘'이라 부르고 뭍을 '땅'이라고 불렀다.

이렇게 하나님은 무엇인가를 창조할 때마다 이름을 지어주셨다. 자신의 형상을 따라 만든 아담의 갈빗대로 그 배필을 만든 뒤에는 '여자'라 이름했다. 뿐만 아니라 하나님은 아담에게 이름을 짓는 권세를 주었으니, 아담이 땅 위에 있는 동물들을 부르는 대로 그것이 그 동물의 이름으로 되게 한 것이다.

따라서 하나님이 누군가를 자신의 종으로 쓰려고 불러서 특별한 소명을 줄 때, 그 사람의 이름을 부르는 것은 하나도 이상한 일이 아니다. 과거에 지체가 높은 분이 아랫사람을 부를 때 이름이 아니라 헛기침을 하면서 '여봐라!' 하고 외치는 모습과는 전혀 다르다. 하나님은 누군가를 부를 때 반드시 그의 이름을 불렀다. 아브라함에게도 처음에 "아브라함아 두려워 말라"라고 하면서 그에게 후사를 약속했으며, 이후 모세와 사무엘을 부를 때도 마찬가지였다. 성경은 이처럼 하나님께 이름으로 불린 사람들에 관한 이야기이기도 하다. 역사를 하나의 연극 무대라고 가정할 때, 그들이 곧 주연 배우들이었다. 물론 감독은 하나님이시다. 하나님이 아브람에게 아브라함이라는 새로운 이름을 부여했다는 것은 인류 역사의 무대에서 장차 그가 맡게 될 역할을 지시했다는 것을 의미한다.

아브라함은 데라의 아들이었다. 데라에게는 아브라함 이외에 두 아들이 더 있었는데, 하란과 나홀이라는 이름이었다. 이 가운데 하란은 일찍 죽었지만, 그에게는 롯이라는 아들과 밀가와 이스가라는 두 딸이 있었다. 데라에게는 다른 부인의 소생인 사래라는 딸이 하나 있었다. 아브라함은 어머니가 다른 사래를 아내로 맞아들였다. 우리말 성경에는 "나의 이복 누이"라고만 되어 있지만, 영어 성경에는 보다 분명하게 "나의 아버지의 딸이긴 하지만, 나의 어머니의 딸은 아니다"(창20:12)라고 기록되어 있다. 당시에는 일가 일족 사람들끼리 혼인하는 족내혼(族內婚, endogamy)이 성행했다.

그런데 어느 날 갑자기 데라는 두 아들 아브라함과 나홀, 딸 사래,

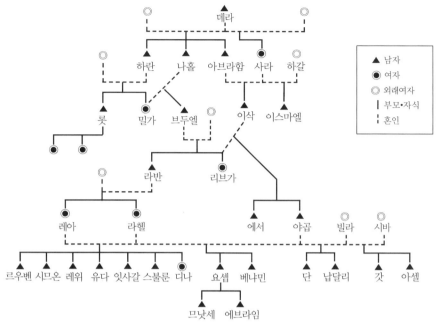

아브라함 일가의 가계도

그리고 죽은 아들 하란의 자식들을 데리고 우르를 떠났다. 처음에는 목적지를 가나안으로 잡았다. 데라는 유프라테스 강을 거슬러올라가서 약 1,000킬로미터 떨어진 곳에 있는 하란에 도착했다. 그는 거기서 더 가지 않고 정착하여 새로운 삶의 터전을 마련했다. 하란은 지금 이라크 북부와 터키 남부가 접경하는 지역이다.

데라는 하란에서 살다가 거기서 죽었다. 그런데 이번에는 그의 아들 아브라함이 그곳에 정착하지 않고 새로운 땅을 찾아 나섰다. 그가 이주한 이유는 자신의 의지가 아닌 하나님의 지시에 의한 것이었다. 그러나 그 지시 안에는 어디로 가라는 구체적인 목적지가 명시되어 있지 않았

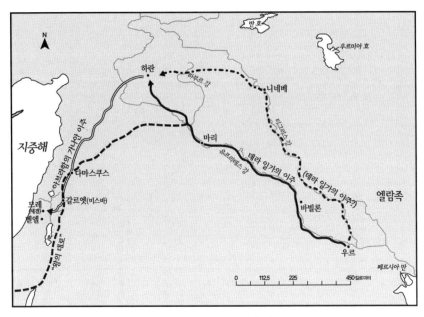

지도 1 아브라함 일가의 이주

다. "너는 너의 고향과 친척과 아버지의 집을 떠나 내가 네게 보여줄 땅으로 가라"(창12:1)는 것이 전부였다. 그런데 하나님은 무조건 떠나라는 명령만 내리지는 않았다. 장차 아브라함에게 내릴 두 가지의 큰 축복도 약속했다. 그것은 "너로 큰 민족을 이루고 네게 복을 주어 네 이름을 창대하게 하리"라는 것과, "땅의 모든 족속이 너로 말미암아 복을 얻을 것"(창12:2-3)이라는 약속이었다.

아브라함은 갈 곳도 말해주지 않고 무조건 떠나라는 명령에 순종했다. 나중에 "아브라함이 여호와를 믿으니 여호와께서 이를 그의 의(義)로 여기(셨다)"(창15:6)고 했듯이, 그의 순종은 하나님에 대한 그의 믿음을 입증한 가장 강력한 징표가 되었다. 바울 사도는 아브라함이 할례를 받기도 전에 하나님의 말씀에 순종하여 "그 믿음이 의로 여겨졌다"(롬

4:9)는 사실에 주목하면서, 할례를 받은 이스라엘 사람들뿐만 아니라 할례를 받지 않는 이방인들도 믿음을 통해서 구원이 가능하다는 점을 강조했다.

이렇게 해서 아브라함은 아내 사래와 조카 롯을 데리고 하란을 떠났다. 그가 향한 곳은 거기에서 600킬로미터 떨어진 남쪽에 있는 가나안 땅이었다. 이로써 가나안은 아브라함과 그의 후손들의 역사가 펼쳐지는 무대가 되었다. 그런데 데라와 아브라함이 이끄는 무리들이 우르를 떠나 하란을 거쳐 가나안에 이를 때까지 거쳤던 여정은 결코 만만한 것이 아니었다. 나귀와 같은 동물에 짐을 싣고 어른 아이 할 것 없이 모두 걸어서 황량한 사막을 가로질러 1,600킬로미터를 갔다. 하루 평균 최대 30킬로미터 정도로 이동했다고 쳐도 우르에서 하란까지는 최소 한 달 이상이 걸렸고, 하란에서 가나안까지는 20일 거리였다.

아브라함이 하란을 떠난 것이 하나님의 명령에 의한 것이었다고 하더라도, 애당초 그의 아버지 데라는 도대체 무엇 때문에 우르를 떠난 것일까? 성경은 이 점에 대해서는 침묵하고 있다. 그들이 왜 이주를 하게 되었는지 그 이유와 배경을 이해하려면 당시 어떤 일들이 벌어졌는지 확인할 필요가 있다. 물론 그러려면 그들이 이주한 시기가 언제쯤인지 대략이나마 알아야 한다. 그러나 앞에서도 말했듯이 데라와 아브라함 및 그 후손들에 대해서는 성경 이외에 다른 외부 자료가 없기 때문에 확실한 연대를 알기는 어렵다. 따라서 이들의 실존을 인정하는 학자들 사이에서도 생존 연대와 활동 시기에 대해서는 의견이 일치되지 않는다.

대체로 두 가지 견해가 있다. 먼저 아브라함이 가나안에 들어왔을 때부터 이집트를 빠져나오는, 즉 출애굽(出埃及) 때까지의 기간을 성경의 기록으로 계산해보면 645년이 된다. 문제는 출애굽의 시점을 언제로 보느냐인데, 그것에 따라서 아브라함이 가나안에 언제 왔는지가 달라진다. 하나는 출애굽을 기원전 1260-1250년경으로 보는데 그렇다면 아브라함이 하란을 떠나 가나안으로 향한 것은 대략 기원전 1900년 정도가 될 것이다. 또다른 견해는 출애굽을 기원전 1450년경으로 보는 것인데 그럴 경우 아브라함의 가나안 행은 그보다 200년 정도 앞선 기원전 2100년경이 된다. 어느 것이 맞는지는 단언하기 어렵다.

우르에서 하란으로

우선 데라가 가족을 이끌고 우르를 떠나 하란으로 가게 된 사정을 살펴보기로 하자. 우르는 인류 역사상 최초의 문명이라고 알려진 수메르 문명에서 가장 핵심적인 도시였다. 성경에서 "갈대아 우르"라고 부른 것은 그 지역에 갈대아인들이 살았기 때문이다. 유프라테스 강 하류에 위치한 이 도시는 이미 기원전 3800년경부터 발달하기 시작해서 기원전 2000년 전후한 시기에 절정에 이르렀다. 정치와 교역의 중심지였고 인구는 6만5,000명 정도로서 당시 세계 최대의 도시였다. 「고대 유대인의 역사」라는 책을 쓴 요세푸스(100년경 사망)는 데라가 아들 하란의 죽음으로 우르가 싫어졌기 때문일 것이라고 했지만, 썩 납득이 가는 설명은 아니다.

만약 데라 일가가 우르를 떠난 것이 기원전 2100년 이전이라고 한다면, 그 당시는 도시가 상당한 번영을 구가하던 시기였다. 따라서 그가 가족을 데리고 그곳을 떠난 이유를 쉽게 찾기는 어렵다. 우르에서 어떤

'우르의 애가'가 적힌 설형문자 점토판
(루브르 박물관)

어려움에 봉착해서 새로운 기회를 찾아서 떠난 것일 수도 있겠지만, 우리는 그 이유가 무엇인지 구체적으로는 알 수가 없다. 그런데 만약 그의 이주 시기가 기원전 1900년 전후한 것이었다면, 우리는 충분히 그럴 만한 배경을 알고 있다. 그것은 다름이 아니라 바로 그 무렵에 우르를 덮친 엄청난 재앙이다.

수메르 문명이 남긴 설형문자 석편들 가운데 "우르의 애가(Lament for Ur)"라는 이름으로 알려진 시가 있다. 이 시는 닝갈이라는 여신이 엔릴이라는 강력한 바람의 신이 분노하여 폭풍으로 우르를 뒤덮어 파괴하는 모습을 보면서, 엔릴에게 그 분노를 거두어줄 것을 애원하는 내용이다. 다시 말해서 중동 지역에서 가끔씩 볼 수 있는 무서운 모래 폭풍이 도시 전체를 뒤덮어 파괴해버린 것이다. 게다가 티그리스 동쪽에 살던 엘람인들의 대대적인 공격 역시 번영의 도시 우르의 붕괴를 가속화시켰다. "우르의 애가"를 연구한 학자들은 그것이 우르 제3왕국의 마지막 왕의 치세인 기원전 1963-1940년에 쓰인 것이 아닐까 추측한다.

데라 일행은 처음에 우르를 떠나 가나안 땅으로 가고자 했지만, 목적지에 도착하기도 전에 중간에 위치한 하란에 정착했다. 당시 하란은 무역 대상단들이 지나가는 중요한 길목이었기 때문에 경제적으로 매우 풍요로운 도시였다. 우르에서 하란으로 가는 길은 여러 루트가 있었는데, 가장 용이하고 많이 사용되었던 것은 물론 유프라테스 강을 따라 올라가면서 바빌론과 마리를 거쳐서 하란에 이르는 길이다. 다른 가능성은 우르에서 티그리스 강까지 가서 거기서 강을 따라 올라가 니네베를 거쳐서 하란에 도달하는 방법이다. 전자일 가능성이 커 보이지만, 이 역시 단언하기는 어렵다.

데라가 가나안으로 더 가지 않고 하란에 남은 데에는 종교적인 이유도 있었던 것 같다. 당시 우르라는 도시의 주민들은 신(Sin) 혹은 난나(Nanna)라고 불리던 달의 신을 숭배했고, 우르는 바로 이 신을 위해서 봉헌된 도시였다. "우르의 애가"를 불렀다는 닝갈은 달의 신의 아내였고, 도시에 폭풍을 가져온 엔릴은 달의 신의 아버지였다. 흥미롭게도 하란이라는 도시 역시 달의 신을 믿는 주민들이 사는 곳이었다. 따라서 우르의 시민 데라에게 하란은 결코 낯선 사람들의 땅이 아니었다. 그가 사망한 뒤 여호와가 아브라함에게 "너는 너의 고향과 친척과 아버지의 집을 떠나 내가 네게 보여줄 땅으로 가라"(창12:1)고 명령한 것도 그를 우상의 도시에 살게 내버려두지 않으려고 했기 때문이다.

이렇게 볼 때 데라가 우르를 떠난 것과 아브라함이 하란을 떠난 것은 근본적으로 그 원인도 목적도 달랐다. 데라의 이주는 재앙을 피해서거나 아니면 새로운 기회의 땅을 찾기 위해서였고 그래서 하란에 정착한 것이었다. 그러나 아브라함의 이주는 재앙이나 기회와는 무관한 것으로 여호와의 명령에 대한 순종이었고, 그가 가려고 하는 곳은 안식의 보장이 없는 낯선 땅이었다. 그의 나이 75세, 아내의 나이 65세였으니, 그것은 더더욱 모험이었을 것이다. 그는 오직 자신의 후손들이 장차 큰 민족을 이루고, 자신으로 인하여 땅의 모든 족속이 복을 받으리라는 여호와의 약속만을 믿고 길을 나선 것이다.

　아브라함이 가나안을 향해 떠났던 기원전 1900년 무렵의 세계의 다른 곳은 어떤 상황이었을까? 당시 인류의 역사는 이제 막 어둠에서 벗어나는 단계에 있었다고 할 수 있다. 중국에서는 삼황오제(三皇五帝)라는 신화의 시대가 끝나고 하(夏)라는 왕조가 들어섰는데, 이 왕조의 초기는 아직도 역사적으로 확증되지 않은 채 베일에 싸여 있다. 한반도에서는 아직 문명이 싹트려는 기운도 찾아보기 어려웠고 깊은 잠에 빠져 있을 때였다.

　그런데 희한하게도 티그리스와 유프라테스 두 강을 끼고 있는 메소포타미아 지방에서 하란에서 가나안으로 이어져 이집트까지 이어지는 지역, 소위 '비옥한 초승달 지역(The Fertile Crescent)'이라고 부르는 곳에서는 일찍부터 문명의 꽃이 피기 시작했다. 수메르 지역에 사람들이 정착하여 농사를 짓기 시작한 것이 지금부터 거의 7,000-8,000년 전이었고, 생산의 발달, 재화의 축적, 사회적 분화를 기초로 도시가 탄생하고 정치권력이 생겨 최초의 왕조 체제가 만들어지는 것도 기원전 2500년경이다. 그러니까 아브라함이 우르를 떠나던 기원전 1900년 무렵에 수메르 문명은 이미 완숙함을 지나 벌써 쇠퇴기로 접어들던 시기였다.

수메르 지역에 못지않게 조숙함을 보인 곳이 이집트였다. 논란의 여지가 없는 것은 아니지만, 거기서 최초의 왕조의 탄생을 초기 청동기 시대인 기원전 3100년경까지 올려보고 있다. 아브라함이 활동을 시작하는 시기는 그보다 1,000년 이상이 더 지났을 때이고, 고왕국 시대가 끝나고 중왕국 시대에 속하는 11-12왕조가 들어서 있었다. 메소포타미아나 이집트에 비해 가나안 지방은 왕조의 출현이 비교적 늦었고, 그곳에 있는 여러 도시와 성읍들은 이집트나 아시리아 방면에서 오는 적들의 침입을 자주 받았다. 아브라함이 가나안으로 들어갈 때 가나안 지방에서는 아직 철기가 나타나지 않았고 중기 청동기 시대였다.

약속의 땅 가나안

이제 다시 아브라함에게로 돌아가보도록 하자. 하란을 떠난 아브라함 일행은 서남쪽으로 길을 잡고 내려갔다. 그 루트는 아마 후일 그의 손자 야곱이 하란에서 도망쳐 나올 때 왔던 길과 같았을 것이다. 즉 다마스쿠스를 거쳐서 내려와 갈르엣(미스바)을 통과하여 얍복 강 부근까지 오는 길이다. 요르단 강 동쪽을 따라 남북으로 이어지는 이 길은 흔히 '왕의 대로(King's Highway)'라고 불리며 남쪽으로는 홍해 입구까지 이어졌다.

아브라함은 얍복 강 근처에 있던 숙곳이라는 곳을 지나 서쪽으로 요르단 강을 건넜을 것이다. 그리고 마침내 강 서쪽에 있는 세겜 땅의 모레라는 곳에 도착했다. 그 땅을 그의 자손에게 주겠다는 여호와의 약속

마므레의 상수리나무 (2008년 사진)

을 들은 그는 그곳에 있던 상수리나무 옆에 단을 쌓았다. 세겜은 바로 남북으로 그리심 산과 에발 산 사이에 위치하여, 동서로 물이 갈라지는 분수령이었다. 따라서 동쪽의 요르단 강 유역에서 서쪽의 해안 평야지대로 가려면 그곳을 통과해야만 하는 교통의 요지이기도 했다. 아브라함은 거기서 남쪽으로 30킬로미터 정도 더 내려가서 벧엘과 아이 사이에 도착하여 다시 단을 쌓고 여호와의 이름을 불렀다고 한다.

그가 쌓은 단은 다름 아닌 제단(祭壇, altar)이었다. 고대 유대인들은 흙이나 다듬지 않은 돌을 쌓아서 제단을 만들고 그 위에서 동물을 희생(犧牲, victim)으로 잡아서 제사를 지냈다. 아브라함은 제단을 쌓을 때 상수리나무 옆을 자주 이용했다. 아마 건조한 지역에서 물이 부족하여 큰 나무가 자라지 않는데 어쩌다가 키가 큰 나무가 있으면 멀리서도 눈에 잘 띄기 때문이었을 것이다. 상수리는 참나무과에 속하는 낙엽 교목

(喬木)으로서 우리나라에서는 과거에 그 열매인 도토리로 묵을 만들어 흉년에 임금님 수라상에 올렸다고 해서 '상수리'라는 이름이 지어졌다고 말하기도 한다.

아브라함은 후일 조카 롯과 이별한 뒤에도 헤브론의 마므레라는 곳에 있는 상수리나무 옆에다 단을 쌓기도 했다. 마므레라는 곳은 지금도 지명으로 사용된다. 거기서 서남쪽으로 1.2킬로미터 지점에 가면 수령 5,000년으로 추정되는 고목이 하나 있는데, 이름이 '아브라함의 상수리'라고 한다. 만약 그 나무가 바로 성경에 나오는 마므레의 상수리라면, 아브라함이 단을 쌓을 때 그것은 이미 수령이 1,000년은 된 거대한 나무였을 것이다.

아브라함은 여호와의 명령에 순종하여 가나안에 왔으나, 이 약속의 땅은 그에게 결코 편안한 안식처가 되지 못했다. 그 땅에 기근이 들자, 그는 이집트로 피신을 갈 수밖에 없었다. 후일 그의 아들 이삭도 기근이 들자 이집트에 가려고 했고, 손자 야곱과 그의 자식들 역시 거듭된 한발과 흉년으로 온 가족이 모두 이주했다. 가나안은 주기적으로 이러한 한발에 시달렸다.

따라서 가나안을 가리켜 흔히 "젖과 꿀이 흐르는 땅"이라고 하는데, 그것은 사실과는 사뭇 다른 것이었다. 이러한 표현은 이집트에서 노예 생활을 하던 이스라엘 사람들을 끌어낼 때 처음으로 등장한다. 즉 예속의 굴레에서 벗어나서 새로운 목적지에 대한 비전으로 제시된 것이기 때문에 풍성한 은혜가 약속된 땅이라는 의미의 은유적인 표현일 수 있다. 그렇지만 또한 그것이 전혀 사실과 다르다고 할 수도 없다. 이스라엘 사람들이 자리를 잡은 곳은 주로 사해 서쪽의 산간 지역으로, 기본적으로는 농업과 목축이 모두 가능한 곳이다. 많은 가축을 쳐서 젖을 구할 수도 있고, 각종 과실에서 짠 즙으로 꿀을 만들 수도 있다.

아브라함이 이집트로 이주했을 당시, 그곳은 중왕국 시대에 접어들고 있었다. 고왕국 시대가 무너진 뒤 도래한 1차 혼란기는 기원전 2025년 경에 끝났다. 11왕조를 건설한 멘투호테프 2세가 전국을 다시 통일하면서 정치적 안정이 찾아왔다. 아브라함이 아내와 함께 이집트로 피신했을 때 그곳의 주민들은 사래의 미모를 보고 탐내었다. 그래서 그는 그녀가 자신의 누이라고 거짓말을 했다. 왜냐하면 그가 남편이라는 사실을 알면 사래를 취하기 위해서 자기를 죽일지도 모른다고 생각했기 때문이다. 사래의 소문을 들은 파라오(바로)는 그녀를 후궁으로 맞아들였다. 그 대신 아브라함에게는 많은 가축과 노비를 상급으로 주었다. 그러나 이로 인해서 파라오는 여호와가 내린 큰 재앙을 겪게 되었다. 그는 그녀가 아브라함의 아내라는 사실을 알게 되었고, 그에게 아내와 모든 재산을 그대로 가지고 돌아가도록 한 것이다.

「창세기」에는 이 일이 있은 뒤에 아브라함이 아내를 누이라고 또다시 거짓말을 했던 일이 기록되어 있다. 그가 그랄이라는 곳에 갔을 때 그곳의 왕인 아비멜렉에게 사래를 자신의 누이라고 속였던 것이다. 그런데 이와 거의 비슷한 일이 아브라함의 아들 이삭에게도 있었다. 그역시 기근으로 그랄에 갔을 때 주민들이 자기를 죽일까봐 아내 리브가를 누이라고 말했던 것이다. 아내를 누이라고 거짓말을 한 이야기가 성경에는 세 번이나 반복되고 있는 셈이다. 그런데 이 일화는 고대 이스라엘에 민담과 같이 전해져 내려오던 것이 세 가지의 각기 다른 이야기로 성경에 기록된 것이기 때문에 역사적인 사실로 받아들이기는 힘들다고 주장하는 사람도 있다. 그러나 반드시 그렇게만 볼 일은 아닌 듯하다.

오히려 우리가 보기에 이상한 것은 하나님이 아브라함과 이삭의 이런 행동에 대해서 꾸짖거나 벌주지 않았다는 사실이다. 아브라함이나 이삭 모두 자신의 목숨을 구하기 위해서 아내를 왕의 후궁으로 들어가게 했으니, 그들의 행동은 단순히 겁 많고 비겁한 것을 넘어서 도덕적으로 용납하기 힘든 일이다. 오히려 화를 입은 쪽은 파라오나 아비멜렉이었다. 여호와는 파라오가 사래를 후궁으로 맞아들인 연고로 그의 집에 큰 재앙을 내린 것이다. 그렇지만 파라오는 아브라함의 거짓말에 기만을 당한 셈이니까 우리가 보기에 그는 무고할 뿐만 아니라 극히 억울한 처지가 된 것이다. 이와 같이 좀처럼 이해하기 어려운 부분이 있는 것이 사실이다.

성경이 이 일화를 통해서 우리에게 말해주려는 메시지는 도대체 무엇일까? 하나님의 뜻은 우리가 도저히 측량할 수 없는 것이라는 점을 깨우치려는 것일까? 그럴 수도 있을 것이다. 그러나 무엇보다도 중요한 점은 하나님이 아브라함과 맺은 언약의 확고함과 지속성을 보여주는 데에 있는 것 같다. 다시 말해서 아브라함이 도덕적으로 비난받을 만한 행동을 했음에도 불구하고 그를 선택하여 언약을 맺은 하나님의 의지와 계획에는 변함이 없다는 것이다. 우리는 성경에서 하나님의 택하심을 받은 수많은 사람들이 범한 죄악에도 불구하고 당초의 약속을 철회하거나 축복을 거두지 않는 사례를 거듭해서 발견할 수 있다.

뿐만 아니라 위의 일화는 당시 유대인들 사이에 족내혼이 얼마나 광범위하게 행해지고 있었는지 또 여성의 지위가 얼마나 낮았는지를 잘 보여주고 있다. 자매나 사촌 간의 족내혼이 성행하던 당시에 '누이'를 아내로 맞는 경우는 아주 흔했다. 오히려 종교와 풍습이 다른 이방의 여인을 데리고 오는 족외혼이 위험한 것으로 여겨졌으니, 아브라함의 아내 하갈은 쫓겨났고, 롯의 아내는 소돔에서 소금 기둥이 되고 말았다.

아브라함과 사래는 어머니만 다를 뿐, 같은 아버지에게서 나온 이복 남매였다. 그렇다면 이들이 혼인한 것은 근친상간이 아닌가. "그의 자매 곧 그의 아버지의 딸이나 어머니의 딸과 동침하는 자는 저주를 받을 것이라"는 「신명기」 27:22의 규정은 이복형제들 사이의 혼인도 금하고 있으니 분명히 율법에 위배되는 것이다. 그러나 「신명기」의 이 규정은 출애굽 이후에 정해진 것이다. 따라서 그 이전 시대에 속하는 아브라함의 혼인에 대해서 율법에 저촉된다고 말할 수는 없을 것이다.

롯과의 별거

이집트에서 가나안으로 돌아온 뒤 아브라함과 롯의 생활은 크게 풍족해졌다. 그들이 소유한 소와 양이 얼마나 많아졌는지 목자들이 서로 다툴 지경이 되었다. 그래서 두 사람은 서로 경계를 정했다. 아브라함은 조카인 롯에게 먼저 선택할 권한을 양보했고, 롯은 요르단 강 계곡에 물이 풍부하고 성읍이 많은 평원 지역을 차지했다. 그의 경계는 남쪽으로 소돔에까지 이르렀다. 아브라함은 강 서쪽에 가나안 산지를 택했다.

롯이 떠난 뒤 여호와는 아브라함에게 나타나서 다시 한번 땅과 자손에 관한 언약을 재확인해주었다. 그리고 나서 아브라함은 헤브론 근처의 마므레라는 곳으로 장막을 옮겨 그곳에 있는 상수리나무 옆에 제단을 쌓았다. 헤브론은 요르단 강 서쪽에 남북으로 길게 펼쳐진 산지의 남쪽 부분이다. 거기서 더 내려가면 네게브라고 불리는 건조한 황야와 사막지대가 나오게 되며, 그 경계쯤 되는 곳에 브엘세바가 있었다. 아브라함과 이삭 그리고 야곱은 헤브론과 브엘세바를 주된 근거지로 삼고 이동적인 목축을 하면서 살았다. 이 두 지점은 말하자면 유목민이 사는 남쪽의 네게브 광야와 북쪽 산지를 연결하는 접점이었다. 그랬기 때문에 아브라함은 후일 그곳의 마므레라는 곳 근처에 막벨라 땅을 사서 자신의 터전으로 삼았다.

이렇게 해서 아브라함은 여호와의 명령에 순종하여 그가 지시한 땅으로 왔지만, "너로 큰 민족을 이루고 네게 복을 주어 네 이름을 창대하게 하리니 너는 복이 될지라"(창12:2)는 약속의 실현은 여전히 요원해 보였다. 갈대아의 우르를 떠나 하란으로, 다시 거기서 가나안으로, 가나안에서 이집트로 갔다가 다시 가나안으로 돌아왔지만, 그의 앞날에는 아직도 많은 시험과 고난이 기다리고 있었다.

아브라함과 롯이 서로 별거를 시작한 뒤 처음 벌어진 중요한 사건은 북방의 엘람 왕의 침공이었다. 그때까지 사해 동쪽에 있는 소돔과 고모라를 위시한 5개의 왕국은 엘람 왕에게 조공을 바쳐왔었는데, 갑자기 이들이 반란을 일으키자 그가 다른 4명의 동방의 왕들을 거느리고 군대를 몰고 내려온 것이다. 그들은 '왕의 대로'를 따라 내려와 그곳의 도시들을 하나씩 공략하고 남쪽으로 바란 광야까지 내려갔다. 거기서 다시 북상하여 마침내 사해(死海) 남쪽의 싯딤 계곡에서 이들 5개 왕국의 연합군과 싸워 그들을 격파하고 대승을 거두었다.

그런데 그 불똥이 그만 부근에 살던 롯에게로 튀었다. 엘람 왕은 롯을 포로로 잡고 그의 재물을 약탈해서 귀환길에 오른 것이다. 이 소식을

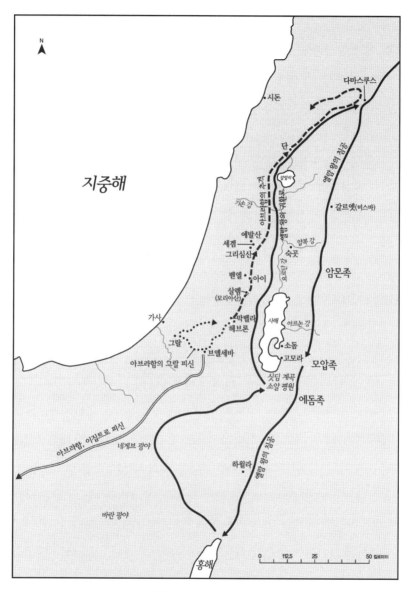

지도 2 아브라함의 행적

들은 아브라함은 부하 318명을 거느리고 추격하여 먼저 단이라는 곳에서 적을 습격하여 파한 뒤, 더 북상하여 다마스쿠스까지 올라가서 롯을 비롯하여 약탈된 사람과 재산을 모두 되찾는 데에 성공했다.

318명이라면 적다고는 할 수 없지만 그래도 엘람 왕의 군대에 정면으로 도전하기는 어려운 숫자이다. 구체적으로 어느 정도의 적과 싸웠는지 성경에는 자세히 기록되어 있지 않으나, 엘람을 필두로 하는 동방 왕국 연합군의 규모가 이들과는 비교도 안 될 정도였다는 것은 두말 할 나위가 없다. 물론 아브라함 휘하의 318명이 비록 가나안의 산간 지역에서 생활하며 험한 지역을 누비며 전투로 단련된 일종의 정예 특공대와 같았다고 할지라도, 수만 명에 달했을 적과 전면전을 펼쳤을 리는 없었다. 아마 승리에 도취하여 귀환하는 적군의 후방을 급습하여 롯과 그 일행을 구출하고 아울러 상당한 약탈물도 거두었던 것으로 보인다.

아브라함이 소수의 가병(家兵)들을 데리고 적군을 급습하여 롯을 구출한 사건이 성경에 기록된 데에는 아브라함이 이집트에서 돌아온 뒤 가나안 일대에서 상당한 명성을 얻게 되었다는 사실을 말하려는 의도가 숨어 있는 듯하다. 그의 높아진 위상은 도시 살렘(후일의 예루살렘)의 왕이자 사제인 멜기세덱이 그를 찾아온 일화에서 재확인된다. '지극히 높으신 하나님(El-Elyon)의 제사장'이었던 그는 하나님께 '아브라함에게 복을 주옵소서'라고 기도를 올렸다. 그는 아브라함에게서 아무런 것도 요구하지 않았지만 아브라함은 자신이 약탈에서 얻은 것의 십분의 일을 그에게 주었다.

멜기세덱은 수수께끼에 휩싸인 매우 신비스러운 사람이었다. 후일 「히브리서」의 저자는 그를 가리켜 "아버지도 없고 어머니도 없고 족보도 없고 시작한 날도 없고 생명의 끝도 없어 하나님의 아들과 닮아서 항상 제사장으로 있(는)" 사람(히7:3)이라고 하면서, 그의 직분을 예수님께 비유했다. 즉 그 저자는 제사장이 레위 지파에서 나와야 한다는 믿음을 가지고 있던 히브리인들의 통념을 비판하면서, 예수님은 레위 지파에 속하지 않으면서도 대제사장의 직분을 가지고 대속(代贖)의 임무를 수행한 것이라고 주장한 것이다. 멜기세덱(Melchizedek)이라는 말은 '의로우신(zedek) 왕(melech)'을 뜻하는 왕의 칭호였다.

당시 개선하는 아브라함을 맞이한 또다른 인물이 있었으니, 그가 바로 소돔 왕이었다. 그런데 그가 아브라함을 대하는 모습은 멜기세덱과는 정반대였다. 소돔 왕은 귀환하는 그를 맞아 환영해주었지만, 실은 아브라함의 약탈물 가운데 일부를 요구하러 온 것이었다. 그는 아브라함에게 "사람은 내게 보내고 물품은 네가 가지라"(창14:21)고 했다. 즉 그가 엘람 왕을 공격해서 빼앗아 온 사람과 물자들 가운데 물자는 가져도 좋지만 사람은 내놓으라는 요구였다. 겨우 부하 300명 남짓을 거느린 족장에 불과했던 아브라함은 그의 요구를 거절하기가 힘들었다. 이에 그는 소돔 왕이 장차 아브람을 치부(致富)하게 했다(창14:23)는 말을 하는 것이 듣기 싫다면서, 사람은 물론이지만 실 한 오라기나 신발 하나도 남기지 않고 모두 돌려주었다.

계속되는 언약, 이스마엘과 이삭

아브라함이 이런 명성을 얻었음에도 불구하고 그에게는 아무런 후사가 없었고, 그가 하란을 떠날 때 받은 약속은 여전히 실현되지 않고 있었다. 이때 여호와가 다시 그에게 나타났다. 그리고 그를 밖으로 데리고 나가 하늘에 있는 뭇별을 보여주며 저렇게 무수히 많은 자손을 가지게 될 것이라고 약속했다. 성경에는 이에 아브라함도 여호와를 믿었고 여호와는 그것을 그의 의로 여겼다고 기록되었다. 앞에서도 언급했듯이 이를 두고 바울 사도는 "아브라함이 하나님을 믿으매 그것을 그에게 의로 정하셨다 함과 같으니라. 그런즉 믿음으로 말미암은 자들은 아브라함의 아들인 줄 알지어다"(갈3:6-7)라고 하면서, 기독교의 핵심적인 교리인 '이신칭의(以信稱義)'를 설파했던 것이다.

이 일이 있기 전에도 여호와는 아브라함에게 여러 차례 약속과 축복을 해주었다. 그런데 이번에는 언약의 확증을 위해서 아브라함에게 암소, 암염소, 숫양, 비둘기 등을 가지고 오게 했다. 그리고 비둘기를 제외한 나머지 동물들은 모두 중간을 쪼개서 그 쪼갠 것을 마주하게 했다. 고대 히브리어에서는 '약속을 하다'는 말을 '약속을 가른다(karat berit)'라는 말로 표현했다. 약속의 당사자들은 쪼개서 마주보게 한 동물의 시체 사이를 통과함으로써 약속을 확정했다. 만약 약속을 지키지 않을 경우 쪼개진 동물처럼 될 것이라는 경고였다. 이러한 약속은 두 당사자 모두에게 해당되었다. "해가 져서 어두울 때에 연기 나는 화로가 보이며 타는 횃불이 쪼갠 고기 사이로 지나더라"(창15:17)는 구절은 바로 여호와도 약속의 의무에서 자유로울 수 없었고, 그래서 횃불의 형태로 그 사이를 통과하며 자신의 언약을 확증했음을 보여준다.

여호와는 아브라함에게 어떤 땅을 줄 것인지 구체적으로 명시했다. "애굽 강에서부터 그 큰 강 유브라데까지" 그의 자손에게 주겠다고 선언했다. 여기서 애굽 강을 나일 강으로 보는 견해도 있지만, 일반적으로 가나안 땅이라는 영역을 생각하면 차라리 시나이 반도 동북부에 있는 와디 엘 아리시나 와디 베소르일 가능성이 높다. 사실 뒤이어 10개의 종족들의 이름이 나오고 그들이 사는 땅을 주겠다고 했는데, 이들 종족이 대부분 「창세기」 10:15-18에 나오는 가나안의 자식들의 이름과 유사한 것으로 보아, 약속한 지역의 경계가 이집트까지 포함한 것이 아님은 분명하다.

그런데 이때 전혀 예상치 못했던 일이 벌어졌다. 하늘의 뭇 별처럼 많은 자손을 주겠다고 여호와가 약속을 한 지 10년이 지났지만, 사래는 자신의 잉태 가능성을 전혀 발견할 수 없었다. 그래서 그녀는 자기 여종인 이집트 출신의 하갈을 남편과 동침하게 한 것이다. 당시에는 여종을 대리모로 삼아 후사를 얻는 풍습이 있었다. 하갈은 잉태하게 되었다.

아브라함의 아이를 뱃속에 가지게 된 뒤 하갈의 태도는 전과는 확연히 달라졌다. 여주인인 사래를 깔보기 시작한 것이다. 이에 화가 난 사래가 학대하자 견디다 못한 하갈은 고향 이집트로 도망치다가 광야 한 가운데에서 하나님의 사자를 만나게 되었다. 사자는 그녀에게 돌아가라고 하면서 여호와께서 그녀의 고통을 들으셨으니 그녀가 아들을 낳을 것이라고 전했다. 그리고 그 아이의 이름을 '하나님이 들으신다'라는 뜻을 가진 이스마엘(Ishmael)이라 지으라고 했다. 사무엘(Samuel)이라는 이름 역시 이스마엘과 같은 어원을 가지는 단어이다. 그 역시 아들을 가지게 해달라는 어머니 한나의 절절한 기도를 하나님께서 들어주셔서 출생한 인물이었다. 이 일이 있은 뒤 하갈은 그 다음 해에 아들을 낳았다. 이때 아브라함의 나이는 86세였으니, 75세에 하란을 출발하여 가나안으로 온 지 11년 되던 해였다.

그리고 나서 다시 13년의 세월이 흘렀고 이제 아브라함의 나이는 99세가 되었다. 이때 여호와가 다시 그에게 나타났다. 그리고 그를 번성케 해주겠다고 한 자신의 약속이 유효함을 또 한번 상기시켰다. 아울러 이제까지 아브람이었던 그의 이름을 아브라함(Abraham), 즉 많은 나라의 아비 혹은 많은 민족의 아버지라는 뜻의 이름으로 바꾸라고 하고, 사래도 이름을 사라(Sarah)로 바꾸라고 했다. 그러면서 그녀가 많은 민족의 어미가 되리라고 공언했다. 이를 들은 아브라함은 오히려 엎드려 웃으며 믿으려고 하지 않았다. 그러나 여호와는 사라가 정녕 아들을 얻을 것이니, 그렇게 되면 그 아이의 이름을 '웃는다'는 뜻으로 이삭(Issac)이라고 지으라고까지 말했다.

하나님은 아브라함과의 언약이 아브라함 한 사람이 아니라 그의 후손 대대로 유효할 것이라는 점을 보여주기 위해서 언약의 새로운 징표를 세웠다. 그것이 바로 할례(割禮, circumcision), 곧 양피(陽皮)를 베어내는 것이었다. 이렇게 해서 아브라함과 이제 열세 살이 된 이스마엘은 물론이지만, 집안사람이 아니라 돈으로 사서 들인 이방 사람들까지도 모두 '대대로' 할례를 받도록 했다.

양피를 베어낸다는 것은 그 전에 동물의 몸뚱아리를 반으로 갈라서 피를 흘리게 하는 것과 동일한 의미를 지닌다. 즉 약속의 신성성을 강조하고 만약 그것을 어길 경우 육신에 가해질 형벌을 상징적으로 보여준 것이다. 과거에는 소나 염소나 양과 같은 동물을 이용했으나, 이제는 당사자의 신체의 일부를 직접 잘라냄으로써 언약의 위중함을 더욱 강조한 것이다. 이 언약은 과거의 약속에 비해서 영속적이며 포괄적이었다. 아브라함의 육신의 피를 받지 않았어도 그의 '집안'에 들어온 사람들은 모

메카의 카바 신전과 그 지하에 있는 잠잠 샘

두 언약의 대상이며, 그것은 대대로 이어지며 지켜질 약속이었다. 여호와는 아브라함이 75세에 하란을 떠날 때부터 그에게 약속을 해주었고, 그로부터 24년이 지나 99세의 나이가 될 때까지 여러 차례에 걸쳐서 언약을 맺었다. 그 언약은 시간이 지나가면서 더욱 확고하고 광범위하며 돌이킬 수 없는 형식으로 발전되었다.

그로부터 1년이 지나 아브라함이 100세가 되던 해에 마침내 사라는 사내아이를 출산했고 약속된 대로 그 이름을 이삭이라고 했다. 드디어 언약은 실현되었다. 아브라함은 이삭이 태어난 지 여드레 만에 할례를 시켰다. 그런데 문제는 하갈이 낳은 이스마엘이었다. 벌써 열네 살이 된 이스마엘의 눈에는 뒤늦게 태어나서 사랑을 독차지하는 이삭이 예쁘게 보일 리가 없었다. 그는 이삭을 놀렸고 이를 본 사라는 분을 참지 못하고 남편 아브라함에게 불평을 말해서 결국 이 두 모자를 쫓아냈다.

아브라함은 이스마엘 모자에게 떡과 물 한 가죽 부대를 주어 떠나보냈다. 모자는 남쪽으로 내려와 브엘세바의 들에서 헤매다가 물이 떨어져 갈증으로 고통을 겪게 되었다. 이스마엘이 죽어가며 우는 모습을 본 하갈은 방성대곡을 했고, 하나님이 하갈의 눈을 밝혀 샘물을 발견하게 했다. 이스마엘은 장성하여 광야에서 살며 활 쏘는 자가 되었고 큰 민족의 조상이 되었다.

이스마엘 모자가 사막에서 고통받았던 성경의 이 일화는 이슬람의 경전인 「쿠란」에도 나온다. 아브라함은 이브라힘, 하갈은 하자르, 이스마엘은 이스마일이라는 아랍식 이름으로 등장한다. 이에 의하면 이브라힘은 알라의 지시에 따라 아라비아 사막의 메카로 두 모자를 데리고 왔다고 한다. 사막에 남겨진 채 갈증에 허덕이며 죽어가는 아들을 두고 하자르는 샘물을 찾기 위해서 부근에 있던 두 개의 언덕 사이를 오가며 헤맸다. 마침내 일곱 번 그렇게 했을 때 천사가 샘물이 있는 곳을 보여주었고 그 물을 떠서 이스마일에게 주어 그를 살렸다. 현재 메카의 성전 카바 바로 옆에는 잠잠이라는 샘물이 있고, 순례자들은 이스마일 모자의 고통을 기억하기 위해서 두 언덕 사이를 일곱 번 왕래하는 의식을 행한다.

소돔과 고모라

이 일이 있기 전에 하나님은 아브라함에게 나타나 이삭의 출생을 약속하면서 그가 내년에 태어나리라는 사실을 알려주었다. 두 명의 천사들과 함께 나타난 하나님은 이와 동시에 아브라함에게 소돔과 고모라라는 두 도시가 맞게 될 파멸적 운명에 대해서 이야기했다. 그러자 아브라함은 만약 그 도시 안에 의인이 살고 있으면 어찌하느냐고 하면서 관용을 베풀어줄 것을 간청했다. 그는 처음에 성 안에 50명의 의인이라도 있으면 어쩌겠느냐고 따졌고, 하나님은 만약 그렇다면 그 50명으로 인하여 성 전체를 살려주겠다고 대답했다. 그러자 아브라함은 다시 45명이라면 어쩌겠느냐고 따졌고, 그는 계속해서 숫자를 줄여서 40명, 30명, 20명, 마침내 10명이라도 있다면 진노를 거두시겠느냐고 채근을 했다. 하나님의 명령에 대해서 평소에는 믿음으로 순종하던 아브라함답지 않게 완강하게 '쟁론'을 했고, 마침내 10명의 의인이라도 있다면 진멸하지 않겠다는 다짐을 받아냈다. 그러나 소돔과 고모라에는 그만한 숫자의 의인도 없었던 것이다.

두 명의 천사들은 소돔에 살던 롯을 찾아갔다. 그에게 이 도시들에 닥칠 운명을 알리고 빨리 피신하라고 경고하기 위해서였다. 롯은 천사들을 대접하기 위해서 자기 집으로 모시고 왔는데, 주민들이 몰려와서 그들을 내놓으라고 윽박질렀다. 이는 낯선 사람인 그들을 상대로 행음(行淫)하기 위해서였다. 롯은 자신의 두 딸을 내놓을 테니 제발 그들을 괴롭히지 말라고 애걸했다. 이 역시 오늘날 우리의 상식으로는 도저히 이해할 수 없는 행동이다. 고대 이스라엘 사람들이 아무리 손님들을 환대하는 풍습을 중시했다고 하더라도 이는 있을 수 없는 일이 아닐까? 딸을 집단 강간의 제물로 내놓은 롯의 처사는 과거 아브라함이 아내 사래를 파라오의 후궁으로 들여보낸 일을 오히려 무색케 할 정도이다. 더

소돔을 탈출하는 롯 일가 (『뉘른베르크 연대기』[1493]의 삽화)

구나 두 딸에게는 정혼한 남자들도 있었다.

　소돔의 진멸은 피할 수 없게 되었다. 다음 날 롯은 가족을 데리고 도
시를 빠져나왔고, 소돔과 고모라는 하늘에서 비처럼 쏟아지는 유황과
불로 인해 지상에서 사라지고 말았다. 다만 롯의 아내는 돌아보지 말라
는 경고를 무시했다가 소금기둥이 되어버렸다. 롯의 아내가 왜 뒤를 돌
아보았으며 어찌해서 소금기둥이 되었는가에 대해서 유대인들 사이에
는 여러 가지 전승들이 내려오고 있지만, 모두 후대에 만들어진 이야기
들일 뿐이다. 염분의 농도가 아주 높은 사해에는 크고 작은 소금기둥들
이 자연적으로 형성되어 있는데, 그 특이한 모양들은 때로는 보는 이들
의 상상력을 자극했을 것이다. 롯의 아내에 대한 일화는 천사의 경고를

무시한 대가로 받은 징벌이라는 성경적인 의미 이외에 기이한 자연 현상에 대한 하나의 설명으로도 읽힐 수 있다.

한편 두 딸과 함께 소돔에서 빠져나와 목숨을 건진 롯은 사해 바로 남쪽에 있는 소알이라는 평원에 자리 잡았다. 그의 두 딸과 정혼했던 남자들은 롯의 말을 믿지 않고 성에 남았다가 소돔과 고모라의 다른 주민들과 함께 죽음을 당했다. 주위에서 남자를 찾을 수 없었던 두 딸은 아비 롯에게 술을 마시게 한 뒤 차례로 잠자리를 같이 했다. 그런데 이것은 족내혼과는 거리가 먼, 문자 그대로 근친상간이자 불륜이었다.

그들은 모두 자식을 낳았고 그들의 후손이 모두 족속을 이루게 되었으니, 그들이 곧 모압과 암몬이었다. 사해 동쪽 연안의 산간 지방이 그들의 삶의 터전이 되었다. 이 이야기는 고대 이스라엘 사람들이 요르단 강 동쪽에 살던 두 족속인 모압과 암몬에 대한 멸시와 적대감이 그대로 반영된 것이기도 하다.

번제물로 바쳐진 이삭

소돔과 고모라 사건이 일어날 당시 아브라함이 살던 곳은 헤브론 부근의 마므레라는 곳이었다. 그는 그곳에 있던 상수리나무 옆에 제단을 쌓았었다. 그런데 그후에 그는 조금씩 남쪽으로 이동하여 그랄이라는 곳에 살게 되었다. 무엇 때문에 그곳으로 이주했는지는 알 수가 없다. 소돔과 고모라를 진멸시킨 재앙이 천재지변이었다고 한다면, 가나안의 다른 지역에서도 어떤 격렬한 변화가 일어났을 수 있다. 혹은 아브라함과 그의 일가족은 목축을 하며 이동생활을 했기 때문에 새로운 목지를 찾아서 이동했을 수도 있다.

아브라함과 사라가 어떤 도시 안에 들어와서 집을 짓고 살았던 것이 아니라 장막에서 생활했다는 것은 성경 여러 곳에서 확인할 수 있다. 그가 하란에서 처음에 왔을 때에 벧엘과 아이 사이에 장막을 쳤고, 그후 그는 장막을 옮겨 헤브론의 마므레의 상수리 숲에 거처했다. 이삭의 출생을 알리는 천사들이 찾아온 곳도 그곳의 장막이었다. 당시 이들이 사용하던 장막은 오늘날 아랍의 베두인들이 사용하는 것과 비슷한 것으로, 천막의 여러 곳을 끈으로 연결하여 땅에 박아서 고정하는 방식이었다. 롯도 마찬가지로 장막 생활을 했다. 그는 양과 소와 장막을 소유했고, 숙부 아브라함과 헤어져 요르단 강 동편으로 온 후에 장막을 옮겨 소돔까지 내려갔다.

아브라함이 이주하여 살게 된 그랄에는 아비멜렉이라는 왕이 있었다. 아브라함이 아내 사라를 자기 누이라고 말해서 그가 사라를 아내로 맞아들였다가 곤욕을 치룬 이야기는 앞에서 했다. 그리고 그는 그후에 다시 남쪽으로 내려가서 브엘세바라는 곳에 살게 되었다. 이삭이 출생한 것도 그곳이었고 이스마엘 모자를 내친 것도 그곳에 있을 때였다. 「쿠란」에는 이들이 메카 부근의 사막으로 갔다고 했지만, 「성경」에는 브엘세바 들에서 방황했다고 되어 있다.

브엘세바(Beersheba)는 히브리어로 '일곱 우물'을 뜻한다. 일곱 개의 우물이 있었던 것이 아니라 아브라함이 이 우물의 물을 자기 가축들에게 사용하기 위해서 아비멜렉에게 소와 양을 주고 아울러 암양의 새끼 일곱 마리도 주었다고 해서 붙여진 이름이다. 목축민에게 물은 생명과도 같은 것이다. 브엘세바 부근은 물이 없는 사막이었기 때문에, 아브라

예루살렘의 통곡의 벽과 그 너머에 보이는 바위의 성전 (성전 안에 아브라함이 이삭을 번제물로 바치려고 했던 바위가 있다)

함은 거기에 있는 한 우물의 물을 쓰는 대가를 아비멜렉 왕에게 치룬 것이었다. 하갈과 이스마엘이 쫓겨나 브엘세바 광야에서 헤매며 갈증에 시달렸다는 것도 바로 그곳의 환경이 그러했기 때문이다.

아브라함은 바로 이 브엘세바에서 그의 일생에서 가장 큰 시험을 맞이하게 된다. 거의 100세의 나이에 얻은 아들 이삭을 데리고 모리아 땅으로 가서 번제(燔祭, burnt offering)물로 바치라고 여호와가 명령한 것이다. 번제는 원래 동물을 잡아 태워서 그 연기를 하나님께 올리는 제사였다. 히브리어로 올라(olah)라고 했는데, 나치에 의한 유대인 대학살을 뜻하는 '홀로코스트(holocaust)'도 실은 번제를 뜻한다. 아브라함은 동물이 아닌 자신의 혈육을 번제물로 바치라는 명령을 받은 것이었다. 이삭의 나이가 그때 몇 살이었는지 알 수는 없지만, 아직 소년의 티를 벗지 않은 어린 나이였을 것이다. 아브라함은 하나님의 명령과 사랑하는 아들, 이 둘 사이에서 양자택일을 하지 않으면 안 되는 처지가 되었다.

하나님은 도대체 무엇 때문에 아브라함으로서는 감내하기 힘든 그런 명령을 한 것일까. 성경에는 이에 대하여 아무런 설명이 없다. 다만 하나님이 아브라함을 '시험하시려고' 그렇게 했다고만 되어 있다. 무엇을 시험하려고 했던 것일까. 그것은 아브라함이 이 시험을 통과한 뒤에 여호와가 사자를 통해서 그에게 한 말에서 드러난다. "내가 이제야 네가 하나님을 경외하는 줄을 아노라"(창22:12). 여기서 '경외'라는 말은 영어 성경에서는 'fear' 즉 '두려워하다'는 단어로 표현되어 있다.

성경에는 하나님이 아브라함에게 가라고 한 모리아 땅이 어디였는지 구체적으로 나와 있지 않다. 다만 후일 다윗과 솔로몬이 예루살렘의 한 언덕이 그곳이라고 여겼고, 그곳에 성전을 건설했다. 그곳은 브엘세바에서 동북쪽으로 산지를 거쳐서 70킬로미터는 족히 떨어져 있는 곳이다. 모리아 언덕은 그리스도가 십자가에서 숨을 거둔 골고타 혹은 갈보리라는 이름으로 불리는 언덕에서 멀리 떨어지지 않은 곳에 위치해 있다. 하나님이 브엘세바에 살던 아브라함을 모리아라는 곳까지 가게 한 것은 그곳이 바로 '여호와의 산'으로 준비될 곳이기 때문이었다. 지금 그곳에는 무슬림들이 메카의 카바 성전에 이어 제2의 성지로까지 여기는 '바위의 성전'이 서 있다. 이슬람의 예언자 무함마드가 꿈에서 이삭이 번제물로 바쳐지던 바로 그 바위에서 하늘로 승천하는 체험을 했고, 성전은 바로 그것을 기리기 위해서 지어졌다.

하나님은 아브라함에게 왜 그곳으로 가라고 했을까? 이에 대해서도 별다른 설명은 없다. 다만 시험이 끝난 뒤 아브라함은 그 땅의 이름을 '여호와이레(Jehovah-jireh)'라고 불렀으며, 그후 사람들은 이 일화를 두고 '여호와의 산에서 준비되리라'라고 말했다는 내용이 기록되어 있다. 주목할 점은 '준비되다'는 동사가 '준비되었다'는 완료형이 아니라 '준비되다'는 비완료형으로 표현되어 있다는 것이다.

아브라함은 모리아 땅으로 '가라'라는 명령을 받았다. 하란에 있을 때 '네게 지시할 땅으로 가라'라고 한 것과 같은 명령이었고, 히브리어에서도 같은 동사(lek leka)가 사용되었다. 그는 명령에 순종하여 단을 쌓고 번제물을 태울 나무를 놓고 이삭을 묶어서 그 위에 올려놓았다. 칼로 그를 베려는 바로 그 순간에 여호와의 사자가 그를 제지했다. 그리고 그 대신에 그 옆에 뿔이 수풀에 걸려 있는 숫양 한 마리를 번제물로 바치게 했다.

아브라함이 자신을 경외한다는 것을 확인한 하나님은 다시 한번 그와 언약을 맺었다. 이러한 언약은 과거에도 여러 차례 되풀이되었던 것이었다. 그런데 이번에 하나님이 그에게 한 약속은 동물을 반으로 갈라서한 것도 아니고 할례를 통해서 한 것도 아니었다. 이번에는 하나님이하나님 자신을 두고 맹세를 했다. "내가 나를 가리켜 맹세하노니"라고하면서, 아브라함이 자신의 외아들을 아끼지 않았으니 그가 큰 복을 받고 그 씨가 크게 성하여 하늘의 별과 같고 바닷가의 모래와 같이 될 것이며, 그의 씨로 말미암아 천하 만민이 복을 얻을 것이라고 선언했다.이로써 아브라함에 대한 하나님의 약속은 궁극적인 정점에 도달했다.만유(萬有)의 창조주가 자신을 두고 맹서를 한 것보다 더 무거운 맹서가있을 수는 없기 때문이다. 하란을 떠나 낯선 곳으로 가라고 하면서 시작된 하나님의 약속은 드디어 완성을 이루었다.

아브라함의 최후

아브라함은 향년 175세에 타계했다. 그보다 열 살 아래인 사라가 127세에 기럇아르바 곧 헤브론에서 죽었으니 그보다 37년을 먼저 세상을 떠난 셈이다. 아브라함은 아내가 죽었을 때 그녀의 시신을 묻기 위해서헤브론의 마므레 바로 앞에 위치한 막벨라의 땅을 사들였다. 그곳에는지하에 동굴들이 있어 시신을 안치하기에 안성맞춤이었다. 그러나 당시에 그 땅은 히타이트(헷) 사람인 에브론이 소유하고 있었고, 그는 아브라함에게 무상으로 주겠노라고 했다. 그러나 아브라함은 굳이 그의 호의를 마다하고 히타이트 사람들이 보는 앞에서 은 400세겔을 그의 손에쥐어주었다. 1세겔이 11그램에 해당하니 은 400세겔이라면 은 4.4킬로그램이 되는 셈이다. 상당한 액수라고 할 수 있다.

그동안 가나안 땅에 와서 여기저기 떠돌면서 이동하는 목축 생활을 하던 아브라함은 비록 많은 가축을 보유하고 있었지만, 토지를 소유하지는 못했다. 바로 그랬기 때문에 아브라함은 많은 돈을 주고서라도 토지를 사들이려고 했던 것이고, 이는 자신뿐만 아니라 후손들도 그 땅에 대한 소유권을 확고히 하기 위함이었다. 그에게 소유권을 판 사람은 히타이트 족속이라고 되어 있지만, 구약 여러 곳에 언급된 이들은 실제로는 가나안 지방에 살던 집단 가운데 하나였다. 아브라함이 가나안의 주민에게서 토지를 구입한 이 사건은 그의 후손들이 가나안을 자기 땅으로 만들어가는 긴 역사적 과정에서 내디딘 첫 번째 발걸음이었다고 할 수 있다.

아브라함은 사라의 시신을 막벨라 굴에 묻었다. 그리고 37년 뒤에 그의 시신도 그곳에 안치되었다. 이렇게 해서 그는 열조(烈祖)에게로 돌아간 것이다. 뿐만 아니라 아브라함의 아들 이삭과 그의 아내 리브가도 그 굴에 묻혔고, 야곱도 아내 레아와 함께 그곳에 묻혔다. 이스라엘의 선조들 가운데 막벨라 굴에 묻힌 사람들은 이들 세 세대의 부부들뿐이었다. 그 동굴은 현재 헤브론 언덕에 서 있는 한 모스크 건물의 아래에 있으며, 현지인들은 아랍어로 '이브라힘의 성소(al-Haram al-Ibrahim)'라고 부른다.

본명이 '고귀한 아버지'라는 뜻의 아브람이었던 그는 아브라함 즉 '많은 사람의 아버지'라는 뜻에 걸맞게 "많은 민족의 아비"가 되었다. 아브라함의 사망 당시 아브라함의 두 아들 가운데 어머니 하갈과 함께 쫓겨난 이스마엘이 동생 이삭과 함께 아버지의 시신을 묻었다는 기록으로 볼 때, 처음 한동안은 이스마엘이 가나안에서 멀지 않은 곳에 있었던 것으로 보인다. 그러나 여호와가 "네 씨를 크게 번성하여 그 수가 많아 셀 수 없게 하리라"(창16:10)고 하갈에게 약속했던 것처럼, 그의 자손들은 점차 시나이 반도 북부에서 아라비아 반도 북부에 걸치는 술과 하윌라 광야에 퍼져서 살게 되었고, 역사적으로 아랍 민족의 조상이 되었다. 뿐만 아니라 아브라함이 취한 후처 그두라에게서 미디안이 출생하여 그의 후손이 미디안족이 되었고, 또다른 아들 드단의 자손은 앗수르족과 르두시족과 르움미족이 되었다는 기록도 보인다(창25:2-4).

아브라함이 사라의 몸에서 난 아들 이삭은 에서와 야곱 두 아들을 낳았는데, 에서는 장자권을 잃고 떨어져나가 별도 집단의 조상이 되었으니, 그것이 바로 에돔이었다. 아브라함의 적통은 야곱에게 전해졌고 그가 낳은 12명의 아들들과 그 후손들이 이스라엘 민족을 이루게 된다. 아브라함은 이스라엘 민족과 아랍 민족의 조상이면서 동시에 지구상에 존재하는 3개의 유일신교 즉 유대교와 기독교와 이슬람교 모두가 믿음의 아버지라고 여기는 인물이기도 하다.

훗날 사도 바울이 밝혔듯이 아브라함은 할례를 받기 전부터 여호와를 믿었고, 여호와는 그의 믿음을 보고 그가 의롭다고 여겼다. 그래서 하나님을 믿는 모든 이방인들도 혈연으로서가 아니라 믿음으로 그의 후손이 된 것이다. 아브라함의 씨로 "하늘의 별과 같고 바닷가의 모래"와 같이 크게 성하게 하리라는 하나님의 약속은 이로써 마침내 실현되었다.

제2장

하나님과 씨름한 자 : 야곱

쌍둥이 형제

야곱의 아버지 이삭은 하나님과의 언약을 통해서 아브라함이 100세가 되었을 때 얻은 아들이자, 아브라함이 많은 민족의 아버지가 될 것이라는 언약에서의 핵심 인물이다. 그러나 이상하게도 성경에는 아버지 아브라함이나 아들 야곱에 비해서 극히 적은 분량만이 할애되어 있다. 물론 그에 대해서 알려진 내용이 적었기 때문이었을 것이다. 「창세기」26장에는 이삭과 관련된 일화 몇 가지가 소개되어 있지만, 그다지 주목을 끌 만한 내용은 아닌 듯하다. 하나는 가나안 땅에 흉년이 들어 이삭 일가가 아비멜렉 왕이 다스리는 그랄로 피신했다가, 자신의 아내 리브가를 누이라고 속여서 위기를 모면하려고 한 일이 기록되어 있다. 또다른 일화들은 그가 가축을 키우는 데에 필요한 우물을 팠다가 블레셋 족을 위시한 주변의 원주민들과 다투게 된 내용들이 적혀 있다.

이와는 대조적으로 이삭의 아들 야곱에 관한 이야기는 「창세기」 전체의 거의 반이나 되는 분량 즉 27장부터 마지막인 50장에 이르기까지 계속된다. 물론 그 안에는 요셉의 이야기도 포함되어 있지만, 전체 스토리의 주인공은 역시 야곱이라고 할 수 있다. 그는 하나님(el)과 씨름을 했다고 해서 '이스라엘(Isra-el)'이라는 이름을 얻었으며, 그가 낳은 12명의 아들들이 후일 큰 민족을 이루어 그 민족의 이름도 이스라엘이라고 불리게 되었다. 이렇게 볼 때 야곱은 「창세기」에서뿐만 아니라 이스라엘 민족의 역사에서도 매우 중요한 인물인 셈이다. 그의 출생은 성경의 내적인 연대로 볼 때, 기원전 1700년경으로 추정된다.

당시 가나안 지방은 역사적으로 중기 청동기 2기(2000-1550 기원전)에 속하는 시대로서 통일 왕국이 없이 도시와 성읍들이 산재하고 있었다. 그래도 세겜이나 그랄과 같이 비교적 규모가 큰 도시에는 강력한 왕권이 성립하여 도시국가를 형성하고 있었다. 또 왕이 있었던 것은 아니지만, 헤브론과 같이 상당한 규모의 도시에는 공동체가 존재했다. 반면 이집트는 중왕국 시대에 속하는 제11왕조에서 제14왕조까지 계속되며, 정치는 안정되고 경제적으로도 번영을 누리던 시기였다. 혼란기 때에 중단되었던 피라미드 건설도 재개되었다.

야곱은 아버지 이삭이 상당히 늦은 나이에 본 아들이었다. 물론 아브라함이 100세에 이삭을 본 것에 비하면 빠르긴 하지만, 그래도 이삭은 40세가 될 때까지 아내를 구하지 못하고 있었다. 그래서 아브라함은 집안의 늙은 종을 시켜 자신의 고향 하란으로 가서 자기 족속 가운데에서 아내를 구해오라고 했다. 아브라함은 가나안 여자를 아내로 맞아들이는 것을 엄격하게 금했다. 그래서 이 늙은 종은 아브라함의 형제인 나홀이 살고 있는 곳으로 갔다.

성경에 그곳은 밧단 아람(Paddan Aram) 즉 '아람인들의 들'이라는 이름으로 불리기도 했고, 혹은 아람 나하라임(Aram Naharaim) 즉 '두 강 지역에 사는 아람인들'이라는 이름으로 기록되기도 했다. 여기서 두 강은 유프라테스 강과 그 동쪽에 있는 지류인 하부르 강을 가리킨다. 그래서 한글 번역에서는 '두 강 사이의 지역'이라는 뜻을 지닌 메소보다미아라는 말로 옮긴 것이다. 그러나 그것은 우리가 흔히 유프라테스와 티그리스라는 두 강 사이를 뜻하는 메소포타미아와는 다르다는 것을 유의할 필요가 있다.

아브라함의 늙은 종은 그곳 우물가에서 리브가라는 처녀를 보았는데, 그녀는 브두엘의 딸이었다. 브두엘은 아브라함의 형제인 나홀이 우르에서 죽은 또다른 형제 하란의 딸 밀가와 혼인하여 낳은 아들이었다. 이삭과 브두엘이 사촌 형제였으니 리브가는 이삭의 오촌 질녀가 되는 셈이다. 브두엘에게는 라반이라는 아들도 있었다. 종은 브두엘과 라반을 찾아가 자초지종을 설명한 뒤 그들에게 풍성한 신부대(新婦貸, bride-price)를 지불하고 그녀를 데리고 왔다. 이삭은 '남방(南方)' 즉 네게브(Negev)라는 황야에 머물고 있을 때 리브가를 아내로 맞아들였고, 그녀의 면박(베일)을 벗기고 자기 어머니 사라의 장막에 들였다.

그런데 리브가에게 태기가 보이지 않았고, 이삭은 여호와에게 간구했다. 그래서 아이를 가지게 되었는데 하필이면 쌍둥이를 잉태했다. 이 둘은 이미 태 안에서 서로 다투기 시작했고, 출산할 때에도 서로 먼저 나오려고 앞서거니 뒤서거니 했다. 결국 한 녀석이 먼저 나왔는데, 그 다음 녀석이 그의 발꿈치를 움켜잡고 나온 것이다. 그래서 아우가 형의 발꿈치('aqeb)를 잡았다고 해서 야곱(Jacob)이라는 이름을 지어주었다고 한다.

한편 먼저 나온 녀석의 몸은 색깔이 붉고 털이 많아서 '에서'라는 이름을 붙여 주었다고 하는데, '에서(Esau)'라는 말의 어원에 대해서는 논란이 있다. 성경에 의하면 에서는 후일 '세일 땅 에돔 들'에서 살면서 에돔 족속의 조상이 되었다고 하는데, 이는 에서의 신체적 특징 즉 몸이 붉고 털이 많은 점과 그와 그의 후손들이 살게 된 지역의 명칭을 연관시킨 것이다. 즉 에돔은 히브리어로 붉다는 뜻을 지닌 아드모니(admoni)라는 말과 비슷하고, 세일은 털이 많다는 뜻을 가진 세아르(se'ar)와 비슷하다.

빼앗긴 장자권

하루는 에서가 사냥에서 돌아와 심히 지쳐 있었는데, 마침 동생 야곱이 죽을 쑤어서 가지고 있는 것을 보았다. 그래서 그는 야곱에게 "내가 피곤하니 그 붉은 것을 내가 먹게 하라"(창25:30)고 청했다. 이에 야곱은 자기에게 '장자의 명분'을 팔면 주겠노라고 했고, 단순한 에서는 "내가 죽게 되었으니 이 장자의 명분이 내게 무엇이 유익하리요"(창25:32)라고 하면서, 야곱에게 맹세까지 하면서 팔아버린 것이다. 이때 죽을 가리키는 말 '붉은 것(adom)' 역시 에서의 후손인 에돔을 상징하는 단어로 사용되었다.

　에서가 죽 한 사발에 동생 야곱에게 장자의 명분을 판 것은 앞으로 일어날 더 큰 비극의 전주에 불과했다. 「창세기」 27장에서는 이삭이 아내 리브가의 속임수에 넘어가서 둘째 아들인 야곱에게 축복을 해주게 된 흥미로운 일화를 소개한다. 이삭이 나이가 많이 들어 눈이 어두워지게 되었을 때, 그는 큰 아들 에서를 불러 짐승을 사냥해서 자기에게 맛 있는 별미를 만들어 오면, 자신이 죽기 전에 축복을 주겠노라고 말했다. 그런데 이 말을 엿들은 리브가는 자신이 사랑하는 야곱을 불러서, 별미를 자기가 만들어줄 테니 그것을 형 대신 가지고 들어가서 축복을 받으라고 한 것이다. 눈이 어두운 아버지를 속이기 위해서 에서가 입던 옷을 야곱에게 입히고, 털이 많은 에서와는 달리 야곱의 손과 목은 매끈했기 때문에 거기에는 염소 가죽으로 꾸미기까지 했다. 결국 이삭은 야곱이 들고 간 고기 요리와 포도주를 먹고는 그에게 입 맞추고 축복을 내리고 만다.

그야말로 어처구니없는 일이 벌어진 것이다. 에서는 야곱이 나간 직후에 사냥해 온 고기로 만든 별미를 가지고 들어왔지만 이미 때는 늦었다. 장자의 명분은 자신의 우둔함으로 주어버린 것이지만, 부친의 축복은 어머니와 동생의 '기만'으로 인해서 빼앗겨버린 셈이 되었다. 이 사실을 알게 된 그는 방성대곡을 했지만 아무 소용이 없었다. 이삭도 이미 축복을 내린 후였기 때문에 별다른 방도가 없었다. "너는 칼을 믿고 생활하겠고 네 아우를 섬길 것이며 네가 매임을 벗을 때에는 그 멍에를 네 목에서 떨쳐버리리라"(창27:40). 이것이 그가 해줄 수 있는 말의 전부였다. 즉 당분간은 아우를 섬겨야 하겠지만, 언젠가는 그 종속에서 벗어날 날이 올 것이라는 예언이었다.

우리는 성경에서 이처럼 형제가 대립하는 사례를 자주 발견하게 된다. 더구나 장자가 자신의 고유한 권리와 지위를 잃고 적통의 자리를 내어주는 경우는 허다하게 보인다. 카인과 아벨 형제가 그러했고, 나홀과 아브라함 형제가 그러했으며, 이스마엘과 이삭 형제도 마찬가지였다. 에서와 야곱은 물론이지만, 야곱의 아들들 가운데에서도 장자 르우벤이 아니라 거의 말자인 요셉이 가문을 일으켰다. 요셉은 자신의 두 아들 중에서 형인 므낫세를 원했지만, 그의 부친 야곱은 오히려 동생 에브라임에게 축복을 내렸다. 출애굽 당시에 이스라엘 민족을 이끌고 나온 인물은 아론이 아니라 그의 동생 모세였다. 다윗도 형들을 제치고 왕이 되었으며, 솔로몬 역시 암몬과 압살롬 등 여러 형들을 제치고 왕위에 올랐다.

우리는 이러한 현상을 어떻게 이해할 수 있을까? 이와 관련해서 「신명기」 21:15-17에는 흥미로운 율법의 규정이 보인다. 즉 어떤 사람이 두 명의 아내를 두었는데, 하나는 사랑하고 다른 하나는 미워할 때, 미움받는 아내에게서 장자가 태어나고 사랑받는 아내에게서 차자가 태어났다고 하더라도, 미움받는 아내의 장자에게 장자권을 인정하고 다른 자식에 비해서 두 배의 유산을 주라는 내용이다. 장자의 권리는 이처럼 율법으로 보장된 것이었다. 야곱이 에서에게서 장자의 축복을 속임수로 빼앗은 다음 그가 얼마나 보복을 두려워했는가를 본다면, 이러한 장자권은 출애굽 이전 시대에서도 인정되었다고 볼 수 있을 것이다. 그렇다면 성경에 나오는 위와 같은 사례들은 예외적인 사례일까. 예외라고 하기에는 그런 일이 너무 자주 벌어지지 않았는가?

이러한 현상은 두 가지 각도에서 이해할 수 있다. 하나는 성경적인 해석이다. 즉 하나님의 의지가 관철되는 방식의 특이성을 보여주는 사례로 이해할 수 있다. 하나님은 누군가를 자신의 종으로 택하여 쓰시려고 할 때, 사람들이 가진 외모나 능력, 혹은 지위나 성격을 근거로 판단하시지 않는다. 우리의 상식적인 판단으로는 선뜻 납득이 안 될지 모르지만, 하나님의 선택은 세상의 종말까지 이르는 원대한 드라마를 염두에 둔 그 분의 주권적인 결정이기 때문이다.

또다른 이해 방식은 사회적인 관점이다. 즉 고대 이스라엘인들이 목축민이었다는 점을 고려한다면, 형제간의 대립에서 동생이 이기게 된 것이 그다지 이상하지 않다는 것이다. 우선 정확한 이해를 위해서 목축민(牧畜民)과 유목민(遊牧民)의 차이를 알아두어야 할 필요가 있다. 목축민은 문자 그대로 가축을 방목해서 키우는 사람들이다. 그들은 보통 초원이나 산기슭에 목장을 가지고 있으며, 반드시 이동생활이 전제되는 것은 아니다. 반면 유목민은 사계절 내내 가축과 함께 이동생활을 하며 그 이동에는 온 가족이 참여한다. 따라서 유목은 목축의 특수한 한 형태, 즉 계절이동적 목축인 셈이다.

그렇다면 아브라함과 그의 일족들은 어떠했는가? 그들은 순수한 의미에서 유목민은 아니었던 것 같다. 왜냐하면 하영지와 동영지를 두고 그 사이를 매년 이동하는 생활을 한 것은 아니었기 때문이다. 그렇지만 그들은 한 곳에 머물면서 그곳에 집을 짓고, 그 부근의 목장을 이용하는 생활을 하지는 않았다. 성경을 보면 아브라함, 이삭, 야곱은 모두 요르단 강 서부의 중앙 산지를 따라, 세겜, 벧엘, 헤브론, 브엘세바에 이르는 지역을 옮겨다녔다. 즉 그들은 '정주형' 목축민이 아니라 '이동형' 목축민이었다. 그래서 땅에 고정된 가옥에서 살지 않고 장막에서 거주했던 것이다. 그래야 쉽게 이동할 수 있기 때문이다.

그들의 이동은 유목민들처럼 계절적으로 정해진 것이 아니라 그때그때 기후나 자연 조건의 변화에 따라서 결정되었다. 만약 한발이 심해져서 목초를 찾기 어려워지면 평지로 내려가야만 했고, 조건이 맞는다면 곡식을 재배하기도 했다. 아브라함이나 이삭이 아비멜렉 왕이 다스리는 그랄 땅으로 내려간 것도 그 때문이었다. 산지의 목축민이었던 그들과 해안 가까운 평지의 가나안 농경민들과는 결코 좋은 관계가 이루어질 수 없었다. 상황이 더 나빠지면 이집트와 같이 더 먼 곳으로 이주해서 생존을 도모할 수밖에 없었다.

이런 이동형 목축민들은 장막에서 생활했기 때문에 그 공간은 제한적이었다. 따라서 아들이 결혼하면 같은 장막 안에서 며느리와 함께 살 수는 없는 노릇이었다. 따라서 큰 아들부터 장가를 가면 거주할 장막과 일정한 숫자의 가축을 주어서 독립시켰다. 물론 완전히 분가해서 다른 곳에서 사는 것은 아니고 근처에서 같이 살면서, 함께 목축을 하고 외적에 대해서 공동으로 방어를 하기도 했다. 이런 경우에 부모는 결혼한 아들에게 미리 일정한 재산을 상속해주게 되는데, 인류학에서는 이를 '예상 상속'이라고 한다. 예상 상속이란 이처럼 큰 아들부터 차례로 분가하면서 상속을 미리 받게 되고 결국은 막내아들이 끝까지 남아서 부모와 함께 살다가 그 남은 재산을 물려받게 되는 것이다. 이것이 소위 '말자상속(末子相續)'이라는 제도이다.

고대 이스라엘의 종족제도는 부계를 원칙으로 하며 적장자를 통해서 가권이 계승되었다. 그런데 이들이 이동형 목축 생활을 했기 때문에 생긴 말자 상속의 풍습이 그것과 섞이면서 충돌이 벌어지게 된 것 같다. 이처럼 장자권과 말자권의 갈등은 과거 유목사회에서는 흔히 발생하는 현상이었다. 아브라함의 일족 안에서도 바로 그와 유사한 일들이 벌어진 것이었다.

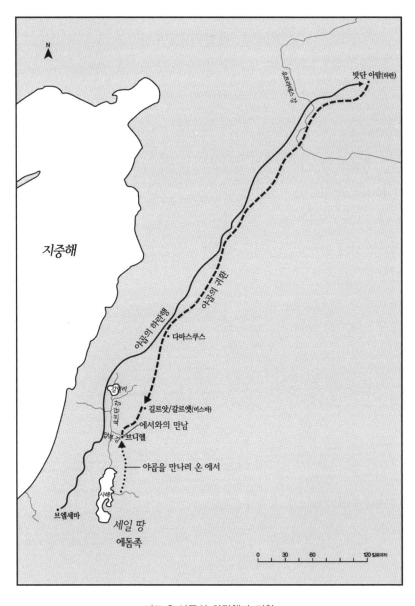

지도 3 야곱의 하란행과 귀환

외삼촌 라반의 집에서

에서가 야곱에 대해서 원한을 품은 것은 당연한 일이었다. 그는 야곱을 심히 미워하면서 마음속으로 "아버지를 곡할 때가 가까웠은 즉 내가 내 아우 야곱을 죽이리라"(창27:41)고 다짐했다. 그의 의중을 눈치챈 리브가는 야곱을 불러 이 사실을 알리면서 하란에 있는 자신의 오라버니 라반의 집으로 피신해서 당분간 머무르라고 했다. 그녀가 야곱을 그곳에 보낸 또다른 이유는 자기 집안에서 며느리를 얻고자 했기 때문이었다. 에서는 나이 마흔에 히타이트 족속에 속하는 여자 둘을 아내로 맞아들였는데, 이는 가나안 사람들과 혼인하지 말라는 조부 아브라함의 엄명을 어기는 것이었으니, 그것은 이삭과 리브가에게 '마음의 근심'이 되었다고 한다. 아브라함이 이복동생인 사라를 부인으로 맞았고, 이삭이 오촌 질녀인 리브가를 아내로 맞이했듯이, 야곱도 데라의 일족 가운데에서 부인을 찾기를 바랐던 것이다. 이에 이삭도 동의했음은 두말 할 나위도 없다.

야곱은 고향 브엘세바를 떠나 동북방으로 거의 1,500킬로미터 정도 떨어진 곳에 있는 하란으로 향했다. 하란은 처음에 데라와 아브라함 부자가 우르를 떠난 뒤 정착한 곳이었고, 데라가 사망한 뒤 아브라함과 롯은 그곳을 떠나 가나안으로 왔지만, 다른 형제들은 여전히 그곳에 남아 있었다. 이 하란이라는 곳은 '밧단 아람'(Paddan-Aram)이라고도 불렸다. '아람(인들)의 땅'이라는 뜻이다. 야곱은 급하게 나오는 바람에 겨우 아버지 이삭의 축복만 받은 채 장거리 여행에 필요한 짐조차 제대로 챙기지도 못했다.

영락없이 풍찬노숙(風餐露宿)의 신세가 된 그는 어느 날 해가 진 뒤에 길거리의 돌 하나를 베개 삼아 잠이 들었다. 그런데 꿈에서 그는 사닥다리 하나가 땅에서부터 하늘에까지 이어져 있는데 그 위에서 하나님의 사자가 오르락내리락하는 것을 보았다. 그 꼭대기에 서 있던 여호와가 그에게 "나는 여호와니 너의 조부 아브라함의 하나님이요 이삭의 하나님"(창28:13)이라고 하면서 아브라함에게 했던 것과 같은 약속을 해주었다. 즉 그가 지금 누워 있는 땅을 그와 그의 자손에게 줄 것이고, 그의 자손은 티끌같이 많아져서 온 땅에 편만(遍滿)하게 될 것이며, 그를 다시 이끌어 이 땅으로 데리고 오겠다는 약속이었다. 꿈에서 깬 그는 돌을 가져다가 그곳에 기둥을 세우고 그 위에 기름을 붓고 그 땅의 이름을 벧엘(Beth-el)이라 불렀으니, 곧 '하나님의 집'이라는 뜻이다.

여호와가 에서와 다툰 뒤 떨어져 나온 야곱에게 내린 축복은 그의 조부 아브라함이 조카 롯과 헤어진 뒤에 받은 축복과 매우 흡사하다. 그런데 아브라함은 마므레 상수리나무가 있는 곳에 단을 쌓았지만, 야곱은 벧엘에 기둥을 세웠다. 당시 성스러운 장소는 하늘로 가는 문이라는 생각이 있었다. 그래서 그 전에 사람들이 쌓았다고 하는 바벨 탑도 실은 '하나님에게 이르는 문(Bab-el)'을 뜻했다. 고대 바빌론 사람들이 세웠던 지구라트(ziggurat)도 실은 하늘의 신과 지상의 인간이 교감을 이루는 장소로 여겨졌다. 야곱은 자신이 꿈꾸었던 성스러운 장소를 벧엘이라고 부르고, 또 꿈에서 본 사닥다리를 형상화한 상징물로서 기둥을 세운 것이었다. 때로는 사닥다리가 아니라 계단이라고 번역하기도 하는데, '천국의 계단'이라는 말도 여기서 생긴 것이다.

야곱이 외삼촌 라반이 사는 땅에 도착했을 때 우물가에서 라반의 딸 라헬을 만나게 되었다. 이 장면은 그의 조부 아브라함이 이삭의 아내를 구하기 위해서 보낸 늙은 종이 우물가에서 리브가를 만난 것과 묘하게 평행을 이룬다. 사막이나 다름없어 물이 귀했던 중동에서는 우물로 사람들이 모여드는 일은 일상이었고 거기서 처음 보는 남녀가 마주치는 것 역시 이상한 일이 아니었다. 모세가 이집트에서 사람을 죽인 뒤 미디안 땅으로 도망쳤을 때 장차 그의 아내가 될 십보라를 만난 것도 우물 옆이었다.

야곱은 외삼촌 라반을 찾아가서 자초지종을 설명한 뒤에 그곳에서 기거하기 시작했다. 라반에게 두 딸이 있었는데, 언니 레아는 눈이 나빴지만 동생 라헬은 곱고 아리따웠으므로 야곱은 라헬을 마음에 두었다. 야곱이 한 달 동안 머물면서 일하는 것을 본 라반은 그를 좀더 데리고 있으면서 일을 시켰으면 했다. 그래서 그는 야곱에게 자기를 위해서 일을 해주는 대신에 무슨 대가를 원하느냐고 물었고, 야곱은 라헬을 자기에게 아내로 주면 7년 동안 봉사하겠다고 약속했다. 그러나 꾀가 많은 것은 라반이 야곱보다 한 수 더 위였다. 사실 당시 아내를 맞이하기 위해서는 상당한 액수의 신부대를 지불해야 했지만, 아무것도 가진 것이 없던 야곱으로서는 그렇게 하는 수밖에 없었다.

야곱은 라헬을 생각하며 7년간 열심히 일했고 마침내 기한이 다 차서 혼례를 올리게 되었다. 그런데 저녁때가 되어 어두워진 뒤 라반은 야곱에게 라헬이 아니라 언니인 레아를 들여보냈다. 명분은 동생이 먼저 시집갈 수는 없다는 것이었다. 아침이 되어 이 사실을 알게 된 야곱은 항의했고, 이에 라반은 7일 동안만 더 일하면 라헬을 들여보내주겠지만, 그 대신 7년을 더 봉사해야 그녀를 완전히 아내로 삼을 수 있을 것이라고 말했다. 라반은 라헬을 미끼로 하여 또다시 야곱의 7년 노동을 보장받은 것이다.

라반과 야곱 사이에 벌어진 이 거래는 사실 우리가 보기에는 의아한 부분이 있다. 우선 야곱이 자매를 동시에 아내로 가지는 것은 근친혼이라고 할 수는 없고 인류학에서 소위 자매혼(sororate)이라고 부르는 것이다. 일반적으로 자매혼은 언니가 죽으면 동생이 그뒤를 잇는 방식으로 이루어지며, 형제 중에 한 사람이 사망할 경우 그 동생이 형수를 취하는 소위 형사취수(兄死取嫂)의 수계혼(levirate)에 대응하는 것이다. 양자 모두 사망한 사람의 재산과 혈연적 연속성을 지키기 위해서 시행되는 혼인제도이다.

그런데 레아와 라헬의 경우는 이와 달리 둘 다 동시에 아내가 되었기 때문에 특이한 경우라고 할 수 있다. 이처럼 자매가 동시에 한 남자의 아내가 되는 방식을 인류학에서는 자매다처혼(sororal polygamy)이라고 부르는데, 현재 모르몬교에서 행하고 있는 것이다. 그러나 야곱의 경우는 라반이 꾸민 계략으로 말미암아 발생한 특수한 상황이었다. 그랬기 때문에 나중에 레아와 라헬이 모두 "아버지가 우리를 팔고 우리의 돈을 다 먹어버렸으니 아버지가 우리를 외국인처럼 여기는 것이 아닌가"(창 31:15)라고 하면서 분통을 터뜨렸다.

또한 고대 유대인들의 혼인은 크게 세 단계로 이루어지는데, 먼저 혼인 계약을 맺고 신부대를 얼마나 지불할 것인지를 결정한 뒤에 양측이 서명을 하면 혼인은 법적으로 성립이 된다. 그래서 약속한 대로 신부대를 건네주면 먼저 합방의 의식이 치러진다. 혼인 잔치는 가장 나중에 마련되는 것이었다. 야곱이 라반과 라헬을 위한 신부대로 7년간의 노역

봉사를 약속했기 때문에 7년이 지난 뒤에야 비로소 신부대가 완전히 치러진 것으로 간주되어 합방이 허용된 것이다. 그런데 라반이 레아를 들여보냈으니 계약을 위반한 셈이었다. 그렇기 때문에 그는 그 대가로 혼례의 통상적인 순서를 바꾸어 라헬을 먼저 들여보내고 그 다음에 신부대를 받기로 한 것이다.

아무튼 야곱은 새로운 계약에 따라서 7년간을 더 봉사했다. 물론 이미 레아와 라헬은 아내가 되었기 때문에 이 둘에게서 여러 명의 자녀를 얻었다. 울며 겨자 먹기로 얻은 아내인 레아는 6명의 아들과 딸 하나를 낳았지만, 정작 야곱이 아끼는 라헬은 겨우 아들 하나를 낳았다. 또 이 두 자매의 여종 두 명을 아내로 맞아들여 각각 두 명씩의 아들이 출생했다. 야곱은 이로써 모두 11명의 아들을 두게 되었는데, 후일 가나안으로 돌아간 뒤에 라헬이 아들 하나를 더 낳아서 모두 12명의 아들을 두게 된다.

귀향

야곱은 이제 아내 4명에 아들 11명과 딸 1명을 거느리는 대가족의 가장이 되었다. 마침내 14년의 기한이 다 찼고, 야곱은 16명의 처자식과 그동안 모은 많은 가축들을 데리고 귀향을 준비했다. 야곱은 마침내 삼촌 라반에게 이제는 집으로 돌아가게 해달라고 청했고, 라반은 그에게 품삯을 어떻게 주면 좋겠냐고 물었다. 야곱은 자기가 온 뒤에 삼촌의 가축들이 크게 늘었으니, 양들 가운데 아롱진 것, 점 있는 것, 검은 것들을 자기에게 주고, 또 염소들 가운데에서도 아롱진 것과 점 있는 것은 자기에게 달라고 했다.

　일반적으로 양은 흰색, 염소는 검은색이고 단색인 경우가 많으니까, 야곱이 말한 양과 염소는 수가 얼마 되지 않았을 것이다. 그러나 라반은 그것마저 주기 싫어서 자기 아들들에게 그런 특이한 양과 염소를 골라내어, 야곱이 있는 곳에서 사흘 길이나 떨어진 먼 곳으로 데려가라고 미리 은밀하게 말해두었다. 야곱을 기만하여 14년 동안이나 부려먹었던 라반은 다시 한번 꾀를 내어 그를 속이려고 한 것이다. 그러나 야곱은 이번에는 그 술책에 넘어가지 않았다.

　야곱은 버드나무와 살구나무와 신풍나무(플라타너스)의 가지를 꺾어와서 그 껍질을 벗긴 뒤에 양떼가 개천에 와서 물을 마실 때에 그들의 눈앞에 알록달록하게 된 나뭇가지들을 세워놓았다. 거기서 물을 마시며 새끼를 밴 양들은 모두 아롱지거나 점이 있는 새끼를 낳았다. 더구나 건강한 양들이 물을 마실 때는 가지들을 세워두었지만, 약한 양들이 오면 가지를 치웠다. 그러니까 자연적으로 알록달록하게 태어나는 양의 새끼들은 모두 건강한 것일 수밖에 없었다. 우리로서는 희한한 이야기이기는 하지만, 고대의 목축민들에게는 동물이 교미를 할 때 눈앞에 보이는 특정한 모양이 새끼의 모양을 결정한다는 믿음이 있었다.

　다시 6년의 시간이 흘렀고 야곱은 자기가 지정한 색깔의 양들을 많이 소유하게 되었다. 그리고 두 아내에게 라반이 자기를 어떻게 기만했는가를 설명한 뒤에 자기와 함께 가지 않겠느냐고 말했다. 이에 레아와 라헬은 앞에서 언급했던 것처럼 아버지가 자기들을 팔아먹었다고 비난하면서 아무런 미련 없이 아버지의 집에서 떠나기로 했다. 두 딸조차 배신감을 느낀 것으로 보아 라반이 야곱에게 했던 처사는 당시의 관행으로 볼 때에도 지나쳤던 것이 분명하다. 더구나 아버지가 자신들의 의사를 묻지도 않은 채 야곱에게 7년간 일을 시키는 대가로 혼인을 허락한 것에 대해서도 분노하고 있었다.

이렇게 해서 야곱은 처자식과 양떼를 몰고 라반에게는 한마디 말도 하지 않은 채 그곳에서 도망쳐 나왔다. 심지어 라헬은 아버지가 집 안에 모셔두던 우상인 드라빔까지 훔쳤다. 야곱 일행이 도망친 지 사흘 만에 소식을 들은 라반은 형제들을 데리고 추격에 나섰다. 이들이 취했던 길은 아마 하란에서 다마스쿠스를 거친 다음에 남쪽으로 이어지는 '왕의 대로'였을 것이다. 라반은 칠일 동안 길을 쫓아서 드디어 길르앗이라는 곳에 장막을 치고 있던 야곱을 발견했다. 사흘 먼저 출발했는데도 추격을 당한 것은 가축들 때문에 야곱은 신속하게 이동할 수 없었기 때문이었다.

그런데 라반이 추적하는 도중, 밤에 자다가 꿈에서 하나님이 나타나서 "너는 삼가 야곱에게 선악 간에 말하지 말라"(창31:24)는 경고를 받았다. 그래서 야곱의 일행이 있는 곳에 도착한 라반은 자신이 그렇게 소중하게 여겼던 가축들을 왜 야곱이 끌고 갔느냐고 추궁은 하지 못하고, 무슨 연유로 자기 손자와 딸들에게 입맞춤할 기회도 없이 몰래 도망갔느냐, 또 드라빔은 무엇 때문에 가져갔느냐 하는 것을 따져 묻는 것이 고작이었다.

사실 야곱이 데리고 온 양들은 모두 얼룩진 것들이었기 때문에 라반이 자신의 것이라고 주장할 수도 없었다. 이를 아는 야곱은 자신의 소유 가운데 라반의 것이 있으면 얼마든지 가지고 가라고 선언했다. 라반 일행은 낙타 안장 밑에 숨겨진 드라빔을 찾는 데에도 실패했다. 드라빔은 보통 사람 모양으로 생긴 조그만 우상이기 때문에 안장 밑에 숨기는 것이 가능했고, 설마 라헬이 올라타고 있는 안장 밑에 그것이 있으리라는 생각은 하지 못했던 것이다.

이에 야곱은 라반에게 자신이 지난 20년 동안 얼마나 성실하게 봉사했는가, 그럼에도 불구하고 삼촌이 얼마나 자신을 야박하게 대했는가, 그것을 아시는 하나님이 어떻게 자신의 고통을 살펴보시고 삼촌을 책망했는가를 하나씩 조목조목 설명했다. 이에 라반은 딸들과 자식들과 양떼가 모두 원래는 자신의 것이었지만, 앞으로는 더 이상 소유권을 주장하지 않겠다고 했다.

마지막으로 양측은 언약을 맺었다. 그리고 그 증거로서 야곱은 그곳에 기둥을 세웠고, 라반과 그 형제들은 돌들을 가지고 와서 쌓았다. 라반은 "내가 이 무더기를 넘어 네게로 가서 해하지 않을 것이요 네가 이 무더기, 이 기둥을 넘어 내게로 와서 해하지 아니할 것이라"(창31:52)고 맹서했다. 그것을 라반은 여갈사하두다(Jegar-sahadutha)라고 불렀고, 야곱은 갈르엣(Galeed)이라고 불렀다. 둘 다 '증거의 무더기'라는 뜻인데, 하나는 아람어이고 다른 하나는 히브리어이다. 그것은 미스바(Mizpah)라고 칭해지기도 했는데, '초소(哨所)'라는 뜻이다.

성경에 제시된 계보에 의하면 라반은 야곱의 외삼촌이었다. 데라의 후손으로 치자면 두 사람은 6촌 간이 된다. 두 사람이 서로 다른 언어를 말했으리라고는 생각되지 않는다. 그런데 무엇 때문에 경계의 돌무더기를 두고 라반은 아람어로, 야곱은 히브리어로 이름을 지은 것일까? 그것은 아마 이 경계석을 둘러싼 두 사람 사이의 일화의 배경에는 아람과 히브리라는 두 집단 사이에 맺어진 협정이 있지 않았을까 추측된다.

야곱이 라반의 집에 머무는 20년 동안 벌어졌던 상호간의 반목과 대립도 어쩌면 이 두 집단의 관계를 상징적으로 말해주는 것일지도 모른다. 아람과 히브리, 이 두 집단은 원래 같은 뿌리에서 나왔지만, 이제는 하나의 지명을 이미 다른 두 개의 언어로 부를 정도로 동질성을 상실했던 것이다. 미스바라고 불리는 그 지점은 사해와 갈릴리 호수를 잇는 요르단 강에서 동쪽으로 약 40킬로미터 떨어진 곳으로서, 지금도 북쪽의 시리아와 남쪽의 요르단의 국경이 지나고 있다. 야곱을 마지막으로 그의 자식이나 후손들은 아내를 구하러 더 이상 아람 사람들이 사는 하란 지방으로 가지 않았다.

형 에서와의 재회

이제 고향에 돌아온 야곱은 형 에서와의 대면을 피할 수 없게 되었다. 어차피 만나게 될 것이었기 때문에 그는 먼저 선수를 쳤다. 당시 에서는 세일 땅 에돔 들에 있었는데, 그곳은 사해 남쪽의 싯딤 골짜기에서 동쪽으로 펼쳐진 산기슭이었다. 야곱은 사람을 에서에게 보내 자신이 그동안 외삼촌 라반의 집에 있었다는 사실과 함께, 소와 나귀와 양떼와 노비를 많이 가지게 되었으므로 그러한 선물을 들고 찾아뵙고 싶다고 전갈을 보냈다. 이 소식을 들은 에서는 400명의 사람을 거느리고 자기가 직접 야곱을 만나러 오겠다고 했다.

사자가 돌아와서 이 이야기를 하자 야곱은 형이 자기를 죽이러 오는 줄로 알고 새파랗게 질릴 수밖에 없었다. 그 순간에도 꾀가 많은 야곱은 에서가 공격해올 경우를 대비하여 피해를 최소한으로 줄이기 위한 방책을 세웠다. 먼저 자기의 모든 소유를 둘로 나누어 하나가 공격을 받으면 다른 하나는 도망쳐서 안전하도록 했다. 그리고 그는 에서에게 줄 선물로 양, 염소, 낙타, 소, 나귀 등 많은 가축들을 고른 뒤, 이들을 몇 개의 무리로 나누어 차례로 앞서 가도록 했다. 이렇게 한 것은 에서가 선물을 한 꺼번에 받는 것이 아니라 하나씩 받으면서 분노를 조금씩 누그러뜨릴 수 있도록 하기 위함이었다.

천사와 싸우는 야곱 (들라크루아 그림)

이렇게 준비를 마친 야곱은 가족들과 가축들에게 모두 얍복 강의 나루터를 건너게 했다. 그 자신은 아직 건너지 못한 채 홀로 있을 때 어떤 사람과 만나서 씨름을 하게 되었다. 두 사람의 씨름은 밤새도록 계속되었고 그 사람은 야곱을 이기기 힘들자 그의 엉덩이뼈를 쳐서 탈골시켰다. 그런데도 야곱은 그를 놓지 않았고 마침내 날이 새려고 할 때, 지친 그 사람은 이제 그만 자기를 보내달라고 했다. 그러나 야곱은 자기를 축복하지 않으면 놓아주지 않겠노라고 했다. 이에 그가 야곱의 이름을 물은 뒤, 앞으로는 야곱이라 하지 말고 이스라엘(Isra-el)이라 하라고 했는데, 이 단어는 '싸우다'는 뜻의 히브리어 동사 '사라(sara)'와 하나님을 뜻하는 '엘(El)'의 합성어이다. 그가 하나님과 사람으로 겨루어서 이겼기 때문이다. 영어 성경을 보면 여기서 '사람'은 사실 한 사람이 아니라 복수형 즉 '사람들'이며 곧 에서와 라반을 가리키는 것으로 보인다. 그가 야곱에게 축복을 하고 떠나가자 야곱은 그곳의 이름을 브니엘(Peniel)이라고 했으니, 곧 '하나님의 얼굴'이라는 뜻이다. 자신이 하나님을 대면하여 보았으나, 생명이 보전되었다고 생각해서 그렇게 지은 것이다.

다리를 절며 얍복 강을 건넌 야곱은 400명의 사람들을 데리고 오는 에서를 보았다. 그는 우선 자기가 가장 아끼는 라헬과 아들 요셉을 맨 뒤에 세우고, 그 앞에 레아와 아들들, 그리고 그 앞에 두 명의 여종과 그 자식들을 앞세웠다. 자신은 그 맨 앞에 서서 다가오는 에서에게 달려가서 몸을 땅에 일곱 번 굽히고 인사를 했다. 그러나 뜻밖에도 에서는 달려와서 그를 안고 입을 맞추고 복받치는 감정에 서로 울음을 터뜨렸다.

이렇게 감격의 재회를 마친 뒤에 에서는 다시 자신의 근거지인 세일로 돌아갔고, 야곱 역시 다시 북쪽으로 올라와 브니엘 근처에 그가 숙곳이라고 이름한 곳을 지나, 서쪽으로 요르단 강을 건넌 뒤 마침내 조상들이 살던 세겜 땅에 도착했다. 그는 세겜 성문 앞에 장막을 치고 그곳의 영주인 하몰이라는 사람의 아들들에게 은 100개를 주고 그 땅을 산 뒤 거기에 단을 쌓았다. 그리고 그곳을 엘엘로헤이스라엘(El-Elohe-Israel)이라고 이름했으니, 곧 '하나님, 이스라엘의 하나님'이라는 뜻이다.

에서와 야곱의 화해 (루벤스 그림)

디나의 겁탈과 세겜 습격

야곱이 세겜 부근에 장막을 치며 살고 있을 때, 그와 레아 사이에서 태어난 딸 디나가 성으로 갔다가 하몰의 아들 세겜에게 강간당하는 사건이 벌어졌다. 세겜은 디나를 가두어놓고 그녀를 자기 아내로 삼게 해달라고 아버지인 하몰에게 부탁했고, 하몰은 야곱을 찾아와 아들을 대신하여 혼인을 청했다. 이 소식을 들은 야곱의 아들들은 분노했고 보복할

지도 4 야곱 시대의 가나안

방도를 생각했다. 그래서 거짓으로 혼인을 수락하되 조건을 내걸었다. 그것은 할례를 받지 않은 사람들에게 누이를 줄 수 없으니, 세겜 성 안의 모든 남자들이 할례를 한다면 그때 디나를 주겠다고 한 것이다.

하몰과 세겜은 이 조건을 받아들여 자신들은 물론이고 성문으로 출입하는 모든 남자들을 설득하여 할례를 받게 했다. 이들이 할례를 받고 아직 상처가 아물지 않은 채 고통을 받고 있을 때 사흘째 되는 날 디나와 피를 나눈 오라버니인 시므온과 레위 두 형제는 성을 급습하여 모든 남자들을 죽이고 하몰과 세겜도 살해했다. 그리고 자신들의 누이인 디나를 데리고 왔다. 이 소식을 들은 야곱은 그들을 책망하면서 세겜 사람들의 숫자가 훨씬 많으니 결국 자기 집안이 멸망하지 않겠느냐고 걱정했다. 결국 그는 그곳을 떠나 새로운 터전으로 이주할 수밖에 없게 되었다.

디나의 강간 사건은 목축민이던 야곱 집단과 세겜 성에 살던 정주민 히위 집단 사이의 대립 관계가 어떠했는지를 잘 보여준다. 가축을 키우며 들과 산에서 생활하던 목축민들은 도시와 성읍으로 내려가서 필요한 물품들을 구입하지 않으면 안 되었다. 디나가 그 땅 여자들을 구경하러 성 안으로 들어갔다고 한 것도 필시 여자로서 필요한 옷이나 장신구 등에 관심이 있었기 때문일 것이다. 실제로 야곱을 찾아온 하몰은 통혼하여 화목하게 지내자고 하면서 "여기 머물러 매매(買賣)하며 여기서 기업을 얻으라"(창34:10)고 권유하기도 했다. 또한 하몰이 세겜 사람들에게 할례받을 것을 권할 때에는 "그러면 그들의 가축과 재산과 그들의 모든 짐승이 우리의 소유가 되지 않겠느냐"(창34:23)라고 했다.

이렇게 볼 때 목축민은 도시의 정주민들이 생산하고 판매하는 물품을 필요로 했고, 정주민은 목축민들이 키우는 가축 생산물을 필요로 했다.

하몰이 말했던 것처럼 당연히 상부상조할 수 있는 관계였다.

그러나 그러한 관계는 양측의 신뢰가 바탕이 되었을 때 비로소 성립되는 것이지, 이처럼 디나가 겁탈을 당한 상태에서는 애당초 불가능한 것이었다. 양측의 관계가 파탄났을 때에 목축민들이 취하는 전형적인 전술은 약탈이었고, 시므온과 레위의 행동은 바로 그것이었다. "그들이 양과 소와 나귀와 그 성읍에 있는 것과 들에 있는 것과 그들의 모든 재물을 빼앗으며 그들의 자녀와 그들의 아내들을 사로잡고 집 속의 물건을 다 노략한지라"(창34:28-29).

목축민과 정주민 사이에 벌어진 이러한 반목과 대립은 이스라엘 백성들이 출애굽한 이후 다시 대거 가나안 땅으로 들어오면서 훨씬 더 광범위하게 전개된다. 새로운 이주 집단인 이들 목축민과 농경생활을 하던 원주민 사이의 대립은 이러한 사회적 갈등을 기초로 시작하여, 여호와를 믿는 그들과 우상을 숭배하는 저들 사이의 종교적인 대립으로 심화되었고, 마침내 그 지역의 정치적 패권을 둘러싼 치열한 전쟁으로 발전하게 된 것이다.

세겜 학살 사건이 벌어진 직후, 하나님이 야곱에게 나타나서 "일어나 벧엘로 올라가서 거기 거주하며……하나님께 거기서 단을 쌓으라"(창35:1)고 말했다. 사실 가나안 사람들의 보복이 언제 있을지도 모를 일이기 때문에 야곱과 그의 무리는 그곳에 그대로 있을 수도 없었다. 이에 야곱은 가족은 물론 함께 생활하던 모든 사람들에게 이방의 신상과 귀고리를 거두어서 세겜 근처의 상수리나무 밑에 묻게 한 다음, 거기서 남쪽으로 30킬로미터 정도 떨어진 벧엘로 이동했다.

이렇게 볼 때 야곱의 벧엘 길은 단순히 위험을 피해서 떠나거나 새로운 목축지를 찾아가는 그런 이동이라고 보기는 어렵다. 라헬이 드라빔이라는 집안의 우상을 위험을 무릅쓰고 몰래 가지고 나온 것을 보아도 알 수 있듯이, 야곱의 무리 안에는 하란에서 온 사람들도 많았고 그로 인해서 우상숭배가 상당히 퍼져 있었던 것이다. 따라서 그가 이방의 신상과 귀고리를 폐기하라고 한 것은 그러한 우상숭배의 흔적을 말끔이 씻어내려는 결단이라고 할 수 있다. 그런 그가 하나님의 지시에 따라서 벧엘로 간 것은 종교적으로 의미심장한 것이다. 벧엘은 과거 야곱이 에서를 피해 하란으로 가는 도중에 하늘로 이어진 사다리를 보았고 제단을 쌓았던 곳이었다. 그는 그곳에 다시 제단을 쌓고 엘벧엘(El-bethel)이라고 불렀으니, 그것은 '벧엘의 하나님'이라는 뜻이다.

야곱은 거기에 오래 머물지 아니하고 더 남행하여 에브랏, 즉 베들레헴으로 갔다. 거기서 라헬이 난산 끝에 남자 아이를 하나 낳고 자신은 사망하고 말았다. 라헬은 그 아들의 이름을 베노니(Ben-oni) 즉 '내 슬픔의 아들'이라고 했지만, 야곱은 베냐민(Benjamin), 즉 '오른쪽의 아들'이라고 고쳐 불렀다. 고대 유대인들에게 오른쪽은 권위와 위세의 상징이었으며 방위상으로는 남쪽에 해당되었다. 후일 베냐민 지파는 에브라임의 남쪽에 배치되었다.

야곱은 사랑하는 아내 라헬을 베들레헴 길에 장사지낸 뒤 더 남쪽으로 내려가서 마침내 아버지 이삭이 살고 있는 기럇아르바(Kiriath Arba, 네 겹의 성이라는 뜻) 즉 헤브론의 마므레에 도착했다. 그런데 그들이 그곳에 가는 도중 에델 망루가 있는 곳에 장막을 쳤을 때, 큰 아들 르우벤이 자신의 서모(庶母)이자 야곱의 아내였던 빌하와 통간하는 사건이 벌어졌다. 이로 인해서 야곱은 후일 임종의 자리에서 르우벤에게 "너는

탁월하지 못하리니 네가 아버지의 침상에 올라 더럽혔음이로다"(창49:4)
라고 하면서 그를 격하시켰고, 그 대신 넷째 아들인 유다에게 군주의
홀과 지팡이가 그를 떠나지 않을 것이라는 축복을 내렸다. 유다의 집안
에서 다윗이라는 왕이 탄생했고, 그 피를 이은 요셉의 집에서 예수님이
출생하게 된 것도 이러한 연유가 있었기 때문이다.

야곱은 헤브론의 마므레에서 아버지 이삭을 만났다. 이삭은 향년 180
세를 끝으로 사망하여 열조에게로 돌아갔다. 그의 두 아들 에서와 야곱
이 아브라함과 사라가 묻혀 있는 막벨라의 매장지에 그를 묻었다. 성경
의 내부적 연도로 추정할 때 당시 야곱의 나이는 120세 정도로 추정된
다. 그러나 그는 147세에 사망했으니, 27년을 더 살았던 셈이다. 사람들
은 대체로 인생이 막바지에 다다라 죽을 때가 가까이 되면 조용히 살다
가 세상을 뜨는 것이 일반적일 것이다.

그러나 야곱의 인생 마지막 30년은 과거 그가 에서와 부딪치고 라반
과 싸우면서 살았던 그 험한 역정에 결코 뒤지지 않는, 어떻게 보면 그
보다 더 힘들고 극적인 일들이 기다리고 있었다. 그것은 야곱 한 사람이
아니라 그의 자식과 후손들의 운명을 뒤바꾸었고 결국 이스라엘 민족의
역사를 결정짓는 사건들이었다. 이제 그 때 어떤 일들이 벌어졌는지 알
아보도록 하자.

이집트로 팔려간 요셉

야곱은 12명의 아들과 또 그들이 낳은 손자들을 데리고 헤브론에서 살
았는데, 앞에서도 말했듯이 그들은 모두 목축민이었고 장막에서 거주하

는 사람들이었다. 야곱이 외삼촌 라반을 떠나올 때 얼마나 많은 가축을 소유했는지는 앞에서 설명했지만, 그후로도 숫자는 더욱 늘었을 것이다. 그의 아들들은 많은 수의 가축들에게 필요한 풀을 먹이기 위해서 풍부한 목장을 찾아다녔다. 따라서 고향 헤브론에서 꽤 멀리 떨어진 곳으로 가서 머무르는 일도 드물지 않았다.

한번은 야곱의 아들들이 양떼를 치면서 북쪽으로 80킬로미터나 떨어진 세겜까지 올라갔다. 그들이 어떻게 하고 있는지 궁금해진 야곱은 요셉을 형들에게 보내서 소식을 알아보라고 했다. 당시 요셉의 나이가 열일곱 살이었으니까 이제 막 소년의 티를 벗었을 때였으며, 형들은 모두 스무 살이 넘은 성인들이었다. 야곱은 베들레헴 부근에서 세상을 뜬 사랑하는 아내 라헬이 낳은 두 아들인 요셉과 베냐민을 무척 아꼈다. 그래서 요셉에게는 당시로서는 드문 채색옷을 구해서 입히기도 했다. 형들의 눈에 그가 곱게 보일 리는 없었을 것이다.

그런데 요셉에게는 남들에게 없는 특이한 능력이 하나 있었다. 그것은 신기한 꿈을 꾸고 또 그것을 해석하는 능력이었다. 하루는 그가 형들에게 자신이 꾼 꿈에 대해서 이야기를 해주었다. 밭에서 곡물을 단으로 묶는데, 자기의 단이 일어서고 형들이 묶은 단들이 둘러서서 자기에게 절을 하더라는 것이었다. 또 한번은 해와 달과 열하나의 별들이 자기에게 절을 하는 꿈을 꾸었다고도 했다. 야곱조차 이를 듣고는 부모와 형제들이 네게 모두 절을 한다는 말이냐고 하면서 야단을 칠 정도였다. 따라서 그의 형들이 그를 미워하는 것은 당연한 일이었다.

요셉은 아버지가 지시한 대로 형들을 찾아 세겜에 갔는데, 형들은 이미 새로운 초지를 찾아서 거기로부터 서북쪽으로 25킬로미터 떨어진 도

함무라비 법전 비문 (기원전 1780년경)

단이라는 곳으로 이동한 후였다. 그래서 그는 다시 그곳을 찾아갔다. 양떼를 치던 형들이 멀리서 요셉이 오는 것이 보이자 그를 죽이기로 모의를 꾸몄다. 다만 큰 형 르우벤이 주장해서 피를 흘리게 하지는 말자고 했다. 그래서 그를 붙잡아 채색 옷을 벗긴 채 구덩이 안에 던져넣었다. 그 당시에는 물을 담아두거나 곡식을 저장할 목적으로 들에 구덩이를 팠

다. 요셉이 던져진 구덩이에는 마침 물이 없어서 그는 죽지 않을 수 있었다.

그때 마침 그곳을 지나던 이스마엘 상인들과 미디안 상인들에게 그를 노예로 팔아버렸다. 이들은 모두 아라비아 반도 북부에 거주하던 사람들로서 아랍인들의 조상이다. 형제들은 요셉의 옷에 숫염소의 피를 묻힌 뒤 그것을 아버지 야곱에게 가지고 가서 그가 짐승에게 먹혔다고 거짓말을 했다.

흥미로운 사실은 요셉이 노예로 팔릴 때 형제들이 은 20세겔을 받았다는 성경의 기록이다. 함무라비 법전의 기록이나 마리에서 발견된 문서를 보면 기원전 18세기에 노예 한 사람의 평균 가격은 실제로 은 20세

겔이었다. 시기가 좀더 내려와 기원전 2천년기 후반이 되면 인플레이션 현상으로 노예의 가격은 은 30세겔로 올라갔고, 1천년기가 되면 50-60 세겔로 뛰었다. 요셉이 이집트로 팔려간 시기가 기원전 18세기였다는 증거가 된다. 그보다 조금 이른 시기이긴 하지만 레반트 북부 연안의 우가리트라는 곳에서 나온 자료를 보면 노예 한 사람의 가격이 은 10세 겔인데, 나귀 한 마리는 30세겔이고 말은 300세겔이었다. 말 한 마리가 노예 30명과 같았다는 얘기이다. 물론 당시는 말이 무척 귀했던 때이긴 하지만, 그래도 나귀 한 마리면 노예 3명을 살 수 있었으니 얼마나 노예 가 싸고 흔했는지 알 수 있다.

상인들에게 팔린 요셉은 이집트로 끌려가서 그곳의 군주 파라오의 친 위대장이었던 보디발에게 팔렸다. 요셉의 총명함을 알게 된 그는 자신 의 모든 소유를 관리하는 가정 총무 즉 집사장의 직책을 그에게 맡겼다. 그러나 보디발의 아내는 용모가 준수했던 요셉을 좋아하여 그와 동침하 기를 원했다. 매일같이 청하는데도 요셉이 거절하자 하루는 아무도 없 을 때 그가 집에 들어오자 강제로 그를 붙잡고 늘어졌다. 요셉이 놀라서 자기 옷을 버리고 도망치자 그녀는 분함을 이기지 못하고 오히려 요셉 이 자신을 겁탈하려 했다고 소리쳤다. 이 이야기를 들은 보디발은 요셉 을 옥에 가두어버렸다.

이슬람의 경전인 「쿠란」을 보면 "유수프(Yusuf)"라는 제목이 붙어 있 는 장이 있다. 물론 그것은 요셉을 가리키는 것이며, 디테일에서 약간씩 차이는 있지만, 전체적으로 성경에 나오는 내용과 비슷하다. 보디발의 아내와의 사이에서 벌어진 에피소드 역시 거기에 등장하는데, 이것은 후일 이슬람권의 많은 예술가들의 상상력을 자극하여 '유수프와 줄레이

유수프를 붙드는 줄레이하
(1488년, 비흐자드 그림)

하'라는 유명한 러브스토리를 탄생시켰다. 줄레이하는 성경에는 나오지
않는 보디발 아내의 이름이다.

　하루는 줄레이하가 친구들에게 유수프가 얼마나 준수한 용모를 가졌
는지 보여주기 위해서 모두 초대를 했다. 과일을 내놓고 막 깎으려고
하는 순간 유수프가 들어왔다. 그의 모습을 본 여자들은 너무나 놀라서
칼로 자기 손을 다 베어버렸다고 한다. 성경에는 없는 스토리이다. 그러
다가 어느 날 줄레이하는 방에 들어온 유수프를 억지로 껴안으려 했고
도망가는 그를 잡으려고 하다가 그의 옷을 찢고 말았다. 마침 그때 남편

이 들어왔고 줄레이하는 요셉이 자신을 겁탈하려 했다고 거짓말을 했다. 그러나 옷의 앞쪽이 아니라 뒷부분이 찢겨져 있다는 사실을 확인한 그는 요셉의 결백을 알게 되었다. 그렇지만 집안의 명예를 지키기 위해 유수프를 옥에 넣을 수밖에 없었다.

줄레이하는 유수프가 감옥에 들어간 뒤에도 그에 대한 연모의 정을 지우지 못했다. 옥에서 나온 유수프는 이집트 왕의 총애를 받고 날로 위치가 높아졌지만, 줄레이하는 마음의 고통을 이기지 못하고 시들고 흉한 몰골로 변하고 말았다. 어느 날 유수프가 말을 타고 길을 지나가다가 초라한 모습의 줄레이하를 목격하게 되었고, 그녀의 진심을 알게 된 그는 그녀에게 사랑을 고백하고 아내로 맞아들였다. 그러자 그녀는 다시 예전의 아름다운 모습을 되찾게 되었다는 이야기이다. "유수프와 줄레이하"는 아랍과 페르시아의 수많은 시인들이 즐겨 다루는 주제가 되었고, 거기에 나오는 여러 일화들은 화가들이 즐겨 그리는 장면이 되기도 했다. 그것은 연인을 너무 사랑한 나머지 미쳐버린 "레일리와 마즈눈"의 이야기와 함께 이슬람권에서는 가장 유명한 러브 스토리가 되었다.

총리대신 요셉과 형제들의 재회

그럼 다시 성경의 요셉 이야기로 되돌아가보자. 감옥에 들어간 요셉은 그곳에 들어오게 된 파라오의 신하들이 꾼 꿈을 해몽하면서 앞으로 일어날 일들을 예언해주었다. 그 예언은 적중했고 감옥에서 풀려난 한 신하가 파라오에게 요셉의 특이한 능력을 이야기했다. 그 당시 기이한 꿈을 꾸었던 파라오는 여러 술객과 박사들을 불러서 해몽을 부탁했지만,

전혀 명쾌한 대답을 듣지 못하고 있던 터였다. 그래서 그는 요셉을 감옥에서 불러내어 자신의 꿈 이야기를 해주었다. 이를 들은 요셉은 꿈의 내용을 바탕으로 장차 일어날 일들을 정확하게 해몽했다.

꿈의 해몽을 둘러싼 요셉의 이야기는 후일 다니엘이 느부갓네살의 궁정에서 해몽한 일화를 연상시킨다. 사실 두 일화 사이에는 유사한 점들이 눈에 띈다. 두 일화에서는 모두 그들이 포로로 붙잡혀 있는 나라의 임금이 꾸는 꿈에 대해서 궁정의 술객과 박사들과 점쟁이들이 해몽하지 못한 것을 두 사람이 해몽했다는 공통점이 있다. 뿐만 아니라 두 사람 모두 자신의 해몽을 개인의 능력이나 예지력이 아니라 하나님의 도우심 때문이라고 선언했다. 즉 요셉은 "해석은 하나님께 있지 아니하니이까"(창40:8; 41:16)이라 했고, 다니엘도 "오직 은밀한 것을 나타내실 이는 하늘에 계신 하나님이시라"(단2:28)이라고 했던 것이다.

요셉은 파라오의 꿈을 풀어 장차 이집트에 7년 동안 계속 풍년이 들다가 뒤이어 7년 동안 흉년이 계속될 것이라고 했다. 나아가 그는 그에 대한 대책까지 제시했다. 즉 풍년이 드는 동안 곡식을 충분히 비축해서 흉년에 대비해야 한다는 것이다. 이 이야기를 들은 파라오는 너무 흡족해서 그를 총리대신으로 임명하고 나라의 모든 사무를 그에게 맡기게 되었다.

과연 요셉이 예언한 대로 7년의 풍년 뒤에 엄청난 한발이 계속되었고 그러한 사정은 이집트뿐만 아니라 다른 나라에서도 마찬가지였다. 가나안 땅은 기근에 시달리기 시작했고 사람들은 곡식을 구매하기 위해서 이집트로 몰려갔다. 풍년이 계속되는 동안 그곳에 많은 양의 곡식을 비축해놓았다는 소식이 알려졌기 때문이다. 야곱도 아들들을 이집트로 보내서 곡식을 사오라고 했다. 다만 아끼는 막내 베냐민만은 보내지 않았고 위로 10명의 아들들을 보냈다.

자루에 돈을 가득 넣고 이집트를 찾은 르우벤과 그의 형제들은 곡식을 사러 갔다가 요셉의 앞으로 오게 되었다. 세마포(細麻布) 옷을 입고 목에는 금사슬을 걸고 손가락에는 임금의 반지 인장(印章)을 끼고 있던 요셉을 그들은 알아보지 못했지만, 요셉은 그들이 누구인지 알아차렸다. 그런데 자기의 친동생인 베냐민이 없음을 알고 그의 생사를 확인하기 위해서 계획을 꾸몄다. 그들을 정탐꾼으로 몰아서 옥에 가둔 뒤 만약 그들이 자기 결백을 입증하려면 베냐민을 데려오라고 했다.

그래서 그들은 시므온을 감옥에 남겨두고 집으로 돌아가서 아버지 야곱에게 자초지종을 설명한 뒤, 불안해하는 아버지를 설득해서 결국은 베냐민을 요셉 앞으로 데리고 왔다. 동생이 무사함을 확인한 요셉은 그제야 자신이 누군가를 밝혔고, 거기서 형제들은 부둥켜안고 방성대곡을 했다.

요셉은 형들에게 아직도 흉년이 끝나려면 5년이 더 있어야 하니, 아버지 야곱을 모시고 이집트의 고센 땅이라는 풍요한 곳에 정착하라고 말했다. 이 이야기를 들은 야곱은 헤브론을 출발하여 남쪽으로 브엘세바를 거쳐 나일 강 하류의 델타 지역의 동부에 위치한 고센 땅에 도착했다. 이집트의 군주 파라오는 요셉의 부탁을 받고 이들이 고센 땅에서 가축을 키우며 살아가는 생활을 계속할 수 있도록 했다. 파라오는 특히 라암셋이라는 곳을 그들에게 주어 터전으로 삼게 했다.

성경에는 이때 그와 함께 온 그의 아들과 손자들의 이름이 모두 기록되어 있는데, 모두 66명이었다. 요셉은 이집트에서 낳은 두 아들 므낫세와 에브라임을 데리고 고센에서 아버지를 영접했으니, 야곱 자신을 포함해서 일족 남자들의 숫자는 모두 70명이었다. 야곱이 이집트에 올 때 나이는 130세였고 거기서 17년을 더 살아 147세의 나이에 사망했다. 그는 죽기 전에 요셉의 두 아들에게 축복을 내렸는데, 요셉의 희망과는 반대로 야곱은 장자 므낫세를 왼손으로, 차자 에브라임을 오른손으로 축복해주었다. 오른손은 권세의 상징이었기 때문에 그가 에브라임에게 장자권을 준 것이었다.

창세기의 마지막 부분(49:2-27)에는 야곱이 12명의 아들들에게 하나씩 축복을 내리는 장면이 묘사되어 있다. 소위 '야곱의 축복'이라고 불리는 대목이다. 큰 아들 르우벤은 아버지의 침상을 더럽혔기 때문에 탁월하게 되지 못할 것이라고 했고, 또 둘째 시므온과 셋째 레위는 과거 세겜 성을 약탈하여 살육을 저지른 것을 생각하여 그 후손들을 이스라엘 중에 흩으리라고 말했다. 대신에 레아의 넷째 아들인 유다에 대해서는 장차 통치자의 홀과 지팡이가 떠나지 않으리라고 하면서 왕권을 부여했다. 그밖에 레아의 다른 두 아들 스불론과 잇사갈에게 축복을 하고, 라헬의 두 아들 요셉과 베냐민에게도 차례로 축복을 내렸다. 마지막으로 여종인 빌하에서 낳은 단과 납달리, 또다른 여종 실바에서 낳은 갓과 아셀을 축복했다.

야곱은 마지막으로 자기가 죽으면 시신을 아브라함과 사라, 이삭과 리브가, 그리고 자기 손으로 직접 묻은 레아가 잠들고 있는 헤브론의 마므레 앞에 있는 막벨라의 묘지에 묻어달라고 유언을 남겼다. 요셉은 아버지의 유해를 모시고 가나안으로 가서 선영(先塋)에 묻었다. 요셉 자신은 이집트로 돌아와 110세를 살고 거기서 사망했다. 그는 이집트에 묻혔으나 나중에 모세가 그의 뼈를 거두어 세겜에 안장했다.

　야곱은 할아버지 아브라함과는 너무나 대조되는 성격을 가졌다. 아브라함이 하나님의 명령을 묵묵히 따르는 순종형 인간이었다면, 그는 이와는 정반대로 쟁취형 인간이었다. 그는 형 에서의 장자권을 빼앗았고 삼촌 라반에게서는 두 딸과 무수한 가축을 가져왔으며, 마침내 하나님과 씨름을 하며 끝까지 축복을 받아내고야 말았기 때문이다. "하나님과 사람으로 더불어 겨루어 이겼다"(창32:28)는 의미에서 그를 이스라엘이라고 이름한 것(72쪽 참조)도 결코 과장은 아니다. 그러나 그는 힘으로 윽박질러서 빼앗는 것이 아니라 기지로 목적을 달성하는 영리한 사람이기도 했다. 하나님은 우직하고 순종적인 아브라함과는 전혀 다른 기질을 가진 야곱을 통해서 이스라엘 민족의 역사를 시작하신 것이다.

제3장

민족의 구원자 : 모세

람세스 2세

모세가 이끄는 이스라엘 민족이 이집트를 탈출한 일화는 기독교 신자가 아닌 사람들에게도 잘 알려진 아주 유명한 스토리이다. 많은 사람들은 모세와 '출애굽'이라고 하면, 영화 "십계"에서 홍해의 거대한 바닷물이 갈라지는 장면을 연상한다. 그래서 기독교를 믿지 않는 사람들은 그것을 일종의 흥미롭지만 지어낸 이야기로 생각하는 반면, 기독교도들은 믿고 싶고 또 믿으려고 노력하는 이야기이기도 하다. 따라서 과거 오랜 기간 동안 이 사건의 역사적 사실성을 두고 논란이 벌어져왔던 것은 당연하다. 그러나 이 사건은 당사자였던 이스라엘 민족의 뇌리에 역사적인 사건으로 깊이 각인되어 자신들이 하나님의 선택된 백성이라는 믿음을 가지게 했다.

구약성경 가운데 처음에 나오는 다섯 개의 책은 흔히 「모세오경」이라는 이름으로 알려져 있다. 특히 앞의 두 책이 유명한데 처음 것이 「창세기」이고 두 번째 책이 「출애굽기」이다. 이 제목은 영어의 "Genesis"와 "Exodus"를 번역한 것이다. 그런데 사실 원문이 히브리어로 되어 있는 구약성경 39권의 책들에는 원래 제목이 없다. 다만 구별을 위해서 각 책의 처음에 나오는 단어를 편의상의 제목으로 부르게 되었고, 지금도 그렇게 부르고 있다. 그래서 「창세기」는 첫 단어인 "Bereshith"("태초에")이고 「출애굽기」는 "Shemot"("이름들")이다. 즉 "태초에 하나님이 천지를 창조하시니라"(창1:1)와 "야곱과 함께 각각 자기 가족을 데리고 애굽에 이른 이스라엘 아들들의 이름(들)은 이러하니"(출1:1)에 나오는 첫 단어들이다. 그런데 기원전 4세기에 구약을 그리스어로 번역한 「70인역」에서 편의상 새로운 제목을 붙이게 되면서, 그것이 지금 오늘날 우리에게까지 전해지게 된 것이다.

우선 본격적으로 출애굽에 대해서 설명하기 전에 짚고 넘어가야 할 문제는 과연 그것이 언제 일어난 일이냐 하는 것이다. 「열왕기상」 6:1을 보면 솔로몬이 즉위 4년에 성전 건축을 시작하면서 "이스라엘 자손이 애굽 땅에서 나온 지 480년"이라는 기록이 보인다. 아시리아의 사료를 위시한 다른 외부 자료들과의 비교를 통해서 솔로몬의 즉위연도를 기원전 970년경으로 보는 견해가 지배적이다. 그렇다면 그의 즉위 4년은 966/7년이 되는 셈이며, 거기서 역산하면 출애굽은 기원전 1445년이 된다. 그러나 최근 대다수의 학자들은 480년이라는 숫자가 실제의 연도가 아니라 1세대를 40년으로 잡고 12세대로 계산한 것이라고 보고 있다. 따라서 1세대를 보다 사실적으로 25년으로 잡으면 300년이 되고, 그것을 역산하면 람세스 2세의 치세인 기원전 1267년경이 된다는 것이다. 여기에서는 현재 다수의 학자들이 받아들이는 기원전 1250년경을 출애굽의 시점으로 전제하고 이야기를 전개하기로 하겠다. 앞에서 아브라함이나 야곱에 관해서 설명하면서 제시한 연대들도 모두 이러한 계산을 토대로 역산한 것이다.

람세스 2세의 무덤 (나일 강 중류의 아부 심벨 신전)

성경에는 이스라엘 백성이 이집트에 머물렀던 기간이 430년 동안이라고 명시되어 있다. 그렇다면 야곱이 가족들을 데리고 이집트로 내려온 것은 기원전 1700년경이 된다. 이집트는 야곱이 오기 약 100년 전부터 힉소스(Hyksos)라는 이름의 집단의 침입을 받기 시작했다. 이들은 가나안 지방에 살던 서부 셈족 계통에 속하는 사람들로, 시간이 지나가면서 이주하는 숫자가 점차 늘어나서 이집트 북쪽의 나일 강 델타 지역을 점령하고, 마침내 기원전 1650년경에는 자기들의 독자적인 왕조를 건설했으니, 역사상 제15왕조로 알려져 있다. 이들의 근거지는 바로 나일 델타 지역이었고 수도는 아바리스였다. 그들은 나일 강 중류 지역으로 올라가 정복활동을 벌이기도 했다.

그들이 통치하던 시기를 이집트 역사에서는 제2중간기라고 부른다. 고왕조와 중왕조 사이의 시기를 제1중간기라고 부른 것에 비해, 이때는 중왕조 다음이기 때문이다. 이 제2중간기를 끝내고 신왕국 시대를 연

것이 바로 제18왕조였다. 이 왕조는 나일 강 중류의 테베스라는 곳에 새로운 수도를 세웠다. 오늘날 룩소르라는 곳이 바로 그 자리이다. 강 건너 서편에는 파라오들의 무덤인 '왕들의 계곡'이 있다. 성경에는 요셉을 알지 못하는 '새 왕'이 일어나서 이집트를 다스렸다고 했는데, 바로 이 왕조를 창건한 아흐모세 1세(Ahmose I, 1539-1514 기원전)를 가리킨다고 보는 학자들이 많다.

'물에서 건져낸 아이'

모세가 출생한 것은 요셉이 사망한 뒤 약 250년쯤 지난 뒤인 기원전 1330년경이었다. 그때의 파라오는 바로 제18왕조 말기의 투탕카멘이었다. 황금의 가면으로 유명한 바로 그 왕이다. 그러나 모세가 장성해서 활동을 할 무렵이 되면 왕조는 이미 제19왕조로 바뀌었고, '위대한 람세스'라는 별명으로 알려진 람세스 2세의 시대(재위 1279-1213 기원전)가 되어 있었다.

그 당시 아나톨리아 고원과 시리아 지방에는 최초로 철기를 사용했다는 히타이트인들이 세운 제국이 있었다. 호메로스가 묘사한 트로이의 전쟁도 이 히타이트와 관련된 내용이다. 성경에는 아브라함에게 막벨라의 땅을 판 사람들, 그리고 이삭의 큰 아들 에서가 두 아내를 얻어들인 사람들도 "헷(히타이트) 족속"이라고 기록되어 있는데, 이 경우는 실제로 히타이트 제국을 세웠던 사람들이 아니라 가나안 현지의 주민들을 가리키는 것으로 이해된다. 아무튼 람세스는 가나안 지방에 대한 패권을 장악하기 위해서 여러 차례 북방으로 원정을 감행하여 히타이트 제

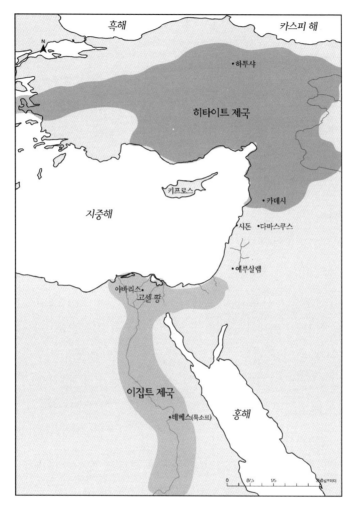

지도 5 히타이트 제국과 이집트 제국

국과 전투를 벌였는데, 그중에서 기원전 1274년에 시리아 지방의 카데
시에서 벌어진 전투는 특히 유명하다.

람세스 2세는 대내적으로도 적극적인 정책을 펼쳐 수도를 나일 강 중
류에 있던 테베스에서 강 하류 지역으로 옮겼다. 그곳에 피람세스(Pi-

Ramesses, '람세스의 집')라는 도성을 건설했는데, 발굴 결과 그 위치는 현재 나일 델타의 동부의 아바리스에서 가까운 곳, 즉 현재 칸티르라는 마을이 있는 곳으로 확인된다. 도성의 규모는 당시 세계 최대였다. 고대 중동의 수도들을 보면 아시리아 제국의 니네베는 면적이 1,800에이커였고 바빌론 제국의 바빌론은 2,250에이커였다. 피람세스는 2,500에이커, 즉 10제곱킬로미터에 달했다고 하니 그 규모를 짐작할 수 있다. 이 거대한 수도의 운영을 위해서는 막대한 물자가 필요할 수밖에 없었고, 그것을 보관하기 위한 시설도 필수적이었다. 「출애굽기」에서 수많은 이스라엘 사람들을 동원하여 그 위에 감독들을 두고 "국고성(國庫城, supply city) 비돔과 라암셋"을 건축하게 했다는 것은 바로 이를 두고 말한다.

이집트 사료에 표기된 피람세스와 성경의 라암셋이 비록 철자가 약간 다르기는 하지만, 실제로 동일한 도성을 가리키는 것은 거의 확실하다. 비돔은 현재 투밀랏 강가에 위치한 텔알라타바의 유적지로 추정되며, 라암셋에서 약간 동남쪽으로 떨어진 곳에 위치해 있다. 당시에는 도성을 건축할 때 대부분 말린 흙벽돌로 지었다. 건축 공사에 동원된 노예들은 물을 길어와서 흙과 섞어서 거기에 짚을 넣고 만든 벽돌을 말리는 작업을 했다. 노예들은 하루에 만들어야 할 벽돌의 개수가 정해져 있었다. 그래서 "어려운 노동으로 그들의 생활을 괴롭게 하니 곧 흙 이기기와 벽돌 굽기와 농사의 여러 가지 일이라"(출1:14)고 한 성경의 기록은 이집트에서 발견된 당대의 자료들과 거의 정확하게 일치한다.

이집트의 왕은 "이스라엘 자손이 우리보다 많고 강하도다"(출1:9)라고 하면서, 산파들에게 명령하기를 히브리인들이 만약 남자 아이를 낳으면 죽이라고 했다. 마침 레위 지파에 속하는 한 여인이 남자 아이를 낳았는데 석 달 동안 키우다가 더 이상 숨길 수 없게 되자, "갈대 상자를 가져다가 역청과 나무 진을 칠하고 아기를 거기 담아 나일 강가 갈대 사이"(출2:3)에 두었다. 마침 목욕하러 그곳에 왔던 파라오의 딸이 보고 그 아이를 데려가서 아들로 삼고 '물에서 건져냈다'는 뜻에서 모세(Moses)라고 이름했다. 그런데 '모세스'라는 단어는 원래 히브리어가 아니라 '낳다'는 뜻을 가진 이집트어에서 나온 말이다. '모세'는 아흐모세(Ahmose)나 투트모세(Thutmose)와 같이 이집트 왕들의 이름 뒤에 자주 보이는데, 람세스라는 이름도 실은 라모세스를 줄인 것으로 태양신인 라(Ra)가 낳았다는 뜻이다. 그러나 성경에는 이 이름이 히브리식으로 변형되어 Moshe로 표기되었고, 그것은 히브리어로 '건져낸 사람'이라는 뜻이다. 그래서 파라오의 딸이 "내가 그를 물에서 건져내었음이라"(출2:10)고 하면서 모세라는 이름을 지어주었다고 한 것이다.

그런데 모세의 출생에 관한 이 기록은 역사적 사실이 아니라 중동에서 널리 유포되어 있던 유사한 설화를 모방한 것에 불과하다는 주장이 제기된 적이 있다. 아카드 왕국을 건설한 사르곤(Sargon, 2371~2316 기원전)의 출생과 관련하여 이와 유사한 설화가 알려져 있기 때문이다. 그의 어머니는 여사제였는데 아기를 가져서는 안 되는 신분이었기 때문에, 사르곤을 출생한 직후에 그를 역청을 바른 갈대 상자에 넣고 유프라테스 강에 띄워보냈다. 그것이 이슈타르 여신의 정원사에게 발견되었고, 장성한 사르곤은 후일 수메르와 아카드의 대왕이 되었다는 이야기이다.

모세와 사르곤의 출생 설화는 겉으로는 유사한 부분이 있는 것 같다. 그러나 중동에서 이처럼 '버려진 아기'에 관한 설화들 32가지를 모두 모아서 비교한 한 학자는 그것을 세 가지 유형으로 나누었다. (1) 어떤 수치스러운 상황 때문에 아기를 버린 경우, (2) 그 아이가 장차 나라를 위협할 것이라고 해서 왕이나 권력자가 죽이려고 했기 때문에 버린 경우, (3) 그 아이뿐만 아니라 다른 아이들까지 학살의 위기에 처했을 때 버린 경우이다. 그런데 사르곤은 첫 번째 유형인 반면 모세는 세 번째 유형이기 때문에, 양자는 근본적으로 패턴이 다르며 모방이라고 보기 어렵다는 것이다. 더구나 사르곤의 설화가 처음 문헌 자료에 확인되는 것은 모세의 출생보다 훨씬 뒷 시기인 기원전 8세기 후반이라는 점도 그러한 모방설의 신빙성을 떨어뜨린다.

미디안의 땅에서

이집트의 공주에게 거두어진 모세는 왕궁 안에서 크며 최고의 교육을 받았겠지만 자신이 히브리인이라는 사실은 결코 잊지 않았다. 그는 어느 날 이집트 사람이 히브리인을 때리는 것을 보고 그를 죽이고 모래 속에 감추었는데, 나중에 그 사실이 탄로나게 되자 그곳을 떠나 미디안 땅으로 도망쳤다. 미디안은 아브라함이 그두라라는 후처에게서 낳은 아들의 이름이며, 그의 후손이 아라비아 반도 서북부에 살면서 이룬 종족의 이름이기도 하다. 그들은 요셉이 이집트에 팔려갈 때 상인들로 등장하는 것으로 보아, 북쪽으로는 시리아에서 가나안을 거쳐서 남쪽의 이집트에 이르는 지역을 무대로 교역에도 종사했음을 알 수 있다.

모세는 그곳에서 만난 미디안 족속의 제사장의 딸 십보라를 아내로 맞게 되는데, 두 사람의 만남은 흥미롭게도 마치 과거에 야곱이 라반의 딸 라헬을 만났을 때처럼 우물 옆에서 이루어졌다. 유사성은 여기에서 끝나지 않는다. 제사장의 일곱 딸들이 양떼를 몰고와 물을 먹이려고 할 때 다른 목자들이 와서 그녀들을 쫓으려고 하자, 모세는 그 딸들을 도와 양떼에게 물을 먹였다. 그런데 야곱도 라헬이 라반의 양떼를 몰고 와 물을 먹이려고 했으나 우물의 입구를 막고 있는 돌 때문에 여의치 않게 되었을 때 그 돌을 옮겨서 양떼가 물을 먹을 수 있었던 것이다. 마지막 으로 야곱과 모세의 이 두 이야기는 큰 주제의 면에서도 공통점을 보인 다. 즉 두 사람 모두 곤경에 처하여 도망친 주인공이 멀고 먼 타지에서 아내를 얻게 되었다는 점이 그러하다.

미디안이라는 족속은 오늘날 홍해의 아카바 만 동쪽에 살던 아랍 계 통의 집단이었다. 이들 역시 히브리인들과 마찬가지로 셈족의 언어를 사용했으며, 낙타와 양떼를 치던 사막의 유목민들이었다. 따라서 이들 은 가축의 물을 구하기 위해서 정기적으로 이동 생활을 했는데, 그 이동 의 범위가 서쪽으로는 아라비아 반도를 넘어 시나이 반도까지 미쳤던 것 같다. 제사장이기도 했던 모세의 장인은 이드로(3:1)와 르우엘(2:18) 이라는 두 가지 이름으로 표기되어 있다. 아무튼 모세는 장인의 양떼를 치면서 미디안 땅에 살게 되었고, 게르솜이라는 아들까지 두었다.

그가 먼 이역에서 이렇게 살고 있는 동안 이집트에 있던 이스라엘 백 성들의 상황은 더욱 더 악화되었다. 모세가 이집트에 있을 때의 통치자 파라오가 죽은 뒤 가중되는 억압과 박해 속에서 그들의 고통은 극에 달 했다. 이에 대해서 성경은 이렇게 적고 있다. "이스라엘 자손은 고된 노 동으로 말미암아 탄식하며 부르짖으니 그 고된 노동으로 말미암아 부르 짖는 소리가 하나님께 상달된지라 하나님이 그들의 고통 소리를 들으시고 하나님이 아브라함과 이삭과 야곱에게 세운 그의 언약을 기억하사 하나님이 이스라엘 자손을 돌보셨고 하나님이 그들을 기억하셨더라"(출 2:23-25). 이렇게 해서 하나님은 모세를 부르시게 된 것이다.

모세가 하루는 양떼를 치면서 광야 서편에 있는 하나님의 산 호렙에 이르렀다. 이때 여호와가 떨기나무 불꽃 가운데 나타나서 "모세야 모세야"라고 부르는 소리를 듣게 되었다. 여호와는 이스라엘 자손들의 고통을 들었으니 그들을 파라오의 손에서 건져내어 '젖과 꿀이 흐르는 땅'으로 인도하겠다고 하면서 그들을 이집트에서 이끌고 나오라고 명령했다. 모세는 자기가 무슨 수로 그들을 인도해 나올 수 있겠느냐고 여러 번 항변했으나, 소용이 없었다. 결국 그는 이적(異蹟)을 행하는 능력을 가져다줄 지팡이를 받고, 또 그의 뻣뻣한 입과 둔한 혀를 대언해줄 형 아론과 함께 파라오의 궁전으로 향하게 되었다. 이때 그의 나이는 여든이었다.

우리는 여기서 하나님이 자기 사람을 불러 쓰실 때 보이는 독특한 패턴을 볼 수 있다(「출애굽기」 3장). 하나님은 먼저 쓰시고자 하는 사람을 부르신다("모세야 모세야"). 그리고 그에게 해야 할 소명을 부여하신다("이스라엘 자손을 이집트에서 인도하여 내라"). 이에 대해서 당사자는 자신이 감당할 힘이 없다고 하면서 거부한다("내가 누구이기에 인도하여 내리이까"). 하나님은 그에게 다시 한번 확신을 심어준다("내가 반드시 너와 함께 있으리라"). 그리고 하나님은 이를 위해서 표징을 주신다("지팡이가 나타낸 이적의 표징"). 모세는 여러 차례 소임을 감당할 능력이 없다고 항변했지만, 아무 소용이 없었다. 결국은 하나님의 주권적인 결정에 따를 수밖에 없었던 것이다.

모세는 그곳을 떠나기 전에 이스라엘 자손들이 너를 보낸 하나님의 이름이 무엇이냐고 물으면, 어떻게 대답해야 하느냐고 물었다. 이에 하나님은 "나는 스스로 있는 자이니라"(출3:14)라고 대답하고, 또 "여호와"가 "나의 영원한 이름이요 대대로 기억할 나의 칭호"(출3:15)라고 선언했다. 앞의 표현은 히브리어로 "'ehyeh 'asher 'ehyeh"로 되어 있고, 뒤의 것은 "yhwh"라고 되어 있다. 논란이 있기는 하지만 이 두 표현에 사용된 단어는 모두 영어의 to be 즉 '이다' 혹은 '있다'를 뜻하는 hayah라는 동사와 관련이 있다고 한다.

모세가 하나님의 이름을 물은 것은 당시 이집트에 수많은 우상들이 있었기 때문에, 그런 것들과는 구별되는 분명한 이름을 알려줄 필요가 있었을 것이다. 뿐만 아니라 소명을 받고 그것을 행하려는 모세의 입장에서는 자기에게 그 명령을 내린 당사자의 이름을 알아야 했다. 후일 히브리인들은 하나님의 이름인 yhwh('야훼' 혹은 '여호와'로 읽힌다)를 극도로 경외하여 입에 올려 말하거나 글로 쓰지 않고, yhwh 대신에 adonai 즉 '나의 주님'이라는 단어를 사용했다. 우리나라에서 번역된 성경에는 그대로 여호와라고 번역되었지만, 영어 성경에서는 그것을 'The LORD'라고 대문자를 써서 번역하는 경우가 많다.

이렇게 해서 모세는 여호와의 지시에 따라 이집트로 향하게 된다. 그런데 「출애굽기」 4:24-26에는 그가 이집트에 가기 전에 일어난 매우 수수께끼 같은 사건이 기록되어 있다. 즉 호렙 산에서 내려와 집으로 가는 도중에 여호와가 노상의 숙소에 있던 모세를 죽이려고 했고(24절), 이에 놀란 아내 십보라가 아들의 양피(陽皮)를 베어 모세의 발 앞에 던지며 "당신은 참으로 내게 피 남편이로다"라고 말하니(25절), 여호와가 비로소 모세를 놓아두었다는 것이다(26절). 얼마 전에 모세에게 엄청난 소명을 맡긴 하나님이 왜 갑자기 그를 죽이려고 했을까. 그리고 십보라는 무엇 때문에 아들에게 할례를 행했고, '피 남편(bridegroom of blood)'은 무슨 뜻이며, 어찌해서 그녀의 이러한 행위로 인해 하나님은 모세를 살려두신 것일까.

이 구절은 성경에서 가장 난해한 부분의 하나이며 그동안 많은 성경학자들을 괴롭혀왔고 다양한 설명이 제기되어왔지만, 우리의 의문을 말끔히 씻어줄 만한 철벽같은 정답은 아직 없는 듯하다. 다만 히브리어 원문에는 남성 3인칭 대명사로 되어 있는 것이 영어나 우리말로 번역될 때 독자들의 이해를 위해서 친절하게도 '모세'라고 밝힌 것이 문제라는 지적은 귀 기울일 만하다. 즉 여호와가 노상의 숙소에서 '그'를 죽이려고 했다고 되어 있기 때문에, '그'는 반드시 모세가 아닐 수도 있다는 것이다. 그 구절 바로 앞에서 '이스라엘은 내 아들 장자'라고 하면서, 만약 이스라엘을 내어놓지 않으면 파라오의 장자를 죽일 것이라는 경고를 했다는 점을 생각하면, 여호와가 죽이려던 '그'는 모세가 아니라 파라오의 장자일 수도 있다.

만약 그렇게 읽는다면 십보라의 할례 행위(25절)는 앞의 24절의 내용에 연결된 것이 아니라 별도의 이야기가 된다. 남자 아이의 양피를 베어내는 관습을 행하지 않던 미디안 출신의 여자가 히브리인들의 관습에 따라 자기 아들의 양피를 베어낸 것이고, 그 때 자기 아들이 피를 흘린 것을 보면서 당신은 이처럼 '피를 흘리게 한 남편'이라고 말한 것일 수도 있다. 그러나 이러한 해석조차도 이 구절의 수수께끼를 깨끗이 풀어주지는 못한다.

엑소더스

호렙 산에서 내려와 이집트로 향한 모세는 먼저 파라오에게 이스라엘 사람들을 데리고 사흘 길쯤 광야로 가서 하나님께 희생을 드리고 오겠다고 요청했다. 이는 도성 건축에 투입된 많은 이스라엘 노예들에게 종교적 행사를 위해서 왕복 일주일의 휴가를 달라는 이야기나 마찬가지였다. 흥미로운 것은 그 당시 이집트 자료를 통해서 노역에 종사하던 사람들이 가끔씩 신에게 제사를 지내기 위해서 일종의 휴가를 받았다는 사실이 확인된다는 점이다. 그러나 이스라엘 백성들을 의심하고 두려워했던 파라오가 이를 받아들일 리가 만무했다. 결국 모세와 파라오의 대결은 불가피하게 되었다.

이후 모세가 행한 이적들은 이미 널리 알려진 이야기이기 때문에 여기서 하나씩 되풀이할 필요는 없을 것이다. 흔히 10가지 재앙이라고 알려져 있는데, 가만히 들여다보면 먼저 9가지의 '표징과 이적'이 일어난 뒤에, 마지막에 열 번째 '재앙'으로 클라이맥스에 이른다. 9가지의 이적들은 (1) 피 (2) 개구리 (3) 이 (4) 파리 떼 (5) 악질 (6) 악성 종기 (7) 우박 (8) 메뚜기 (9) 흑암(黑暗)이다. 9가지의 이적에도 불구하고 굽히지 않는 파라오의 강퍅함은 마침내 "바로의 장자로부터 맷돌 뒤에 있는 몸종의 장자와 모든 가축의 처음 난 것"(출11:5)에 이르기까지 모두가 죽음을 당하는 대재앙이 발생하게 되었다. 모세는 이스라엘 자손들의 장자는 죽임을 당하지 않도록 양을 잡아 그 피로 집의 문 좌우 설주와 인방에 바르고, 집 안에서 그 양의 고기와 무교병(無酵餠)과 쓴 나물을 먹도록 했다. 그러면 재앙이 그것을 보고 그 집을 건너뛰어 지나갈 것이라고 했으니, 이것이 바로 유대인의 가장 큰 절기인 유월절(逾越節, The Passover)의 시작이 되었음은 두말할 나위도 없다.

마지막 재앙을 당한 뒤 비로소 파라오는 이스라엘 백성들에게 그 땅을 떠나는 것을 허락했다. 이들은 수도 라암셋을 출발하여 숙곳이라는 곳에 도착했는데 그때 사람들의 숫자가 유아를 제외하고 장정만 60만 명이었다고 한다. 거기에 다른 잡족(雜族)과 양과 소와 같은 생축(牲畜)도 대단히 많았다. '잡족'이라고 한 것으로 보아 이스라엘 백성 이외에 다른 집단들도 일부 탈출 행렬에 동참했던 것으로 보인다.

당시 이집트는 북방 히타이트와 전쟁을 하면서 가나안과 시리아 지방에 있던 상당수의 셈족 계통 사람들을 포로로 잡아와 노예로 부렸다. 예를 들면, 투트모세 3세 때에는 두 차례의 원정을 통해서 101,128명을 잡아왔다는 기록이 있다. 다시 말해서 포로나 노예의 신분으로 강제노역에 종사하던 셈족의 숫자가 수만 명은 충분히 되었으니, 이들 가운데 일부가 출애굽의 대열에 동참한 것은 전혀 이상한 일이 아니다. 야곱의 일족 70명이 이집트로 들어간 지 430년이 지난 뒤에 마침내 200만 명을 헤아리는 수많은 사람들이 이집트를 탈출하는 일대 사건 '엑소더스(Exodus)'가 벌어진 것이다.

모세에 이끌려 이집트를 탈출한 이스라엘 사람들의 숫자는 이미 오래 전부터 논란의 대상이었다. 200만 명에 달하는 엄청나게 많은 사람들이 일거에 탈출했다는 사실, 그리고 그들이 먹을 것도 마실 것도 없는 황량하기 짝이 없는 시나이 반도의 광야를 헤매면서 40년을 살았다는 사실은 상식적인 눈으로 볼 때 도저히 믿기 힘든 주장이다. 성경에 나오는 허다한 다른 이야기들에 대해서도 그렇지만 여기서는 이처럼 통념상으

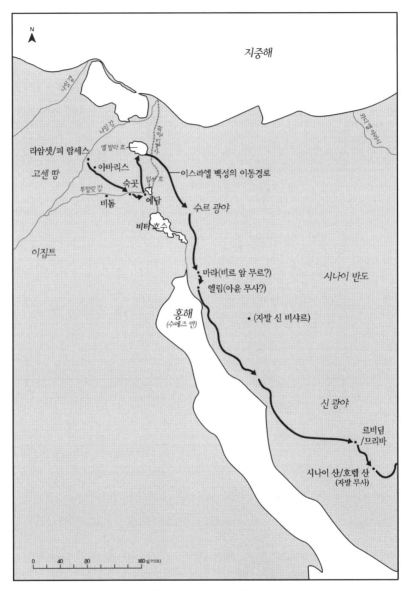

지도 6 이집트에서 시나이 광야로 나오는 여정

로 이해하기 어려운 기록에 대해서 그 시비곡절을 따지고 싶은 생각은 없다. 그것에 대해서는 성경의 기록 이외에는 다른 증거가 없지만, 또 한편으로는 '상식'이나 '통념'으로 볼 때 납득하기 어렵다는 점 이외에 역시 다른 반증의 자료도 없기 때문이다.

이와 관련하여 참고로 이슬람권에서 가장 탁월한 역사철학자였던 이븐 할둔(1332-1406)은 이 일화에 대해서 어떻게 평가했는지를 간단하게 살펴보도록 하자. 이집트를 탈출한 이스라엘 성인 남자의 숫자가 60만 명 혹은 그 이상이었다는 기록에 대해서는 그도 역시 회의적인 견해를 표명했다. 그 정도 규모의 집단이 살기 위해서는 지리적으로 엄청나게 큰 영역이 필요했을 것이라고 했다. 아울러 그는 후일 이스라엘 왕국을 멸망시킨 아시리아 제국의 느부갓네살이 거느린 군대의 숫자도 그만큼은 되지 못했다는 점을 지적했고, 나아가 중동의 막강한 제국이었던 사산조 페르시아가 635년 이슬람 군대와 알 카디시야라는 곳에서 전투를 벌였을 때 투입했던 군대도 최대 20만 명 정도였다는 점을 상기시켰다. 또한 이스라엘이 가장 번영했던 솔로몬의 시대에도 군대의 숫자는 1만 2,000명에 불과했다는 점도 지적했다.

따라서 이 모든 사실들을 비추어볼 때 이븐 할둔은 이집트를 나온 이스라엘 성인 남자의 숫자가 60만 명이라는 기록이 미덥지 않은 것은 사실이라고 했다. 그러나 그는 「토라」곧 모세 오경은 이스라엘 사람들이 스스로의 신성한 경전으로 여기는 것이기 때문에 함부로 날조하여 기록하지는 않았을 것이라고 보았다. 그리고 기독교인이 아니라 무슬림이었던 그는 최종적으로 "그들의 숫자가 그렇게 많이 증가했기 때문에 하나님이 그들에게 약속했던……가나안 땅을 지배할 수 있게 되었으니, 이 모든 것들은 기적일 뿐이다. 진리로 우리를 인도하시는 분은 하나님이시다"라는 말로 자신의 논설을 마무리했다. 이 책의 필자 역시 위대한 선학이 펼쳤던 논리, 그가 도달한 결론 이외에 다른 묘안이 없음을 인정하지 않을 수 없다.

이집트를 떠난 이스라엘 백성들이 어떤 경로를 통해서 시나이 반도로 들어갔고 거기서 어떻게 헤매다가 마침내 가나안으로 들어가는 입구인 모압 평원에까지 이르게 되었는가에 대해서는, 먼저 성경에는 「출애굽기」의 12:37, 13:17-20, 14:2 등에 그에 관한 언급이 보이고, 「민수기」 33장에 그들이 거쳐간 지명들의 상세한 리스트가 기록되어 있다. 특히 그 리스트에는 모두 42개의 지명이 나오는데 그것이 후대에 편집되어 삽입된 것이라는 비판도 있지만, 그중에 20개의 지명은 「모세 오경」 어디에도 보이지 않는 것이기 때문에 설득력이 없다. 그렇지만 출애굽과 관련된 지명들 가운데 상당수는 아직 고증되지 않은 채 참으로 수많은 가설과 억측과 논란에 휩싸여 있기 때문에, 여기서는 어떤 단정적인 입장을 취하는 것은 어렵다. 다만 다수의 학자들이 인정하는 의견을 중심으로 설명하기로 하겠다.

이집트에서 가나안으로 갈 때 가장 가깝고 편리한 길은 시나이 반도 북부의 해안을 거쳐서 올라가는 것이다. 이집트와 가나안과 시리아를 잇는 중요한 교통로였고, 군사적인 원정을 할 때나 국제적인 교역을 할 때에도 대부분 그 길을 이용했다. 따라서 이스라엘 백성들도 그 길로 가야 마땅한 것이지만 그들은 오히려 험하고 힘든 시나이 반도의 광야 길을 선택했다. 왜 그랬을까? 그것은 "블레셋 사람의 땅의 길은 가까울지라도"(출13:17) 그 길로 가려면 그들과의 전쟁이 불가피했으므로 '홍해의 광야 길'로 가라는 하나님의 지시가 있었기 때문이었다.

따라서 그들은 라암셋을 떠나 동북쪽이 아니라 동남쪽으로 향했다. 제일 먼저 도착한 곳은 숙곳이었다. 숙곳은 현재 투밀랏 강변에 있는 텔알마스후타(Tell al-Maskhuta)에 해당되며 비돔에서 약간 동쪽으로 떨어진 곳에 위치해 있었다. 그뒤 그들은 숙곳을 떠나 광야 끝 에담이라는 곳에 장막을 쳤다. 에담의 정확한 위치에 대해서는 논란이 있지만, 팀사 호수의 서안인 것 같다. 그런데 거기서 갑자기 여호와가 모세에게 명하여 "이스라엘 자손에게 명령하여 돌이켜 바다와 믹돌 사이의 비하히롯 앞 곧 바알스본 맞은편 바닷가에 장막을 치게 하라"(출14:2)고 했다. 다시 말해서 갔던 길을 되돌아오게 한 것이다.

한시가 급하게 이집트에서 벗어나야 했던 그들을 왜 되돌아오게 만든 것일까. 그 이유는 기록되어 있지 않으나, 결국 그것은 파라오의 추격과 '홍해'의 기적이라는 사건으로 연결되었다. 이스라엘 사람들을 보낸 것을 후회하던 파라오는 그들이 "그 땅에서 멀리 떠나 광야에 갇힌 바 되었다"(출14:3)라고 하면서 추격을 시작했다. 이것은 남쪽으로 멀어져 갔던 그들이 자기 발로 돌아와서는 바다가 마주보이는 곳 광야의 끝에 장막을 쳤기 때문이니, "갇힌 바 되었다"는 그의 말은 틀린 것이 아니었다. 그는 동원할 수 있는 모든 전차(병거)는 물론이지만 600대의 정예 전차 부대를 투입하고 기마병을 이끌고 왔다. 이후 어떤 일이 벌어졌는지는 너무나 유명한 이야기이기 때문에 자세히 설명할 필요는 없을 것이다. 즉 큰 동풍이 불어 '홍해'의 바닷물이 갈라지고 이스라엘 사람들은 모두 무사히 건넜지만, 이집트 군대는 바다 속에 모두 삼켜져버렸다.

앞에서도 말했지만 '홍해'의 기적이라고 하면 모세로 분한 찰턴 헤스

톤이 지팡이로 거대한 바다를 가르는 영화의 장면을 떠올리는 사람이 많을 것이다. 과연 그런 일이 일어날 수 있을까 하는 의아한 생각이 드는 것도 이상한 일은 아니다.

그런데 이러한 장면은 역사적 사실과는 상당한 거리가 있는 듯하다. 우선 성경에 '홍해'라고 번역된 단어에 문제가 있다. 영어 성경에도 "Red Sea"라고 되어 있고, 거슬러올라가면 라틴어 성경(불가타 역본)과 그리스 성경(70인 역본)에도 모두 그렇게 번역되어 있다. 그러나 히브리어 원문에는 얌 수프(yam suf)라고 표기되어 있다. 수프라는 말은 원래 히브리어에서는 '갈대'를 뜻한다. 고대 이집트어에도 '수프(suf)'라는 단어가 있는데, 이 역시 갈대를 뜻한다고 한다. 「출애굽기」에는 아기 모세를 넣은 갈대 상자를 놓아둔 "하수(河水)가 갈대 사이"라는 구절이 있는데 거기서도 역시 수프라는 단어가 사용되었다. 따라서 얌 수프는 정확하게 옮기면 '갈대의 바다(Reed Sea)'가 되어야 옳다.

그런데 혼동이 일어나게 된 것은 성경의 다른 곳에서 얌 수프라는 단어가 진짜 홍해를 가리킬 때도 사용되었기 때문이다. 지도를 보면 역삼각형 모양으로 된 시나이 반도가 있고 그 좌우에 두 개의 만이 있다. 왼쪽이 수에즈 만이고 오른 쪽이 아카바 만이다. 이 두 개의 만(灣)을 시작으로 홍해가 시작된다. 그런데 시나이 반도를 끼고 있는 이 두 개의 만으로 들어온 바다를 가리켜 얌 수프라고 표현한 것이다(「민수기」 33: 10; 열왕기 상 9:26). 고대 히브리인들은 라암셋과 비돔과 같은 도시가 있는 곳 부근에 갈대가 많이 자라고 있는 호수들을 얌 수프라고 불렀는데, 거기서 연결된 홍해도 같은 이름으로 불렀다. 파라오의 군대에게 쫓긴 이스라엘 사람들의 눈앞에 있던 바다는 수에즈 만이 있는 곳의 홍해가 아니라, 라암셋 동쪽에 있는 이 호수들, 즉 '갈대의 바다'였던 것이다.

그렇다면 '홍해' 혹은 '갈대의 바다'라고 알려진 그곳은 구체적으로 어느 지점이었을까. 이 문제에 대해서는 이제까지 그 부근에 있는 여러 호수들이 차례로 후보지가 되었다. 즉 카이로 시에서 동쪽으로 약 100 킬로미터 떨어진 곳에 있는 비터 호수, 그 위쪽에 있는 팀사 등이 주목을 받았는데, 최근에는 이집트 자료들과 비교한 결과 그 북쪽에 있는 호수인 엘 발라가 강력한 후보로 부상했다. 이 호수는 수에즈 운하 공사 때문에 물이 말라버려 현재는 존재하지 않는다.

광야에서

아무튼 바닷물이 갈라지는 기적을 통해 이 '갈대의 바다'를 무사히 건넌 이스라엘 백성들은 마침내 시나이 반도에 있는 수르 광야로 들어갔다. 거기서부터 이들은 차례로 네 번의 시련에 부딪치게 된다. 마실 물이 없었던 것이 이들의 첫 번째 시련이었다. 이들이 광야 길로 사흘을 가다가 물이 부족해졌는데, 어느 곳에 이르러 물이 있어 마시니 써서 먹지 못할 정도였다. 그래서 그곳을 '쓰다'는 뜻으로 마라(Marah)라고 이름했다. 시나이 반도 동북부에 있는 호수나 샘은 그 물맛이 쓴 것으로 유명하며, 오늘날 그곳에 있는 비터 호수(Bitter Lake)라는 호수의 이름도 그것을 입증한다. 사실 시나이 반도를 여행하는 사람들은 그곳에 있는 샘들의 물이 써서 먹지 못할 정도라는 보고를 자주 했었다. 사정은 옛날에도 마찬가지였다.

기원전 1900년대에 이집트의 궁정 관리였다가 그곳을 도망쳐 가나안

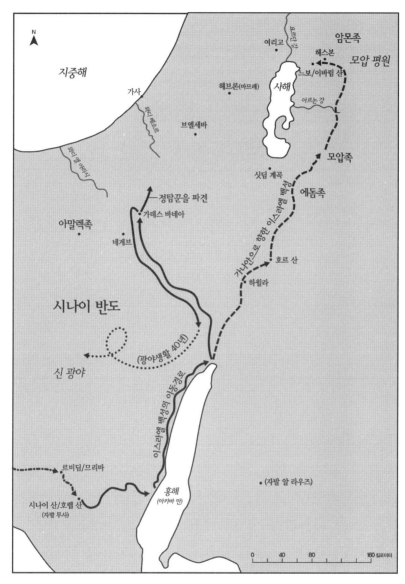

지도 7   시나이 광야에서 가나안으로 향한 여정

으로 향하던 시누헤(Sinuhe)라는 사람이 있었는데, 그는 바로 이 호수를 지나며 그 물을 마시고 엄청난 고통을 느꼈다. 광야로 들어온 이스라엘 사람들이 사흘을 가서 마라에 도착했다고 했는데, 하루 평균 30킬로미터 정도 이동한다고 가정할 때 사흘이면 90킬로미터 정도를 이동한 셈이고, 그렇다면 현재 수에즈 항구에서 멀지 않은 동쪽 어느 지점일 것이다.

마라의 위치에 대해서 학자들에 따라 비르 암 무르(Bir al-Murr)를 지목하는 사람도 있고 혹은 거기서 남쪽으로 12킬로미터 떨어진 곳에 있는 아윤 무사를 꼽는 사람도 있다. 무르(murr)라는 아랍어는 '쓰다'는 뜻으로 히브리어 마라(marah)와 같은 어원을 가졌다. 따라서 비르 암 무르라는 말은 '쓴 우물'을 뜻한다. 아윤 무사는 '모세의 샘'이라는 뜻을 가졌는데, 이곳에는 다수의 종려나무가 있고 여러 개의 샘이 확인된다. 「출애굽기」15-16장에 의하면 이스라엘 백성은 마라를 떠나 12개의 샘과 70주의 종려나무가 있는 엘림에 도착했다고 한다. 아윤 무사를 이곳으로 비정(比定)하는 학자들이 있는데, 확실치는 않다.

이스라엘 백성은 그곳을 떠나 엘림과 시나이 산 사이에 있는 신 광야에 도달했다고 한다. 그런데 「민수기」33장에는 엘림을 떠난 뒤 홍해 해안으로 가서 진을 쳤고, 거기서 떠나 신 광야로 갔다고 되어 있다. 그런데 여기서 '홍해'라고 한 것도 역시 앞에서 말했던 얌 수프라는 단어로 표현되어 있다. 그들이 수에즈 지협에 있는 얌 수프를 지나 여러 날을 왔는데, 다시 그곳을 돌아갔을 리는 만무하다. 그렇다면 엘림을 지나서 그들이 진을 친 얌 수프는 시나이 반도 왼쪽에 있는 수에즈 만 부근의 홍해를 가리킨다고 보아야 할 것이다.

이스라엘 사람들이 엘림을 떠나 홍해 해안을 스치면서 신 광야로 들

아윤 무사

어왔을 때 두 번째 시련에 봉착했다. 이집트를 떠난 지 두 달 반이 지났
으니, 가지고 온 식량이 다 떨어지게 된 것이다. 그들은 모세와 아론에
게 불평을 터뜨리고 비난을 퍼붓기 시작했다. 이에 여호와는 저녁에는
고기를, 아침에는 떡을 주어 배불리 먹게 하겠다고 약속했다. 그러자 저
녁에는 메추라기가 날아와서 진을 뒤덮었고, 아침에는 이슬 같은 것이
맺혔다가 마르면서 서리 같은 가루가 광야 지면에 깔렸다. 사람들은 그
것이 '무엇'이냐고 의아해했고, 그래서 만나(manna)라는 이름으로 불리
게 되었다는 것이다. 모세는 한 사람이 1오멜(omer)만 거두라고 했다.
1오멜은 3.64리터이므로, 우리 기준을 친다면 2되 분량이다. 다만 여섯
째 날에는 2오멜을 거두어 안식일인 다음날을 준비하도록 했다.

　이스라엘 백성들은 광야를 헤매면서 극심한 목마름과 배고픔을 체험

했고, 그로 인해서 그들은 끊임없이 불평과 불만을 터뜨렸다. 심지어 이집트에서 거의 노예와 같은 질곡 속에서 고난을 받았던 것은 생각치도 않고, 오히려 거기서 배불리 먹고 죽었으면 좋았을 것을 무엇 때문에 이 광야에서 죽게 하느냐고 항의하기까지 했다. 그러나 하나님은 모세를 통해서 그들에게 쓴 물을 달게 만들어 마실 수 있게 해주었고, 그들의 주린 배를 채우기 위해서 메추라기 고기와 만나의 떡을 주었다. 아울러 그들이 지켜야 할 법도와 율례를 정하고, 여호와께 드리는 거룩한 날 안식일에는 쉬도록 했다. 이렇게 하나님은 이스라엘 사람들을 광야 생활을 통해 단련시키며 그들이 지켜야 할 규정들을 하나씩 가르쳐주기 시작했다. 그것은 곧 모세를 통해서 내려준 십계명을 통해서 확고한 율법으로 나타나게 된 것이다.

백성들이 신 광야를 떠나 르비딤이라는 곳에 이르렀을 때, 또다시 물 부족으로 세 번째 위기에 봉착하게 되었다. 이에 여호와의 명령을 받은 모세는 지팡이로 호렙 산의 반석(盤石)을 쳤더니 물이 나왔다(출17:1-7). 르비딤의 위치는 호렙 산 부근임이 분명한데, 그렇다면 시나이 반도 남부였을 것으로 추정된다. 아랍어로 레파이드라는 곳이 지금도 있는데, 발음이나 위치로 보았을 때 르비딤과 동일한 곳인 것 같다. 뿐만 아니라 시나이 광야의 남부를 조사했던 수자원 전문가들은 현지의 베두인들이 사막 한 가운데에서 바위들의 특이한 분포를 관찰하고는 그 지하에 물이 있는 것을 알아내게 된다는 보고를 한 바 있다. 그런데 모세는 나중에 가나안으로 들어가기 직전에 르비딤에서 다시 바위를 지팡이로 쳐서 물이 나오게 하는 기적을 행하는데(민20:1-13), 이에 대해서는 뒤에서 다시 설명하기로 하자.

이 위기를 넘기자마자 네 번째 시련이 찾아왔으니, 아말렉인들이 공격해온 것이었다. 전투는 르비딤에서 벌어졌는데, 모세가 산꼭대기에 올라가서 지팡이를 잡고 손을 들면 이스라엘이 이기고 손을 내리면 아말렉이 이겼다. 전투가 길어지고 모세도 지치게 되자 아론과 훌 두 사람이 좌우 양쪽에서 해가 질 때까지 그의 손을 붙잡아주었다. 결국 여호수아가 이끄는 이스라엘군이 승리를 거두었고, 모세는 그것을 기념하여 그곳에 단을 쌓고 여호와 닛시라고 이름했으니, '여호와는 나의 깃발(nissi)'이라는 뜻이다.

이 일이 있은 직후에 모세의 장인인 제사장 이드로가 모세의 아내 십보라와 두 아들 게르솜과 엘리에셀을 데리고 모세를 찾아왔다. 그때 이드로는 모세가 백성들이 가져오는 송사를 재판하느라고 하루 종일 그 일에 매달려 있는 것을 보고, 그렇게 하면 너무 힘들어서 곧 지칠테니 일을 맡길 만한 사람들을 뽑아서 맡기라고 조언했다. 모세는 그 말을 받아들여 무리들 가운데 재덕을 겸비한 사람들을 뽑아 천부장(千夫長), 백부장(百夫長), 오십부장(五十夫長), 십부장(十夫長)으로 삼고, 그들에게 백성들의 일을 재판하되 어려운 일은 자신에게 가지고 오도록 했다. 그뒤에 장인 이드로는 자신의 고향으로 돌아갔다.

십계명

모세가 이끄는 이스라엘 백성은 르비딤을 떠나 시나이 산 앞에 장막을 쳤다. 이미 이집트를 떠나온 지 3개월이 지난 시점이었다. 호렙 산이라는 이름으로 알려진 이 산은 그곳에서 모세가 십계명(十誡命, Ten

자발 무사와 성 카트린느 수도원

Commandments)을 받았기 때문에 종교적인 의미가 실로 막중한 곳이다.

더구나 이스라엘 백성들이 이집트를 탈출하여 이주한 경로를 파악하는 데에도 이 산의 위치가 핵심적인 열쇠를 쥐고 있기 때문에 많은 추정들이 제시되었다. 현재까지 적어도 12가지 다른 지점들이 거론되었는데, 그 가운데 5곳은 시나이 반도 북부에, 4곳은 반도의 남부에, 1곳은 중부에 있다는 주장이 나왔다. 그리고 미디안 땅이라고 알려진 아라비아 반도 서북부에 있다는 주장도 있고, 심지어 요르단 강 동남부의 에돔 땅에 있었다는 주장도 있다.

현재 시나이 반도 남쪽에 있는 자발 무사(Jabal Musa)라는 산이 매우 유력한 지점으로 여겨지고 있다. 그것은 아랍어로 '모세의 산'을 뜻하는데, 이미 비잔티움 시대인 기원후 4세기에 시나이 산으로 여겨져 성 카트린느라는 사원을 짓기도 했다. 지금도 그곳에 가면 그리스 정교회의 사제들이 이스라엘 백성들이 장막을 친 곳, 불붙은 떨기나무가 있던 곳, 모세가 계명을 받던 곳 등이 어디라고 지목까지 한다고 한다. 국내외를 막론하고 기독교도들이 성지 순례를 할 때 찾아가는 곳도 바로 이 산이다. 2,285미터의 정상에는 후대에 만들어진 모세 기념교회도 서 있다.

또다른 중요한 후보지로는 자발 무사에서 더 서북쪽 그러니까 이집트에 보다 가까운 곳에 위치한 자발 신 비샤르가 꼽히고 있다. 모세가 장인 이드로의 양떼를 칠 때 광야의 서편에 있는 호렙 산에서 불타는 떨기나무 속에서 하나님을 만난 사실, 그리고 후일 그가 파라오에게 돌아가 사흘 길 떨어진 곳으로 가서 제사를 드리게 해달라고 요구했던 사실 등을 생각해보면 이 산일 가능성도 충분하다. 더구나 오늘날에도 미디안 땅이 있던 아라비아 반도 서북부에서 이집트로 올 때 최단거리이자 가장 자주 사용되는 교통로에서 멀리 떨어져 있지 않다. 모세가 이집트에서 미디안 땅으로 도망갔다가 다시 올 때 그 길을 사용했을 가능성도 있다. 그러나 「신명기」 1:2에 가데스에서 시나이 산까지 열하루 길이라고 했는데, 두 지점 사이의 직선거리가 180킬로미터에 불과하여 문제가 된다.

그런데 최근에는 아라비아 반도 서북부에 있는 자발 알라우즈(Jabal al-Lawz, '아몬드 산')를 주목하는 사람들도 있다. 이 주장은 1984년에 해외에서 처음 제기되었고 2000년에는 이를 입증하는 자료까지 담은 자세한 책이 나왔고, 우리나라에서도 2007년에 같은 주장이 제기되어 파장을 일으켰다. 그러나 제시된 증거들, 예를 들면 바위에 새겨진 형상이나 문자들, 그리고 주변에 서 있는 기둥들은 모두 출애굽보다 훨씬 후대

모세의 돌판 (렘브란트 그림)

의 것이라는 비판이 제기되었다. 따라서 또다른 유력한 증거가 제시되지 않는 한 설득력이 부족한 것 같다.

하나님은 모세를 시나이 산 위로 불러서 그에게 열 가지 계명을 일러주고, 이어서 공동체 생활의 유지에 필요한 매우 자세한 규례와 지침들을 주었다. 예를 들면 살인, 도적, 간음과 같은 일이 벌어지는 다양한 경우를 제시하고, 그럴 때 어떻게 처리할지를 정해주었다. 그리고 모세는 구름으로 둘러싸인 산 위에서 40주야를 머물며 여호와의 말씀을 들었는데, 특히 성막(聖幕)과 언약궤를 어떤 식으로 지을지에 대한 매우 구체적이고 정확한 지침들이었다.

마침내 모세는 십계명이 새겨진 두 개의 돌판을 들고 산에서 내려왔다. 그런데 모세가 산에 머무는 동안 산 아래에서 이스라엘 사람들은 아론의 지휘하에 금으로 송아지 형상의 우상을 만들어 섬겼다. 모세는 십계명이 새겨진 돌판을 부수어버렸고, 하나님은 분노하여 이들을 모두 진멸하려고 했다. 그러나 모세는 그들을 살려달라고 탄원했다. 그는 다시 산에 올라가서 하나님과 새로 언약을 맺고 계명과 규율들을 받아서 내려왔다. 이렇게 40주야를 산에 있다가 십계명이 새겨진 돌판을 들고 다시 내려온 그의 얼굴은 광채를 발하여 그가 사람들에게 하나님의 가르치심을 전할 때에는 수건으로 자기 얼굴을 가려야 했다.

여기서 십계명의 내용에 대해서 하나씩 설명할 필요는 없을 것이다. 열 가지 가운데 앞의 네 가지는 여호와 하나님에 대한 것이고, 나머지 여섯 가지는 이스라엘 백성들이 광야에서 집단생활을 하는 데에 필요한 사회적 규범에 관한 것이다. 즉 부모를 공경하라, 살인하지 말라, 간음하지 말라, 도적질하지 말라, 이웃에 대하여 거짓 증거하지 말라, 이웃의 소유물을 탐내지 말라 등의 규정은 사회 내부에 범죄와 다툼으로 분란과 반목이 생겨 집단적 결속이 와해되지 않도록 하기 위한 조치였다. 당시 이스라엘 백성들이 아니더라도 어느 사회에서나 발견되는 공통적인 사회적 규범이라고 할 수 있다.

그러나 앞의 네 가지의 하나님에 대한 계명은 매우 특이한 것이었다. 유일신(唯一神)이라는 관념이 상당히 보편화된 오늘날의 관점에서 보면 그렇게 이상할 것은 없지만, 당시 이스라엘은 물론 중동과 이집트 사람들의 입장에서는 아주 낯선 것이라고 할 수 있다. 그들에게 인간의 생사화복(生死禍福)에 영향을 미치고 주관하는 초자연적인 존재들은 매우 많았고, 이 다양한 신들의 사회에도 마치 인간의 사회에서처럼 힘의 강약에 따라 서열화된 체계가 있다고 생각했다.

이러한 분위기 속에서 "나 이외에는 다른 신들을 네게 있게 말라," "우상을 만들지 말라," "하나님 여호와의 이름을 망령되이 일컫지 말라"와 같은 계명은 당시 사람들의 눈으로는 그야말로 놀라운 주장이었다. 심지어 일주일에 하루를 안식일로 삼아 하나님께 바치라는 계명은 생각하기도 어려운 것이었다.

그런 의미에서 모세의 십계명은 오랫동안 이집트에서 노예와 같은 생활을 하다가 이제는 자유인의 몸이 되었지만, 예상하기 어려운 수많은 고난과 시험을 겪어야 하는 광야의 생활에서 이스라엘 백성들이 유일신 여호와와 그의 존재를 표상하는 성막을 중심으로, 일사불란하게 조직되어 움직이는 사회집단으로의 삶을 영위하기 위해서는 필수적인 장치였던 것이다.

그때까지 아브라함과 이삭과 야곱을 통해서 언약을 맺었던 여호와는 그 언약을 이제는 모세와 십계명을 통해서 이스라엘 백성 전체로까지 확대시켰다. 여호와는 이스라엘 백성을 자기 백성으로 선택했고, 그들은 여호와를 유일한 하나님으로 믿고 그의 계명을 준수할 때 약속의 땅 가나안으로 들어가서 그 땅의 주인이 될 축복을 보장받게 된 것이다.

성막과 12지파

모세는 사람들에게 하나님이 지시하신 바에 따라 성막(聖幕, tabernacle), 즉 장막의 형태로 된 성전을 짓도록 했다. 성막은 회막(會幕,

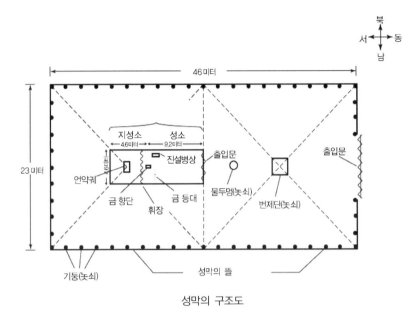

북
서 ← → 동
남

성막의 구조도

46미터

23미터

지성소 성소
4.6미터 9.2미터

진설병상 출입문 출입문

언약궤

금 향단 금 등대 물두멍(놋쇠) 번제단(놋쇠)

휘장

기동(놋쇠) 성막의 뜰

Tent of Meeting)이라고 불리기도 했는데, 하나님이 자기 백성을 만나는 곳이라는 뜻에서 그런 이름이 붙여졌다. 광야에서 이동생활을 하던 그들은 어느 한곳에 고정된 건물을 지을 수 없었기 때문에 장막으로 성전을 지었던 것이다. 그러나 광야에서 이동생활을 하는 중에도 자신들을 구원해준 여호와 하나님이 모세를 통해서 그들에게 내려준 십계명이 새겨진 돌판을 보관하고, 또 동물을 희생으로 드리는 제사와 다른 다양한 형태의 제사를 지내기 위해서는 성스러운 공간이 필요했다.

「출애굽기」에는 25장부터 40장에 이르기까지 성막과 각종 규례에 대한 엄청나게 상세하고 구체적인 내용들이 기록되어 있다. 예를 들면 25장에는 성막을 짓는 데에 필요한 재료와 내부 장식들, 언약궤의 구조와 재료들, 그 궤에 비치할 탁자와 등대에 대한 설명이 있고, 26장에는 성

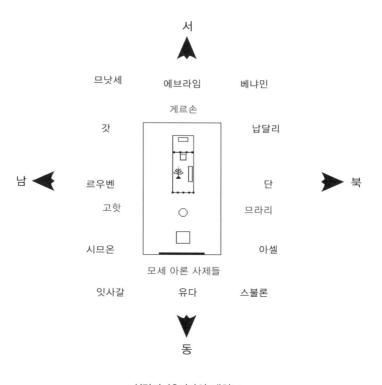

성막과 12지파의 배치도

막의 구조가, 27장에는 성막의 뜰과 그것을 둘러싼 기둥들에 대한 설명이 나온다. 28장에는 제사장들이 입는 옷에 대한 설명이, 29장에는 동물을 희생으로 잡아 제물로 바치는 방법이, 31장에는 그밖의 다른 추가적인 규정들이 세세하게 기록되어 있다. 우리로서는 그것을 다 이해하는 것은 둘째치고 읽기조차 어려울 정도이다.

그러나 성막은 이스라엘인들의 종교 의식에서 핵심적인 위치를 점하고 있고, 후일 다윗과 솔로몬 시대에 완성된 성전의 원형이 되기 때문에, 개략적으로나마 그 구조와 특징을 알아두어야 할 필요가 있다. 우선 성막을 둘러싼 공간의 규모는 동서가 100규빗이고 남북이 50규빗이었다. 1규빗을 대략 46센티미터 정도라고 하면, 46×23미터가 된다. 둘레에 청동 기둥들을 세우고 천막으로 그것을 가려서 진을 쳤다. 동쪽으로 출입구가 두어졌는데, 고대 유대인들은 항상 천막의 문을 동쪽으로 열어놓았기 때문이다. 천막으로 가려진 공간은 다시 반으로 나뉘어져 있다. 출입문으로 들어가서 처음 나오는 앞마당에는 동물을 희생으로 잡는 제단이 중앙에 위치한다. 뒷마당에 30×15규빗(12×6미터) 크기의 성막이 자리잡고 있다. 성막은 다시 두 부분으로 나뉘어져 있는데, 휘장을 열고 들어가면 처음 나오는 곳이 성소이다. 그 안에는 또 휘장이 있고 그 너머에 있는 것이 바로 지성소(至聖所, sanctuary)이다. 바로 이 지성소의 중앙에 언약궤(言約櫃, ark of the covenant)가 두어졌다. 언약궤는 금으로 만들어졌으며, 사람들이 어깨에 멜 수 있도록 좌우에 고리를 만들어 채를 끼워 놓았다. 그 위에는 날개를 펴서 언약궤를 덮고 있는 상상의 동물인 그룹(cherub)이 양쪽 귀퉁이에 하나씩 조각되어 있었다. 언약궤 안에는 세 가지 성물을 넣었는데, 모세가 받은 계명이 새겨진 돌판, 싹이 난 아론의 지팡이, 1오멜의 만나를 담은 항아리가 그것이다.

이렇게 해서 성막은 완성되었다. 모세가 이집트에서 나온 지 꼭 1년이 지났다. 그리고 나서 다시 한 달 후에 여호와는 모세에게 시나이 광야에 온 이스라엘 백성들을 대상으로 인구조사를 하라고 지시했다. 조사의 대상은 12지파였는데 그것은 정확하게 말해서 야곱의 12아들이 아니었다. 모세와 아론이 속한 레위 지파는 제외되었고, 나머지 11명의 아들 중에서 요셉의 두 아들 므낫세와 에브라임을 각각 하나의 지파로 인정하여 모두 12개의 지파가 된 것이다. 모세는 이들 12지파에서 각각 대표 한 사람씩을 임명하여 그들에게 나이가 20세가 넘어 싸움에 나갈 만한 남자의 수를 세도록 했다. 조사 결과 12지파에서 계수된 총 인원은 603,550명이었다. 이들이 바로 전투에 참가할 수 있는 남자의 숫자였다. 여자와 아이들은 계산되지 않았기 때문에 그들을 포함하면 200-250만 명쯤으로 추측된다.

레위 지파는 전투에 참여하지 않았다. 다만 이동시에 성막의 철거와 설치, 그리고 거기에 있는 모든 기구와 부속품을 관리하는 의무가 부여되었다. 따라서 그들을 대상으로 계수할 때는 20세 이상이 아니라 1개월 이상된 남자들을 모두 헤아렸고, 그 결과 22,000명이 계수되었다. 모세와 아론과 사제들이 성막 주위의 진의 한 면에 자리를 잡고, 나머지 세 면은 레위의 세 아들(게르손, 고핫, 므라리)에서 나온 후손들이 배치되었다. 현재 이스라엘에 가면, 검은 모자에 긴 검은색 외투를 입고 귀 옆으로 머리를 땋아내린 사람들을 흔히 볼 수 있는데, 하레디(Haredi)라고 불리는 집단이다. 그들은 고대에 레위 지파가 그러했듯이, 신에게 봉사하는 소임을 맡고 있다고 해서 군대의 징집에서 면제된 사람들이다.

나머지 12지파는 각각 깃발을 치고 별도의 진영을 유지했다. 「민수기」 2장에 제시된 것을 정리하면 다음과 같다. 즉 이동시에 전면에 서며, 가장 중요한 부분이 되는 동쪽에는 유다-잇사갈-스불론의 순으로 배치되고, 남쪽에는 르우벤-시므온-갓이, 북쪽에는 단-아셀-납달리가, 서쪽에는 에브라임-므낫세-베냐민이 배치되었다. 각 지파별로 정확한 숫자를 파악하여 기존에 정해졌던 천부장과 백부장 등의 수령들을 중심으로 일사분란한 지휘체계를 만들었다. 중앙에 성막이 서고 그 사면(四面)에 12개의 지파에 속한 남자 전사들 60만 명이 배치되어, 이동할 때면 각자 천막을 거두어 가축에 싣고 가족들을 데리고 다음 목적지로 향했다. 도착하면 각자 자신들의 위치를 미리 알고 있었기 때문에 하등의 혼란이 일어나지 않게 되었다.

그들은 이집트에서 나온 직후 물이 쓰다고 혹은 물이 없다고 하면서 불평했고, 황금으로 송아지를 만들어 우상을 숭배하기까지 했다. 그러나 이제 1년 동안 신 광야에서 이동생활을 하면서 아침저녁으로 하나님이 제공하는 음식을 먹으면서 서서히 단련되어갔다. 지휘관의 명령에 따라 질서를 유지하며 이동하고 배치되는 것을 일상적으로 되풀이함으로써 일종의 군사훈련을 받은 것이나 마찬가지였던 것이다. 하나님이 모세를 통해서 이루려고 했던 것은 430년 동안 이집트에서 노예생활을 하던 이스라엘 백성을 신 광야에서 1년간 장막 생활을 하며 단련을 시켜서, 여호와가 계시는 성막을 중심으로 구성된 하나의 거대한 군대로 변모시키는 것이었다.

그런데 예기치 않는 일이 벌어졌다. 그것은 전에도 황금으로 우상을 만들었던 아론이 누이 미리암과 연합해서 모세를 비난하기 시작한 것이다. 이유는 모세가 구스 여자, 즉 미디안 출신의 십보라를 아내로 삼았다는 것이었다. 족내혼을 중시하던 고대 유대인들의 관념이 작용한 데다가, 미디안은 아브라함의 후처 소생의 자손이라고 생각했기 때문이었을 것이다. 그러면서 그들은 모세의 성격이 유한 것까지 트집을 잡았다. 이에 여호와는 미리암에게 징벌로 문둥병을 내려 몸의 살이 반이나 썩어버리도록 했다. 징벌의 대상이 미리암이었던 것으로 보아 그녀가 분란의 장본인이었던 것 같다. 이에 놀란 아론은 회개하며 용서를 빌었고, 그 사건은 그렇게 일단 마무리되었다.

가나안을 향해서

모세는 거기서 백성들을 이끌고 바란 광야의 가데스 바네아로 갔다. 그 곳은 브엘세바에서 불과 80킬로미터 정도밖에 떨어지지 않은 곳이었으니, 이제 가나안 입성이 눈앞의 일로 다가온 셈이었다. 본격적으로 진군하기 전에 모세는 먼저 가나안 각지의 사정을 알아보기 위해서 각 지파에서 한 사람씩 대표를 뽑아 정탐꾼으로 보냈다. 그는 그들에게 무엇을 알아볼 지에 대해서도 구체적인 지시를 내렸다. "그 땅 거민이 강한지 약한지 많은지 적은지와 그들이 사는 땅이 좋은지 나쁜지와 사는 성읍이 진영인지 산성인지와 토지가 비옥한지 메마른지 나무가 있는지 없는지"(민13:18-20)를 알아보고, 그 땅의 실과(實果)도 가지고 오라고 했다. 그들이 정탐할 지역은 남쪽의 헤브론부터 가나안의 가장 북쪽에 있는 '하맛 어귀 르홉'에 이르기까지였다.

그들은 40일을 정탐한 뒤에 돌아와서 보고를 했다. 포도와 석류와 무화과를 딴 것을 보여주면서 과연 젖과 꿀이 흐르는 땅이라고 했다. 다만 "그 땅 거주민은 강하고 성읍은 견고하고 심히 클 뿐 아니라 거기서 아낙 자손을 보았(다)"(민13:28)고 하면서 전쟁으로 그 땅을 취한다는 것이 불가능하다는 태도를 보였다. 여호수아와 갈렙은 능히 이길 수 있으니 취하러 가자는 의견을 내놓았지만, 다른 사람들은 "거기서 네피림 후손인 아낙 자손의 거인들을 보았나니 우리는 스스로 보기에도 메뚜기 같으니 그들이 보기에도 그와 같았을 것이니라"(민13:33)라고 했다.

이 보고를 들은 회중들은 밤새도록 통곡하며 울었고, 모세와 아론을 원망하면서 차라리 이집트로 돌아가는 것이 낫지 않겠느냐고 하면서 당장이라도 돌아갈 태세였다. 여기서 아낙 자손이라고 칭해진 사람들은 가나안의 해안 지방에 살던 블레셋 계통의 사람들이다. 오랫동안 노예 생활에 찌들어 제대로 먹지도 못하고 발육 상태도 나빠 필시 왜소한 체격이었을 이스라엘 사람들에게 그들의 외모는 위압적으로 보였을 것이다. 그러나 사실 더 큰 문제는 그들의 패배주의와 노예근성이었다.

분노한 하나님은 전염병으로 그들을 모두 진멸시켜버리고 그 대신 모세에게 "네게 그들보다 크고 강한 나라를 이루게 하리라"(민14:12)고 말했다. 그러나 모세는 모두를 진멸시킨다면 여호와가 그들을 약속의 땅으로 인도할 능력이 없으니까 광야에서 다 죽였다는 말을 듣지 않겠느냐고 하면서, 이제까지 그들에게 베풀었던 이적들을 말하면서 살려줄 것을 탄원했다. 하나님은 모세의 말에 마음이 움직여 죽이지는 않겠다고 했다. 다만 갈렙과 여호수와를 제외한 그 누구도 결단코 약속했던 땅을 보지 못하게 할 것이라고 하면서, 정탐하러 갔던 40주야의 하루를 한 해로 환산하여 40년 동안 죄악에 대한 징벌을 받게 될 것이라고 했다. 그리고는 그들을 다시 '홍해' 길을 거쳐 광야로 되돌아가게 했다.

광야로 돌아온 이스라엘 백성들은 다시 과거의 행태를 반복하기 시작했다. 먼저 레위 지파에 속하는 고라라는 인물이 다른 지파의 수령들과 연맹을 맺어 '유명한 족장 250인'이 모세의 지도권에 도전한 것이었다. 그들은 여호와의 분노를 사서 고라 일족은 갑자기 꺼진 땅 속에 빠지고 나머지 족장들도 성막의 향로에서 불이 일어나서 타죽었다. 그런데 이 소식을 들은 이스라엘의 온 회중은 그 다음 날 아침 모세와 아론에게 몰려가서 그들에게 비난을 퍼부었다. 이로 인하여 여호와는 그 회중들에게 염병을 일으켜 14,700명이 죽음을 당하는 일이 벌어지게 되었다.

모세는 여호와의 명령에 따라 각 지파에서 지팡이를 하나씩 걷었는데, 지팡이마다에 그 지파의 두령의 이름을 적도록 했다. 그리고 레위 지파의 지팡이에는 아론의 이름을 쓰도록 했다. 그리고 그 지팡이들을 언약궤의 앞에 가져다두도록 했다. 다음 날 모세가 들어가보니 아론의 지팡이에서 싹이 돋아서 꽃이 피고 살구열매가 열려 있었다. 모세는 여호와의 말씀대로 싹이 난 아론의 지팡이를 백성들의 죄를 용서하는 징표로 삼아 언약궤 안에 보관하게 했다.

이런 일이 있은 후에도 백성들의 불만은 그치지 않았다. 신 광야에 있을 때 다시 물이 없다고 불평을 하면서 모세와 아론을 공박하기 시작했고, 모세와 아론은 여호와의 명령에 따라 회중들을 모아놓고 지팡이를 들어 반석을 두 번 치니 거기서 많은 물이 나왔다.

그런데 여기서 모세조차 치명적인 실수를 저지르고 말았다. 그는 회중들에게 "반역한 너희여 들으라 우리가 너희를 위하여 이 반석에서 물을 내랴"(민20:10)라고 하면서 반석을 쳤던 것이다. 즉 물을 낸 장본인이 여호와가 아니라 자신들이라고 한 것이다. 이에 여호와는 모세와 아론에게 이스라엘 자손의 목전에 자신의 거룩함을 나타내지 않았기 때문에, 두 사람은 그들을 인도하여 약속의 땅으로 들어가지 못할 것이라고 선언했다. 그 반석에서 나온 샘물은 이스라엘 자손이 여호와와 다투었다고 하여 므리바 물이라 불리게 되었다. 과거에 그가 바위를 쳐서 물을 솟게 했던 르비딤에서 일어난 일이었다.

마침내 약속한 40년의 시간이 지나갔다. 모세는 마지막으로 가나안으로 가기 위해서 가데스에서 에돔 왕에게 사람을 보내 그곳 영토를 통과해서 가나안으로 갈 수 있게 해달라고 요청했다. 즉 에돔 왕국의 다른 곳에는 아무런 피해를 주지 않고 사해와 요르단 강 동쪽을 따라 나 있던 '왕의 대로'를 따라서만 갈테니 길을 내달라는 것이었다. 그러나 에돔 왕은 거절했다. 모세는 할 수 없이 가데스에서 호르 산으로 이동했고, 그곳에서 아론이 죽었다. 아론을 산꼭대기에 묻고 그가 입고 있던 옷을 벗겨 그의 아들인 엘르아살에게 입혔다. 그가 새로운 제사장의 직분을 맡게 된 것이다.

모세상 (로마 성 베드로 대성당, 미켈란젤로 조각)

모세는 호르 산을 떠나 다시 내려와서 '홍해'가 있는 곳까지 갔다가, 거기서 다시 북상하여 가나안을 향해 가기 시작했다. 그러나 에돔 왕이 '왕의 대로'를 이용하는 것을 거절했으므로 거기서 더 동쪽에 있는 광야 길을 선택할 수밖에 없었다. 그렇게 되니 이스라엘 백성들은 다시 원성을 터뜨리기 시작했다. 그들은 물과 식량이 없다고 불평하면서 왜 우리를 이집트에서 나오게 해서 죽게 만드느냐고 항의했다. 이집트에서 나온 지 40년이 다 지났지만 변한 것은 아무것도 없었다. 그래서 여호와는 이번에는 불뱀을 보내서 사람들을 물어 죽이게 했다. 모세가 다시 하나님께 매달려 사정하니 모세에게 놋뱀을 만들어 그것을 장대 위에 세우고 사람들에게 바라보도록 했다. 그것을 본 사람들은 모두 살아났다.

그들은 에돔 땅을 우회하여 북상해서 모압 평원 가까운 곳까지 갔다. 거기서 헤스본이라는 성읍을 지배하는 아모리인들의 왕 시혼에게 사자를 보내 통과하게 해달라고 요청했다. 그러나 그는 거절했고 양측의 전투가 벌어져 이스라엘이 승리를 거두었다. 그 결과 요르단 강 동편 아르논 강에서 북쪽으로 얍복 강에 이르는 지역이 수중에 들어오게 되었다. 곧 이어서 그 북쪽의 바산 지방으로까지 군대를 보내 그곳의 왕 옥을 격파했다. 이렇게 해서 이스라엘 백성들은 드디어 여리고 성 맞은 편 모압 평야에 이르게 되었다. 가나안으로 들어가는 교두보가 만들어진 셈이었다.

그곳에서 하나님은 모세와 아론의 아들인 엘르아살에게 지시하여 다시 한번 이스라엘 백성들의 수효를 헤아리라고 했다. 이집트에서 나온 지 1년이 지났을 때 제1차 인구조사를 했고, 이제 40년이 지난 뒤에 제2차 조사를 실시한 것이다. 물론 이번에도 전쟁을 위한 것이었던 만큼 20세 이상의 남자들이 대상이었다. 그 결과 총수는 601,730명이었다. 그런데 이때 계수된 숫자 가운데에는 39년 전 신 광야에서 처음에 계수의 대상이 되었던 사람들은 하나도 없었다. 광야에서 40년을 지내는 동안 이집트에서 빠져나온 세대는 모두 죽고 이제 모세와 갈렙과 여호수아, 이 세 사람만 남은 것이다.

모세는 하나님의 명령에 따라 에브라임 지파의 눈의 아들 여호수아를 데려다가 안수하고 자신의 후임자로 임명했다. 그리고 그가 아론의 뒤를 이어 제사장이 된 엘르아살과 함께 회중들을 이끌어 가도록 했다.

이어 하나님은 모세에게 모압 땅에 있는 아바림 산 혹은 느보 산에 올라가라고 했다. 거기서 자신이 이스라엘 백성들에게 유산으로 주는 땅을 바라보라고 했다. 그리고 네가 "바라보기는 하려니와 그리로 들어가지는 못하리라"(신32:52)라고 하면서, 모세도 이 산에서 죽어서 그곳에 묻힐 것이라고 했다.

모세는 이스라엘 백성들이 지난 40년 동안 수도 없이 하나님을 거역했을 때마다 진노한 하나님을 붙들고 탄원을 올리며 그들을 살려달라고 애원했다. 그런데 이제 그렇게 그리던 약속의 가나안 땅을 눈 앞에 두고도 들어가지 못하게 된 것이다. 그러나 그는 하나님께 들어가게 해달라고 자신을 위해서 탄원하지는 않았다. 하나님의 명령에 그대로 순종한 것이다. 그는 그 산 위에서 이스라엘 자손들을 위해서 마지막 축복(신33:1-29)을 하고 120세의 나이로 열조에게로 돌아갔다. 그는 모압 땅 어느 골짜기에 묻혔고 그의 묘를 아는 사람은 그후로 없었다.

모세는 '낳다'라는 뜻의 그의 이름이 의미하듯이 이집트에 갇혀 있던 백성들을 구원했고, 그들을 40년 동안 시나이 광야에서 단련시키면서 새로운 약속의 땅 가나안으로 들어갈 모든 준비를 마쳤다. 따라서 그가 이스라엘 민족을 낳았다고 해도 조금의 지나침도 없을 것이다. 다만 그는 그 모든 일을 그에게 능력을 주신 하나님께 순종하면서 이루었던 것이다. 그러나 오직 한번 순종하지 않음으로써 그는 약속의 땅에 들어가지 못하게 되었다. 아, 하나님께 순종하는 것이 얼마나 어려운 일인가! 그런데 그는 그 마지막 명령을 아무런 불평도 애원도 하지 않고 그대로 받아들였으니, 결국 최후까지 순종한 것이다. 그는 한 민족의 구원자였지만, 동시에 하나님의 진정한 종이기도 했던 것이다.

제4장

믿음의 전사 : 여호수아와 사사들

제2의 모세

여호수아의 본명은 '구원'이라는 뜻을 가진 호세아(Hoshea)였다. 그러나 모세가 가데스 바네아에 진을 칠 때 12지파에서 한 사람씩 뽑아 가나안으로 정탐을 보냈는데, 에브라임 지파의 대표로 뽑힌 그에게 모세가 여호수아(Jehoshua) 곧 '여호와는 구원'이라는 새로운 이름을 지어준 것이었다. 모세는 죽기 전에 그를 후계자로 임명하여 자기를 대신해서 이스라엘 백성을 약속의 땅 가나안으로 인도하라는 임무를 맡겼다.

여호수아는 처음에는 모세의 대리인의 역할을 했지만 마침내 그 자신이 제2의 모세가 되었다. 성경에는 그가 처음에 '모세의 시종'으로 불렸지만, 하나님은 곧 그에게 "내가 모세와 함께 있었던 것 같이 너와 함께 있을 것"(수1:5)이라는 다짐을 해주었다. 그것은 곧 여호수아를 모세의 후계자요 제2의 모세로 선택했다는 의미이다. 과연 그는 모세처럼 여호와 하나님을 보았고, 그 특별한 축복에 힘입어 여러 가지 이적을 일으키는 능력을 가지게 되었다. 이스라엘 백성들 역시 "우리는 범사에 모세에게 순종한 것 같이 당신에게 순종"(수1:17)하겠노라고 다짐했다. 이처럼 그는 모세의 뒤를 이어 여호와의 축복과 백성들의 순종을 토대로 가나안 정복 과업을 성공으로 이끌 수 있게 된 것이었다.

그러나 여호수아에 의해서 시작된 가나안 정복은 초기에 성공을 거두었음에도 불구하고 궁극적인 목표에 이르지는 못했다. 하나님이 이스라엘 백성을 가나안 땅으로 인도하신 것은 그들이 그 땅을 자신들의 영역으로 만들어 안식을 누리게 하려는 것이었다. 그러나 여호수아가 주도했던 가나안 정복은 철저하지 못했고 부분적인 성공에 그치고 말았다. 이스라엘의 12지파는 요르단 강 동서에 걸쳐 각각 영역을 분배받았지만, 그들은 자기 영역에 대한 확고한 지배력을 장악하지 못했다. 토지를 분배받은 각 지파들은 흩어져 살면서 서로 단합하지 못한 채 현지의 주민들이나 주변의 세력들과 이기고 지는 어려운 싸움을 계속해야 했고 심지어는 내분으로 인해서 동족 학살의 비극을 경험하기도 했다. 기원전 13세기 후반부터 11세기 후반에 이르는 이 200년의 역사를 성경은 「여호수아」와 「사사기(士師記)」에서 다루고 있다.

이제 본격적으로 여호수아와 여러 사사들의 활동을 살펴보기 전에, 모세 사망 직후부터 가나안 정복이 시작될 당시 가나안을 둘러싼 국제 정세와 내부의 사정에 대해서 간단히 살펴보도록 하자. 역사적으로 가나안은 대부분의 시기에 남과 북에 있는 거대한 제국의 압박을 받아왔다. 당시 남쪽 이집트에는 제19왕조가 있었는데, 람세스 2세의 치세가 끝난 뒤 빠른 속도로 세력이 약해져가고 있었다. 그런가 하면 북방에서도 히타이트 제국은 1240년경부터 새로운 집단들이 대거 이주하면서 혼란에 빠지기 시작했다. 메소포타미아 지방을 장악했던 아시리아 역시 12세기로 들어가면서 현저히 약해지기 시작했다.

이처럼 이제까지 가나안 지방을 직접적 혹은 간접적으로 지배하던 외

요르단 강을 건너는 여호수아

부의 압력이 사라지자 그러한 변화에 조응하여 가나안 내부의 상황도 크게 바뀌기 시작했다. 당시 가나안에는 다양한 종족적 배경을 가진 사람들이 살고 있었는데, 이들은 이집트에 정치적으로 복속하면서, 도시 단위로 소국을 형성하여 그 주변 지역을 지배하는 정치적 체제를 유지하고 있었다. 그런데 이들이 이집트의 쇠퇴로 인해서 정치적 독립을 얻게 되면서 서로 주도권 장악을 위한 대립을 하기 시작했다. 왕권의 강화와 더불어 그 경제적 부담을 더욱 많이 안게 된 하층민들의 반발은 거세졌다.

때마침 가나안 지방에 외부로부터 새로운 집단들이 침략해오기 시작했다. 그중 대표적인 집단이 '해양민'이라고 불린 사람들이었다. 그들은 원래 에게 해 연안 지역에 살던 사람들이었는데, 시리아 지방에서부터 남쪽으로 이집트에 이르기까지 광범위한 지역으로 이주하기 시작해서 가나안 지방에 정착했다. 바로 그들이 성경에서 블레셋(Philistine)이라고 칭해지는 사람들이었고, 오늘날 팔레스타인이라는 이름도 여기에서 비롯된 것이다. 그들은 이스라엘 사람들과 거의 같은 시기에 가나안에 들어가서 정착을 시작했다.

요르단 강을 건너서

가나안 정복을 앞두고 여호수아는 먼저 12지파의 대표들을 불러서 모아 놓고 사흘 뒤에 강을 건너 여리고 성을 칠테니 예비하라고 당부한 뒤, 두 명의 정탐을 여리고로 보내서 사정을 알아보도록 했다. 거의 40년쯤 전에도 가데스 바네아에서 가나안으로 정탐을 보낸 적이 있었다.

　그러나 이 두 사건 사이에는 몇 가지 커다란 차이점이 있다. 먼저 과거에는 각 지파에서 한 사람씩 모두 12명의 정탐꾼을 보냈고 정탐했던 지역도 남쪽의 헤브론부터 북쪽의 '하맛 어귀 르홉'에 이르기까지 가나안 전역이었다. 가장 큰 차이점은 과거에는 정탐한 결과를 보고하는 사람들 대부분이 가나안 주민들에게 겁에 질려서 정복을 하는 것은 불가능하다고 말했던 것과는 달리 이번에는 두 사람의 정탐꾼이 돌아와서 "진실로 여호와께서 그 온 땅을 우리 손에 주셨으므로 그 땅의 모든 주민이 우리 앞에서 간담이 녹더이다"(수2:24)라고 당당하게 말한 것이다.

　물론 두 사람의 이 말은 그냥 자신들의 상상으로 지어낸 것이 아니었다. 그들은 여리고 성으로 몰래 정탐하러 갔다가 성벽 옆에 살던 라합이라는 기생(창녀)의 집으로 숨어 들어갔다. 그런데 이 사실이 들통나서 왕에게 보고되었는데, 라합은 왕에게 거짓으로 고하고 그들을 몰래 숨겨주었다가 밤중에 밧줄을 달아 성벽 아래로 도망치게 했다. 그리고 그들이 라합의 집에 숨어 있을 때 그녀의 입을 통해서, 이미 이스라엘이 요르단 강 동편에서 두 왕 시혼과 옥을 죽인 애기를 듣고 "우리가 너희를 심히 두려워하고 이 땅의 주민들이 다 너희 앞에서 간담이 녹(는다)"(수2:9)는 말을 전해 들었다.

라합의 행동과 말은 요르단 강 건너편에 진을 치고 있던 이스라엘 백성들의 임박한 공격을 앞에 두고 여리고 성의 주민들이 얼마나 공포에 사로잡혀 있었는가를 잘 보여준다. 그들은 여호와라는 유일신을 신봉하는 이스라엘 사람들이 시나이 광야를 떠나 요르단 강 동쪽의 암몬과 모압의 땅을 거쳐올라오면서 승승장구했던 이야기를 들었던 것이다. 아마 자신들에게 닥칠 운명의 날을 불안과 공포가 섞인 마음으로 기다리고 있었을 것이다. 기생 라합이 두 명의 정탐꾼을 숨겨준 것은 여리고의 최후를 예상했기 때문이었다. 그녀는 자신이 목숨을 걸고 정탐꾼을 숨겨준 대가로 성이 함락된 뒤 자신의 가족을 살려달라고 요구했고, 과연 라합 일가는 나중에 목숨을 보전하게 되었다.

드디어 사흘 뒤에 여호수아는 먼저 언약궤를 맨 제사장들을 요르단 강으로 들여보냈다. 그들의 발이 강바닥에 멈추자 "위에서부터 흘러내리던 물이 그쳐서 사르단에 가까운 매우 멀리 있는 아담 성읍 변두리에 일어나 한 곳에 쌓이고"(수3:16) 사해로 들어가는 물이 완전히 끊어져버렸다. 아담은 이스라엘 사람들이 강을 건너려고 하던 지점에서 북쪽으로 25킬로미터나 떨어진 곳에 있는 마을이었다. 이 이적은 과거 모세가 '홍해'를 가를 때에도 "주의 콧김에 물이 쌓이되 파도가 언덕같이 일어서고"(출15:8)라는 구절에서 "물이 쌓이다"라는 동일한 표현이 사용되었다. 그것은 이 두 이적이 서로 대칭을 이루고 있음을 나타낸다. 이들이 건넜을 때는 보리를 추수하는 봄, 바로 유월절 시기였다. 이 역시 과거 모세가 이스라엘 백성들을 이집트에서 이끌고 나올 때가 바로 유월절 직후였다는 사실과 조응하고 있다.

강을 건넌 뒤 여호수아는 길갈이라는 곳에 진을 치게 한 뒤에, 광야에서 태어나서 그동안 할례를 받을 기회가 없었던 그들 모두에게 부싯돌로 칼을 만들어 할례를 행했다. 이집트에서 빠져나온 사람들은 갈렙과 여호수아를 제외하고는 모두 광야에서 죽었기 때문에, 이제 요르단 강을 건넌 사람들은 모두 광야에서 태어난 사람들이었다. 그들이 광야를 헤매며 생활하는 동안 '노상에서는' 할례를 받지 않았고 그래서 '할례 없는 자'가 되었기 때문이다.

따라서 이제 본격적으로 가나안 정복의 임무를 수행하기 전에 할례는 반드시 치러야 할 일이었다. 이스라엘 백성에게 할례는 단순히 양피를 제거하는 육체적인 수술이 아니었다. 그것은 여호와와의 언약을 확인하는 종교적인 행위였다. 과거 모세가 미디안 땅에서 파라오의 궁정으로 향하기 전에 그의 아내 십보라가 아들의 양피를 제거한 뒤 "당신은 참으로 나의 피 남편"이라고 말한 것과 짝을 이루고 있다. 즉 하나님이 명령하신 소명을 수행하기 전에 할례를 통해서 영적인 준비를 완성하는 의례였던 것이다. 이들은 길갈에서 유월절을 맞이하여 그 땅에서 난 곡식으로 무교병을 만들어 먹으니 그 다음날 만나가 그쳤다. 이제부터는 그 땅의 소산을 먹으라는 뜻이었다.

텔 엣 술탄 (여리고의 유적지에서 바라본 현재의 여리고의 모습)

가나안 정복

여호수아는 본격적으로 여리고 공략전에 들어갔다. 그래서 일곱 명의 제사장이 언약궤 앞에 서서 일곱 개의 양각나팔을 불면서 성벽을 엿새 동안 하루에 한 바퀴씩 돌게 했다. 그런 연후에 마지막 일곱째 날에는 일곱 번을 돈 뒤에 제사장들이 나팔을 일제히 불었고 이에 맞추어 사람들에게 고함을 치게 하자 성벽이 무너져내렸다.

백성들이 성 안으로 들어가서 "그 성 안에 있는 모든 것을 온전히 바치되 남녀노소와 소와 양과 나귀를 칼날로 멸(했다)"(수6:21). 물론 미리 언약을 했던 라합과 그의 가족은 건드리지 않았다. 그리고 성읍과 그 안에 있는 모든 것을 불사르고, 금은 및 동철 기구들은 모아서 여호와께 바쳤다. 이렇게 해서 최초의 정복전은 성공리에 완료되었다.

여리고라는 큰 성을 함락시킨 이스라엘 사람들은 그 옆에 있는 아이라는 작은 성읍을 치기 위해서 3,000명만 파견했다. 그런데 결과는 의외의 패배로 끝나고 말았다. 패배의 원인은 아간이라는 자가 여리고에서 여호와께 바쳐야 할 금은을 훔쳤기 때문이라는 사실이 밝혀졌고, 그는 돌에 맞아 죽고 아골 골짜기에 던져지는 신세가 되었다.

그리고 다시 아이 공략전에 들어갔는데, 이번에는 위장으로 퇴각하여 적을 성 밖으로 유인한 뒤 매복했던 병사들이 성 안으로 진입하는 전술을 썼다. 그 결과 아이 역시 함락되어 그 성읍은 불살라졌고, 그 주민 전부 즉 남녀 11,000명이 죽음을 당했다. 다만 여리고에서 아간 사건이 있은 뒤에 아이에서는 백성들이 가축과 노략물을 탈취하는 것이 허용되었다.

여리고와 아이의 함락과 주민 학살을 묘사한 이 장면을 읽는 사람은 거의 누구나 너무 잔인하지 않은가 하는 생각을 하게 된다. 물론 그것은 여호와의 명에 따른 것이라고 되어 있지만, 오늘날 우리의 관념으로는 선뜻 받아들이기 힘든 부분이 있는 것이 사실이다. 이 내용을 이해하기 위해서 우리는 먼저 이 사건의 배후에 내재해 있는 종교적 의미에 대해서 음미해볼 필요가 있다.

여리고 함락과 관련해서 성경에는 헤렘(herem)이라는 히브리어 단어가 등장하고 있다. 아랍어에서 하람(haram: 왕의 후비들의 거처인 하렘[harem]이라는 말도 여기서 나왔다)이라는 말도 이와 동일한 어원을 가지고 있으며 의미도 매우 비슷하다. 이 말의 원래의 뜻은 '금지된 것'이며 그렇기 때문에 '성스러운 것'이라는 전혀 상반된 의미도 동시에 내포하고 있다. 우리 말 성경에서 이 말은 "바친 물건"(수7:11-15, 22:20)으로 번역되어 있는데, 하나님께 바쳐진 '신성한 물건'이라는 의미이다. 예를 들면 동물을 제물로 잡아서 하나님께 바칠 때 그것은 곧 신성한 것이고 그렇기 때문에 부정한 인간의 개입에 의해서 오염되어서는 안 되는 것이다.

하나님은 여리고 성의 주민들과 거기에 속한 재물을 헤렘으로 선언했고, 따라서 그 주민들은 마치 제물처럼 하나도 남김없이 도살되어야 하고 재물들 역시 하나님께 바쳐져야 하는 것이다. 아간이 처참하게 죽임을 당한 것은 그가 금은을 훔친 '도적'이었기 때문이 아니라, 하나님께 바쳐질 신성한 헤렘에 손을 댔기 때문이었다. 이스라엘 사람들이 전쟁에서 적들을 '잔인하게' 살육했다는 점으로만 이해한다면, 여리고 성 도살이 가지는 종교적 의미를 간과하는 셈이 될 것이다.

그러나 헤렘의 원칙은 철저하게 지켜지지 않았다. 여호수아가 이끄는 이스라엘 군대는 가나안을 정복하면서 여러 성읍들을 함락했는데, 그 성읍들이 모두 여리고나 아이와 같은 운명에 처해지지 않았음을 알 필요가 있다. 예를 들면 북방 지역을 원정할 때 하솔이라는 성읍만 여호수아가 불살랐을 뿐 산 위에 있던 다른 성읍들은 불사르지 않았으며(수 11:13), 남방의 여러 성읍들에 대해서는 아예 그런 기록도 보이지 않는다. "무릇 호흡 있는 자를 진멸했다"는 표현은 정복의 성공과 헤렘의 원칙을 강조하기 위한 표현으로 보인다. 여호수아가 이끄는 '가나안 정복'이 끝난 뒤에도 이스라엘 백성들은 오랫동안 현지 주민들을 상대로 처절한 전쟁을 계속하지 않으면 안 되었다. 만약 문자 그대로 진멸시켰다면, 더 이상 전쟁을 할 필요도 없지 않았겠는가?

여호수아가 이끄는 이스라엘의 가나안 정복이 얼마나 격렬했는지를 두고 여러 가지 논란이 벌어졌다. 여리고나 아이를 위시해서 정복의 대상이 되었던 지역에 대한 발굴 결과 역시 이 의문에 대해서 확실한 대답을 제공하지는 못한다. 예를 들면 여리고는 현재 텔 엣 술탄이라는 마을의 유적지에 해당되는데, 그곳에서는 성벽이 무너지고 불에 탄 흔적이 발견되었다. 더구나 많은 곡식도 발견되어 식량을 다 소진할 정도의 오랜 공략전이 아닌 급격한 공격에 함락되었을 가능성을 시사한다. 그러나 발굴된 유적지가 속한 시대를 두고 의견이 엇갈려 중기 청동기라는 주장이 대세를 이루다가 최근에는 다시 여호수아와 동시대인 후기 청동기 시대라는 견해도 대두되었다.

사정은 아이의 경우도 마찬가지이며 심지어는 아이 유적의 정확한 위치에 대해서조차 논란이 있다. 아무튼 앞으로 발굴이 더 진척되면 어찌될지는 모르겠지만, 현재까지는 고고학적인 연구 결과가 가나안 전역에 걸쳐 급속하고 광범위한 파괴를 입증하지도 또 부정하지도 못하는 듯하다.

학자들은 이스라엘 사람들의 가나안 이주와 정복에 관해서 종래 단기간에 이루어진 '정복설'에 대해서 회의적인 견해를 표명하면서 다양한 대안을 제시했다. 대표적으로 침투설과 반란설을 들 수 있다. 전자는 이스라엘 사람들의 가나안 이주가 점진적으로 이루어졌으며 과격한 파괴를 수반하지 않았다는 주장이고, 후자는 소수의 이스라엘 사람들이 이주할 때 가나안에 살던 하층민들이 그들과 연합하여 반란을 일으켰다는 주장이다. 그러나 이러한 주장 역시 아직은 부분적인 자료들을 토대로 제시된 가설이기 때문에 분명히 입증되었다고 보기는 힘들다. 다만 대

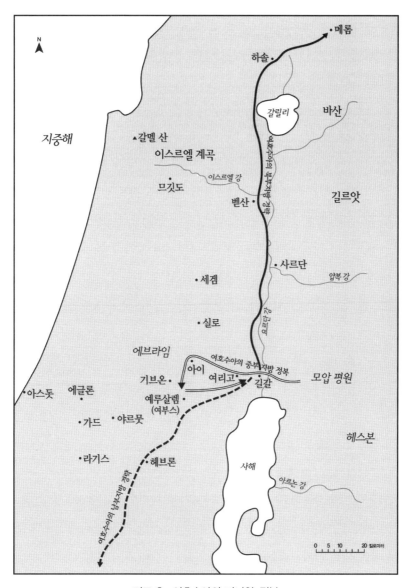

지도 8 여호수아의 가나안 정복

부분의 학자들은 '고전적인 정복설'이 주장하는 것처럼 이스라엘 사람들이 일거에 가나안을 정복하고 정착하여 자신들의 땅으로 만들었다는 의견에 대해서는 회의적이다.

아무튼 여호수아가 이끄는 이스라엘인들에 의한 가나안 정복 자체를 부인하기는 어려울 것 같다. 그러나 파괴와 살육은 우리가 막연하게 생각했던 것처럼 그렇게 철저한 것은 아니었고, 가나안 지역에 대한 이스라엘의 지배력도 확고하지 못해서 이후 계속 도전을 받게 되었다. 뿐만 아니라 정복 과정에서 현지인들의 협력과 연합도 있었다. 그러한 사실은 다름 아닌 바로「여호수아」와「사사기」의 기록을 통해서 입증된다. 여호수아가 여리고와 아이 함락을 끝낸 뒤에 추진했던 남부와 북부에 대한 원정은 그러한 사실을 잘 보여준다. 이제 그 과정을 살펴보도록 하자.

가나안 지방 중부의 교두보를 확보한 여호수아는 본격적인 정복전을 시작하기 전에 다시 한번 단합과 결속을 강화할 필요를 느꼈다. 그래서 세겜 근처에 있는 에발 산에 단을 하나 쌓고 번제(燔祭, burnt offering)와 화목제(和睦祭, peace offering)를 드린 뒤에 돌에다 모세의 율법을 다시 새겼다. 그런데 흥미롭게도 그 자리에는 이스라엘의 장로와 유사(관리)와 재판장들과 '본토인뿐만 아니라 이방인까지'(수8:33) 있었다는 사실이다. 앞에서도 언급했듯이 가나안으로 진입한 이스라엘인들의 무리에는 이미 라합과 같은 현지의 '이방인'들도 섞여 있었던 것이다.

길갈에서 사흘길 밖에 떨어지지 않은 기브온을 위시한 세 개의 성읍의 족장들이 여호수아를 찾아와 거짓말을 하여 화친의 언약을 맺은 일도 바로 이스라엘과 현지 세력과의 연합이 이루어졌음을 보여주는 한 사건이다. 그러나 기브온이 이스라엘과 화친을 맺기 위하여 쓴 방책은 기만술이었다. 가나안의 도시들은 하나님께 바쳐진 '헤렘'이었기 때문에 자신들을 살려두지 않을 것이라는 사실을 안 기브온의 주민들은 자신들이 "심히 먼 나라에서" 왔다고 거짓말을 하면서, 자기들이 가지고 온 떡과 음식이 마르고 곰팡이가 난 것을 보여주기까지 했다. 나중에 이 사실을 알게 된 여호수아는 이미 맺은 언약을 파기할 수 없기 때문에, 기브온 사람들을 살려두는 대신에 "너희가 대를 이어 종이 되어 다 내 하나님의 집을 위하여 나무를 패며 물을 긷는 자가 되리라"(수9:23)고 하면서 '저주'를 내리게 되었다.

기브온이 이스라엘과 연합하자 다급해진 쪽은 예루살렘이었다. 왜냐하면 그곳은 기브온에서 남쪽으로 불과 10킬로미터밖에 떨어지지 않았기 때문이다. 예루살렘의 왕은 그 주변에 있던 헤브론, 야르뭇, 라기스, 에글론 등과 급히 연합하여 기브온을 치러 올라왔다. 상황이 급박해진 기브온은 여호수아에게 도움을 청했고, 그는 전군을 이끌고 길갈에서 밤새 달려왔다. 쌍방 간에 전투가 벌어졌고 결과는 이스라엘의 대승이었다. 위의 도시들을 통치하던 '아모리 다섯 왕'은 도망쳐 막게다 굴이라는 곳에 숨어 있다가 끌려나와 처형당하고 말았다. 이렇게 해서 여호수아는 남방의 연합군을 격파하고 원정을 성공적으로 마친 뒤 길갈로 돌아왔다.

그가 돌아온 뒤 이번에는 북방에서 하솔의 왕이 이끄는 동맹군이 결성되어 위협을 가하기 시작했다. 하솔은 긴네롯(갈릴리) 호수 북방에 있는 도시였는데, 그곳의 왕 야빈이라는 자가 주위의 여러 성읍들의 세력을 규합하여, 이스라엘을 치려고 메롬 물가라는 곳에 진을 쳤다. 발굴 결과에 의하면 하솔은 당시 그 지방에서 가장 규모가 큰 도시였던 것 같다. 후일 왕국의 수도가 되기 전의 그때의 예루살렘에 비하면 10배나 더 컸으며, 인구도 4만 명에 가까웠던 것으로 추산된다. 성경에는 그곳에 모인 군대의 숫자가 해변의 모래같이 많고 말과 병거(兵車)도 매우 많았다(수11:4)라고 되어 있는데, 이도 결코 과장은 아닌 듯하다. 메롬은 하솔에서 25킬로미터 동북쪽에 위치한 곳이니, 거기에 집합한 뒤에 남쪽으로 내려갈 생각이었을 것이다. 그러나 여호수아는 이 소식을 듣고 군사를 이끌고 100킬로미터가 넘는 길을 단숨에 주파하여 기습 공격을 했다. 그 결과 북방 동맹군 역시 괴멸되고 왕들도 죽음을 맞이하게 되었다.

이렇게 해서 여호수아의 가나안 정복은 끝을 맺었다. 성경에는 그가 '요단 저편 해돋는 곳 곧 아르논 골짜기에서 헤르몬 산까지의 동방'을 점령하고 거기서 죽인 왕들의 이름을 다 기록했는데, 모두 31명이었다. 그러나 이제 여호수아는 나이가 늙어 더 이상 전쟁하기가 어렵게 되었다. 그때 여호와가 여호수아에게 "너는 나이가 많아 늙었고 얻을 땅이 매우 많이 남아 있도다"(수13:1)라고 말한 것으로 기록되어 있다. 다시 말해서 여호수아가 가나안 지역의 중부와 남부와 북부를 정복하는 전쟁을 성공적으로 완수했음에도 불구하고 아직 정복되지 않은 채 남아 있는 땅이 많았다는 것이다. 그가 동족들에게 "너희가 너희 조상의 하나님 여호와께서 너희에게 주신 땅을 점령하러 가기를 어느 때까지 지체하겠느냐"(수18:3)고 힐문한 것은 미정복 지역이 많이 남아 있다는 사실과 함께 이스라엘 사람들이 점점 더 전쟁을 기피하기 시작했다는 사실을 보여주고 있다.

영토 분할

여호수아는 죽기 전에 가나안 땅을 12지파에게 분배했다. 계속되는 전쟁보다 땅을 분배받고 안정된 생활을 하고 싶어 하는 동족들의 요구를 거부하기 어려웠던 것으로 보인다. 영토 분배의 시점은 가나안 정복이 시작된 지 5년 정도가 지나서였던 것으로 추측된다. 그와 함께 가데스 바네아에서 정탐으로 파견되었던 갈렙의 나이가 분배 당시 85세였는데, 갈렙은 그 자신이 말했듯이 나이 40에 정탐의 임무를 받았다. 따라서 그가 그뒤 광야에서 40년 가까이 보낸 세월을 계산한다면 그가 가나안으로 들어올 때의 나이는 80세 전후였을 것으로 추정되기 때문이다.

요르단 강 동쪽은 모세가 죽기 전에 헤스본과 바산 지방이 정복되었기 때문에, 르우벤과 갓 두 지파와 므낫세 반지파(半支派)가 땅을 분할하여 받았다. 강 서쪽은 여호수아와 엘르아살이 보는 앞에서 나머지 9지파와 반지파가 제비뽑기를 하여 땅을 분배받았다. 유다 지파의 대표 갈렙은 모세가 있을 때 여호와가 약속했던 바에 따라 "이 산지를 지금 내게 주소서"(수14:12)라고 하면서 헤브론을 포함하는 남쪽의 산지를 받았다. 같은 어머니 레아에게서 난 형 시므온은 그보다 남쪽 브엘세바가 있는 곳을 받았다. 요르단 강을 건너 처음으로 정복한 중부 지역은 라헬의 아들인 요셉과 베냐민의 후손들에게 돌아갔다. 먼저 최초로 정복된 지역인 기브온 등지가 베냐민 지파에게 돌아가서 남쪽으로 유다 지파와 인접했고, 요셉의 아들 에브라임 지파는 여호수아가 속해 있었기 때문에 이스라엘 공동의 제단이 있는 실로를 포함하는 지역을 받았다. 에브라임의 형제인 므낫세 지파 가운데 요르단 강 동쪽에 땅을 받지 않은 나머지 반지파 사람들은 에브라임의 북쪽을 받았다. 그리고 거기서 더 북쪽으로는 레아의 두 아들 잇사갈과 스불론 지파가 차지하고, 가장 북쪽은 야곱의 두 여종에서 출생한 아셀과 납달리 지파에게 배정되었다.

토지를 받은 12지파 가운데 레위 지파는 빠져 있었다. 그들은 전투 요원이 아니라 성막과 언약궤를 관리하는 제사장의 직분을 맡았기 때문이다. 그 대신 그들에게는 "거할 성읍과 가축과 재물만"을 주었다. 그래서 12지파는 자신들의 영역 안에 있는 성읍들 가운데 일부를 레위 지파에게 유산으로 주었는데, 그 숫자는 총 48개였으니 한 지파당 평균 4개씩 내놓은 셈이다. 그리고 여기에 추가로 6개의 성읍을 따로 도피성(逃避城, city of refuge)으로 설정했다. 이 숫자는 이미 모세가 광야에 있을 때 정해놓은 것이었다. 도피성이란 어떤 사람이 누군가를 죽였을 때 그가 우연히 살해한 것(오살[誤殺])인지 아니면 고의로 살해한 것(고살[故殺])인지가 밝혀질 때까지 도피해서 은신할 수 있도록 정해놓은 성읍을 말한다. 여호수아는 모세의 지침에 따라서 6개의 성읍을 지정했는데, 요르단 강의 동서에 각각 3개씩 두어졌고 남부와 중부와 북부에 하나씩 고르게 배치되었다. 물론 도피하는 사람들이 가까운 곳에 쉽게 갈 수 있도록 하기 위한 것이었다.

그러나 이렇게 분배된 토지가 모두 이스라엘인들이 실제로 정복하고 또한 정착하여 살 수 있는 곳은 아니었다. 아직 정복되지 않은 곳도 다수 포함되어 있었던 것이다. 여호수아가 죽기 전에 이스라엘의 장로들과 지도자들을 세겜에 불러 모아놓고 몇 가지 유훈을 남겼는데, 그때 "내가 요단에서부터 해 지는 쪽 대해까지의 남아 있는 나라들과 이미 멸한 모든 나라를 내가 너희를 위하여 제비 뽑아 너희의 지파에게 기업이

지도 9 이스라엘의 12지파의 영역과 도피성의 위치

되게 하였느니라"(수23:4)라고 한 데에서도 이와 같은 사실을 알 수 있다. 즉 아직 "남아 있는 나라들"까지 분배해서 유산으로 주었던 것이다.

사실 이스라엘인들이 차지한 지역은 요르단 강 동쪽의 길르앗과 모압 땅, 강 서쪽의 에브라임 산지, 그 아래에 사해 서쪽의 유다 산지, 마지막 으로 갈릴리 호수 서쪽의 산지에 불과했다. 이 지역들은 모두 산지였고 인구 밀도가 조밀한 곳도 아니었다. 반면 이스라엘인들이 정복하지 못 한 지역은 평야나 계곡으로서 비교적 비옥한 농경지대가 펼쳐져 있었 고, 또 해안에 인접한 지역은 바다를 통한 해외 무역에서 많은 재화를 축적할 수 있었다. 즉 갈멜 산 남쪽으로 샤론 평야에서 팔레스타인 평야 로 이어지는 곳이 그러했는데, 거기에는 남쪽에서부터 가사, 아스글론, 아스돗, 가드, 에글론의 다섯 도시가 있었다. 그 북쪽으로는 므깃도에서 갈멜 산 북쪽으로 이어지는 이스르엘 계곡과 그 남쪽으로 벧산까지가 그러했다. 갈멜산 이북의 지중해 연안 지역은 시돈이 지배하고 있었다. 게다가 각 지파들이 받은 영역 내부에도 그들의 지배를 받지 않는 독립 적인 성읍들이 존재했다. 베냐민과 유다 사이의 경계 지역에 있던 여부 스(예루살렘)가 좋은 예이다.

여호수아는 장차 여호와께서 아직 정복되지 않은 땅에서 그 거주민들 을 쫓아낼 것이라고 선언하면서, 모세의 율법 책에 기록된 것을 잘 지켜 서 "우로나 좌로나 치우치지 말라"고 당부했다. 그리고 "남아 있는 이 민족들 중에 들어가지 말라"고 하며 동시에 "그들의 신들의 이름을 부르 지 말라"(수23:6-7)고 했다. 그는 각 지파의 대표들과 함께 세겜의 상수 리나무 아래에 큰 돌을 세워서 언약의 증거로 삼았다. 그러나 그가 죽은 뒤 그가 우려하던 바는 곧 현실이 되어 나타나게 된다.

여호수아는 110세의 나이에 세상을 떠났다. 그는 에브라임 지파가 받은 땅 경내의 북방 산지에 묻혔다. 그와 함께 일했던 아론의 아들 엘르아살도 죽었고 그 역시 에브라임 산지에 묻혔다. 「여호수아」의 마지막 부분에는 "이스라엘이 여호수아가 사는 날 동안과 여호수아 뒤에 생존한 장로들 곧 여호와께서 이스라엘을 위하여 행하신 모든 일을 아는 자들이 사는 날 동안 여호와를 섬겼더라"(수24:31)는 구절이 보이는데, 이는 오히려 여호수아 세대가 다 사라진 다음에는 여호와를 섬기지 않는 일들이 벌어졌음을 시사하고 있다. 그 구체적인 상황들은 바로 그 다음에 나오는 「사사기」에 극명하게 묘사되어 있다.

초기의 사사들 : 옷니엘과 에훗

사사(士師)라는 말은 원래 중국의 고전인 「주례(周禮)」에서 형옥과 금령을 담당하는 관직의 명칭이었다. 중국어로 성경이 번역될 때 영어의 Judges라는 단어를 그렇게 옮긴 것인데, 우리 성경에서도 그대로 차용된 것이다. 우리에게는 다소 생소한 표현이라고 하지 않을 수 없다. 원래 히브리어로는 shophet이고 따라서 '판관'이라고 번역할 만하다. 그러나 실제로 「사사기」에 나오는 인물들의 활동을 보면 백성들의 송사를 듣고 재판을 행한 기록은 드보라를 제외하고는 거의 찾아보기가 어렵다. 「사사기」가 이들을 주목한 것은 판관으로서 어떤 직분을 수행한 것보다는, 오히려 여호와에게 특별한 능력을 부여받아 이스라엘 백성들을 이끌었던 카리스마적 지도자들이었기 때문이었다.

「사사기」에는 모두 12명의 사사가 나온다. 이 가운데 6명은 두드러진 활동을 해서 '대사사(Major Judges)'라고 하고 나머지 6명은 그렇지 못해서 '소사사(Minor Judges)'라고 한다. 그들이 활동한 기간은 200년 가까이 되는데, 그 기간 동안에 있었던 사사가 물론 그들이 전부는 아니다. 당연히 성경에 기록되지 않은 각 지파들의 지도자가 있었고, 「사사기」에 나오지는 않지만 그뒤에 활동했던 엘리와 사무엘도 사사였다. 이 12명의 사사들이 구체적으로 언제 활동했는지는 알려져 있지 않은데, 대체로 시대순에 따라 서술되었겠지만 그들이 꼭 순서대로 등장했다고 단언할 수는 없다. 그뿐만 아니라 이들 사사는 이스라엘인들이 거주하는 전 지역을 무대로 활동했던 것도 아니고, 12지파 모두의 지도자로 인정받았던 것도 아니다. 그들은 자기가 속한 지파의 지도자로 활약했고 때로는 인근 몇 지파들을 규합하여 가나안 주민들 혹은 외적들과 싸웠다.

여기에서는 이들 12명의 사사들 가운데 '소사사'로 알려진 샴가르, 톨라, 자이르, 입잔, 엘론, 압돈에 대해서는 생략하고, 소위 '대사사'라고 불린 6명, 즉 옷니엘, 에훗, 입다, 드보라, 기드온, 삼손에 대해서만 그들의 활동을 간략하게 소개하고, 그것을 통해서 당시 이스라엘 사람들이 처했던 사회적, 종교적 상황이 어떻게 변화해갔는지 살펴보기로 한다.

먼저 「사사기」에 나오는 첫 번째 사사인 옷니엘은 갈렙과 같은 그니스 사람이었다. 흥미롭게도 그니스라는 집단은 원래 에서의 후손인 에돔 족속이었지만, 갈렙이 유다 지파와 함께 살았기 때문에 그의 후손들은 유다 지파로 인정되었다. 이러한 사실은 이스라엘이 광야 생활을 하는 도중에도 다른 종족 출신의 사람들을 그 안에 받아들여 동화시켰던 사실을 보여준다. 옷니엘은 갈렙보다 나이가 어려서 '동생'이라고 표현

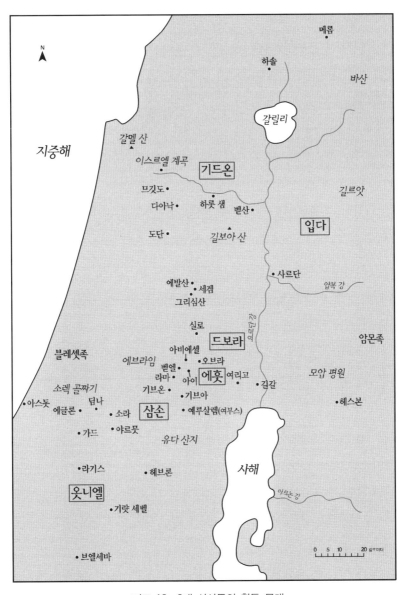

지도 10 6대 사사들의 활동 무대

되었으며, 헤브론 근처의 가나안 도시 기럇 세벨을 성공적으로 공격하여 갈렙의 딸과 혼인한 인물이었다. 성경은 옷니엘에 대해서 매우 간략한 기록만 남기고 있지만, 그것은 사사들의 등장과 활동 그리고 그 의미를 잘 보여주는 내용이다.

먼저 옷니엘에 관한 성경의 기록(삿3:7-12)을 읽어보면, 다른 사사들에 관한 기록에서도 공통적으로 보이는 하나의 패턴이 발견된다. 즉 (1) 이스라엘의 행악(行惡), (2) 여호와의 진노와 징벌, (3) 이스라엘의 회개, (4) 사사의 등장과 활동, (5) 평화의 회복, (6) 이스라엘의 행악이 그것이다. 이를 옷니엘의 경우에 대입해보면 다음과 같다. 이스라엘이 여호와를 잊어버리고 바알과 아세라를 섬기는 '행악'을 범하자, 여호와는 메소포타미아 즉 아람의 왕을 일으켜 이스라엘을 복속시키고 그들로 하여금 왕을 8년 동안 섬기게 한 '징벌'을 내렸다. 곤경에 빠진 이스라엘 백성들이 '회개하며' 울부짖는 소리를 듣고 여호와는 옷니엘을 사사로 내세웠다. 여호와가 아람 왕을 옷니엘에게 부치시니 그가 이겨서 그 땅에 '평화'가 찾아왔다. 그러나 이스라엘 백성들은 과거의 일을 곧 망각하고 다시 악을 행하게 되는 것이다.

이처럼 행악 → 징벌 → 회개 → 사사의 등장 → 평화 → 행악이라는 패턴은 「사사기」 전편을 통해서 되풀이되고 있다. 옷니엘의 뒤를 이어 사사로 언급된 에훗의 행적을 보면 잘 알 수 있다. 이스라엘의 행악에 진노한 여호와가 모압 왕 에글론을 일으켜 암몬과 아말렉 등의 세력을 규합하여 '종려나무 성읍' 곧 여리고를 함락하고 18년간 지배하게 한 것이다. 마침내 이스라엘 자손들이 "부르짖으매" 여호와께서 그들을 위해서 한 '구원자'를 세웠는데, 그가 바로 베냐민 지파의 에훗이었다. 베냐민(Benjamin)이라는 말은 원래 '오른쪽의 아들'이라는 뜻인데, 엉뚱하게도 그는 왼손잡이였다.

고대 이스라엘 사람들은 왼손을 사용하는 것을 천하게 여기는 경향이 있었다. 그러나 베냐민 지파에는 그 집단의 명칭의 뜻과는 달리 의외로 왼손잡이가 많았다. 이와 같은 사실은 후일 기브아에서 베냐민 지파가 다른 11지파와 대결할 때에 700명의 왼손잡이 물매꾼들을 동원해서 싸웠던 일을 통해서도 잘 알 수 있다. 왼손잡이의 공격은 통상적인 오른손잡이와는 달리 예상치 못한 방식으로 이루어지기 때문에, 상대방은 금세 당황하고 공격에 쉽게 노출되는 경향이 있다. 에훗의 일화는 왼손잡이가 이처럼 적의 예상치 못했던 기발한 습격으로 적을 쓰러뜨리는 좋은 예라고 할 수 있다.

에훗은 에글론 왕에게 공물을 바치러 가면서 오른편 다리의 옷 안에 길이 1규빗(46센티미터) 길이의 양날 검을 숨기고 들어갔다. 오른손잡이라면 칼을 쉽게 뽑기 위해서 보통 왼쪽 허리나 다리에 차야 옳을 것이다. 그러나 그는 오른편 다리 안쪽에 짧은 칼을 숨겼기 때문에 들키지 않고, 그와 같은 무기를 가지고 들어갈 수 있었을 것이다. 그는 왕에게 은밀하게 고할 것이 있다고 속여서 홀로 왕이 있는 서늘한 다락방으로 올라가서, 가까이 다가가 왼손으로 칼을 꺼내 왕을 찌르니 칼끝이 등 뒤까지 관통했다. 그는 에브라임 산지로 도망쳐 거기서 이스라엘인들을 규합한 뒤, 요르단 강 나루를 막아 도주하는 모압인 1만 명을 죽였다. 이로써 모압이 항복하고 이스라엘은 80년 동안 평화를 유지할 수 있게 되었다.

이 일이 일어난 시대는 대략 기원전 12세기로 추정된다. 기원전 1189

년이 되면 이집트에서 제19왕조가 무너지는데, 그로 인해 가나안 지방에는 일종의 힘의 공백이 생기게 되었다. 옷니엘의 경우 북방에서 아람 세력이 밀고 내려오고, 에훗의 경우는 동쪽에서 모압이 가나안 중앙 산지인 에브라임 지역으로 들어와 점령했던 것이다. 원래 요르단 강 동편의 모압 평원은 모세가 생전에 정복을 완료해서 르우벤 지파에게 그 땅을 주었던 곳이다. 그런데 에훗의 일화는 그곳의 모압이 다시 흥기하여 강 서쪽을 80년간 지배했다는 사실을 보여준다. 르우벤 지파는 사실상 그 지역에 대한 지배권을 상실하고 그후 더 이상 언급되지 않게 되었다.

드보라의 노래

에훗 다음에 등장한 유명한 사사가 바로 에브라임 산지에 살던 여선지자 드보라였다. 그녀는 라마와 벧엘 사이에 살았으며, 그녀의 이름을 따서 드보라라는 이름으로 불린 종려나무 아래에 살았다. "이스라엘 자손은 그에게 나아가 재판을 받더라"(삿4:5)는 구절이 말해주듯이 판관의 직분을 맡고 있었다. 고대 이스라엘에서 여자가 선지자로 역할을 했던 경우는 유다 왕국의 요시야 왕 때 활약한 훌다의 사례가 보여주듯이 전혀 없는 것은 아니었지만, 역시 드물었던 것 같다. 그런 면에서 드보라의 활약은 매우 특이하면서도 인상적이라고 할 수 있다.

드보라는 이처럼 주변의 사람들이 소송이나 분쟁 등의 문제를 들고와서 상의하면 필요한 조언을 해주었고 때로는 판결을 내리기도 했다. 그런데 문제가 생긴 지역이 그녀가 살고 있던 곳이 아닌 거기서 더 북쪽에 있던 갈릴리 부근이었다. 그 지방의 땅은 원래 납달리와 스불론 두

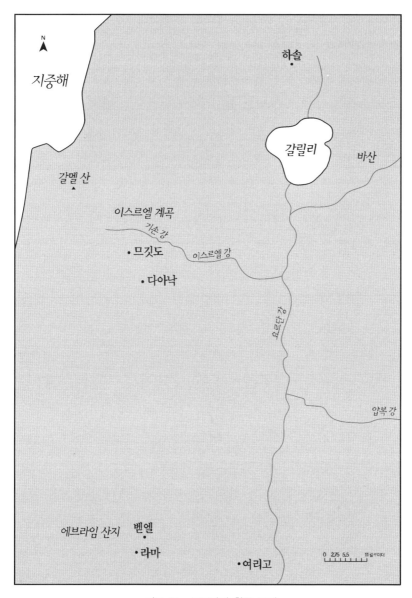

지도 11　드보라의 활동 무대

지파에게 주어졌었는데, 갈릴리 북쪽의 하솔이라는 곳의 왕 야빈이 막강한 군사력으로 그들을 압박하고 지배하고 있었다.

그들의 구원 요청을 받은 드보라는 납달리 지파의 지도자이자 군사지도자인 바락을 불러 여호와의 명령이라고 하면서, 그에게 납달리와 스불론의 자손 1만 명을 이끌고 어디로 가라고 구체적인 지침을 내려주었다. 고대 이스라엘의 역사에서는 성속(聖俗) 양면이 분리되어 별도의 지도자를 두었던 예가 자주 보이는데, 드보라와 바락도 그 좋은 예이다.

전투는 이스르엘 계곡을 흐르는 기손 강가의 다아낙이라는 도시 부근에서 벌어졌다. 하솔의 군대장관인 시스라는 철병거 900대를 위시한 군대를 이끌고 왔고, 바락은 납달리와 스불론에서 1만 명을 규합해서 드보라와 함께 맞이했다. 산지의 거주민인 이스라엘인들이 보병을 위주로 편성된 전통적인 군대라면, 시스라가 이끄는 적군은 철제 전차라는 막강 신무기를 앞세운 신식 군대였다. 만약 전투가 산간에서 벌어졌다면 모르지만, 평지에서는 도저히 상대가 될 수 없었다. 이스라엘 사람들이 이스르엘 계곡의 평야지대를 그때까지 장악하지 못했던 이유도 여기에 있었다. 그러나 드보라와 바락이 이끄는 군대는 이 전투에서 처음으로 대승을 거두었다. 어떻게 그것이 가능했을까?

성경에는 전투에서 승리를 거둔 드보라와 바락이 감격에 겨워 부른 운문 형식의 글이 기록되어 있는데, 흔히 "드보라의 노래'(삿5:2-31)라고 불리는 것이다. 이것은 이스라엘의 역사에서 현존하는 가장 오래된 시가(詩歌)들 가운데 하나로 꼽히고 있다. 이는 과거 모세가 이스라엘 백성을 이끌고 이집트에서 나올 때 홍해를 갈라 그 안에 파라오의 군대와 병거들을 수장시킨 뒤, 그가 감격에 겨워 여호와께 불렀던 노래(출

15:1-18)를 연상케 한다. 다만 이번에는 홍해가 아니라 기손 강의 격류 속에 적의 군대와 철병거들이 수장되어 진멸하고 말았다는 점이 차이가 있다.

드보라의 노래 가운데 "기손 강은 그 무리를 표류시켰으니 이 기손 강은 옛 강이라"(삿5:21)라는 구절이 바로 그 사실을 말해준다. 한글 성경의 이 구절만으로는 무슨 뜻인지 분명치 않으나, 영어 성경을 보면 "격렬한 기손 강이 그들을 쓸어가버렸다. 휘몰아치는 격류, 격류의 기손 강이"라고 되어 있어서 좀더 명료하게 알 수 있다. 기손 강은 동쪽 길보아 산에서 발원하여 다아낙과 므깃도를 거쳐서 지중해로 들어가는 길이 70킬로미터의 짧은 강이다. 건조한 이 지방에 그 강이 "격류"가 되어 흐른 것은 전투 직전에 갑자기 엄청난 비가 쏟아졌기 때문일 것이다. 그 결과 굳은 땅이 진흙탕으로 변했고 900대의 철병거는 아무 소용이 없게 된 것이다. 시스라는 병거에서 내려 도보로 도망쳤고 어느 장막에 숨었다가, 그 집의 여주인 야엘이라는 여자가 천막의 말뚝을 뽑아 그의 관자놀이에 박아넣어 죽여버렸다.

이 전투는 기원전 1125년경에 벌어진 것으로 추정된다. 전투가 벌어진 다아낙과 그 옆에 있는 므깃도라는 곳에서 발굴이 이루어졌는데, 그 시기에 일어난 것으로 추정되는 격렬한 파괴의 흔적이 발견되었다. 그 이후로는 더 이상 그곳에 사람들이 살지 않았다는 사실도 확인되었다. 이 승리로 이스르엘 계곡을 지배하던 가나안 세력은 비로소 밀려나고 이스라엘 사람들이 그곳에 정착하기 시작했다.

그런데 "드보라의 노래"에는 이 전투에 참여한 지파들이 열거되어 있는데, 요르단 강 동편에 있던 르우벤과 갓과 므낫세 반지파, 그리고 서쪽에 있던 단과 아셀 등의 지파는 동참하지 않은 것 같다. 앞의 옷니엘과 에훗과 비교해볼 때 훨씬 더 많은 지파들이 동맹에 참여했지만, 12지파 전체의 연합은 아직도 요원한 일이었다.

바알과 쟁론한 기드온

드보라 다음으로 등장한 사사는 기드온이다. 그는 므낫세 지파의 아비에셀 집안에 속한 사람이었다. 그가 활동하던 때도 기원전 12세기 후반으로 보인다. 당시의 문제는 아라비아 반도 서북방에 살던 미디안인, 브엘세바 남쪽의 네게브 광야에 살던 아말렉인, 그리고 요르단 강 동쪽 광야에 사는 다른 종족들의 침공이었다. 해마다 파종을 마치고 나면 그들은 가나안 지방까지 올라와서 약탈했고, 이스라엘 사람들은 산으로 피신하여 '구멍과 굴과 산성'을 만들지 않으면 안 되었다. 그들의 곡식과 가축도 다 빼앗기는 상황이 계속되었다.

미디안의 약탈과 관련된 성경의 기록은 그 당시 이스라엘인들이 정착 생활을 하면서 목축 이외에 농경에 종사했으며, 점차 그 지역의 토착 원주민들의 생활방식과 비슷하게 되고 있었음을 말해준다. 이러한 경제생활의 변화는 그들에게 종교적인 면에서도 많은 변화를 가져왔다. 당시 가나안 주민들은 바알이라는 신을 숭배했는데, 그 신은 토지의 풍요를 보장해준다고 여겨졌다. 이 바알의 배우자인 아세라를 나무로 조각해서 제단 옆에 세워놓기도 했다. 바알 신당에서는 풍요를 부르는 종교적 의식이라는 명분으로 무녀들과의 성적인 음행이 빈번히 벌어졌다.

당시 기드온은 여리고에서 서북쪽으로 16킬로미터 떨어진 곳에 있던

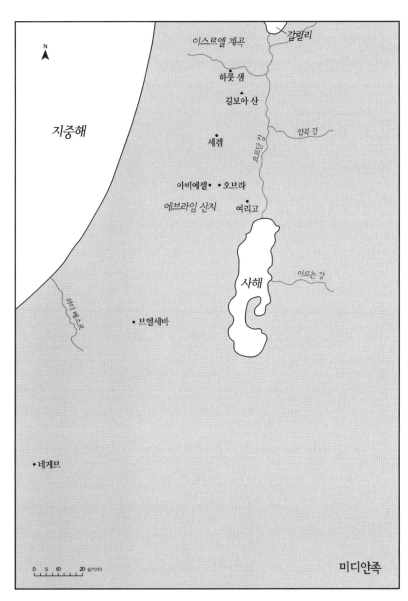

지도 12 기드온의 활동 무대

오브라라는 마을에 살고 있었는데, 그곳에도 바알의 제단과 아세라 목상이 서 있었다. 어느 날 그는 하나님의 사자를 대면한 뒤, 그곳에 여호와를 위하여 단을 쌓고 여호와살롬(Jehovah-Shalom)이라고 이름했으니, '여호와는 평화'라는 뜻이다. 이어 그는 마을 안에 있던 바알의 단을 부수고 그 옆에 있던 아세라 목상을 찍어서, 수소를 번제로 드릴 때 그 땔감으로 썼던 것이다. 그래서 사람들은 그가 '바알과 쟁론했다'는 의미에서 그를 여룹바알(Jerubbaal)이라고 이름했다.

미디안의 대군이 다시 약탈하러 오자 기드온은 사자를 므낫세, 아셀, 스불론, 납달리 등 북방 4개 지파에 보내 맞서 싸울 사람들을 불러모았는데, 이렇게 해서 규합된 전사의 숫자가 3만2,000명에 이르렀고 그들은 모두 길보아 산 북쪽의 하롯이라는 샘에 진을 쳤다. 그러나 여호와께서 그 수가 너무 많다고 하여, 이 가운데 2만2,000명은 돌려보내고 1만명만 데리고 싸우려고 했다. 그러나 그것도 많다고 해서 기드온은 그들을 물가로 데려가 물을 마시게 했는데, 그 가운데 엎드려 마신 사람이아니라 손으로 움켜 입에 대고 핥는 자들 300명만을 골랐다.

기드온은 300명의 군대를 3개의 부대로 나누어 그때 이스르엘 골짜기에 진을 치며 쉬고 있던 적들에 대한 기습 공격을 감행했다. 허를 찔린 적군은 요르단 강을 건너서 도주하려고 했지만, 뒤늦게 가담한 에브라임 지파가 나루터를 지키고 있다가 이들을 공격하고 방백(方伯) 두 사람을 죽였다. 에브라임 사람들은 자른 그들의 머리를 기드온에게 가지고 와서, 미디안을 공격할 때 왜 자기들은 부르지 않았느냐고 불만을 터뜨렸다. 성경에 "크게 다투었다"고 기록된 것으로 보아 자칫 내분으로 이스라엘 진영 자체가 와해되기 직전까지 갔던 것 같다.

그러나 기드온은 "에브라임의 끝물 포도가 아비에셀의 맏물 포도보다 낫지 아니하냐"(삿8:2)고 하며 그들을 달랬다. 그것은 에브라임에서 포도를 다 따고 난 뒤에 끝에 남은 포도일지라도 자기가 속한 아비에셀에서 처음 딴 포도보다 더 낫다는 비유이고, 다시 말해서 에브라임이 뒤늦게 참전했지만, 그 공은 더 크다고 칭찬을 한 것이다. 당시 지파들 간의 단합이 얼마나 어려운 일이었는가를 보여주는 좋은 사례이다. 기드온은 적군 12만 명을 참살한 뒤 요르단 강을 건너 도주한 1만5,000명을 다시 추격하여 그들의 두 왕을 잡아서 돌아왔다.

오랫동안 이스라엘 사람들을 괴롭히던 미디안 세력을 일거에 제거한 기드온의 명성은 치솟았고, 사람들은 그를 찾아와 "당신이 우리를 미디안의 손에서 구원하셨으니 당신과 당신의 아들과 당신의 손자가 우리를 다스리소서"(삿8:22)라고 하면서 그를 왕으로 추대하려고 했다. 점점 더 강해지는 외적들의 압력에 효과적으로 대처하기 위해서는 강력한 왕권을 가지고 그들을 지도할 사람이 필요하다고 느꼈던 것이다. 그러나 기드온은 "여호와께서 너희를 다스리리라"고 하면서 그들의 요구를 거절했다.

기드온이 죽은 뒤 세겜 출신인 그의 후처에서 출생한 아비멜렉이라는 아들이 모친의 일족이 있는 세겜 사람들의 세력을 등에 업고 자신의 형제 70명을 모두 죽였다. 그리고 세겜으로 돌아와서 그 자신이 왕으로 추대되었다. 그는 3년간 세겜과 그 인근 지역을 다스렸는데, 그의 방탕함과 포악함은 점차 주민들을 멀어지게 만들었고, 그에게 반대하는 세력과 전투를 벌이면서 많은 사람을 죽였다. 마침내 그는 세겜의 망대 위에서 어떤 여인이 던진 맷돌에 맞아 두개골이 깨져서 죽고 말았다.

아비멜렉의 죽음으로 왕권을 수립하려는 움직임은 실패로 끝났다. 이스라엘 사람들 사이에는 지파들에 의해서 영역적으로 나누어진 부족 체제를 유지하려는 경향이 여전히 강했던 것이다. 그러나 부족 체제를 넘어서서 왕국 체제로 이행하려는 움직임은 이후 점점 더 거스를 수 없는 대세가 되어갔다.

'의적' 입다

다섯 번째의 대사사로 꼽히는 입다는 요르단 강 동쪽의 길르앗 지방 사람이었다. 길르앗은 므낫세와 갓 지파가 거주하는 지역이었는데, 그가 어디에 속했는지는 불분명하다. 그는 그곳의 기생의 몸에서 출생하여 본처 소생의 형제들에게 박해를 받고 더 동북방의 돕이라는 곳으로 쫓겨가서 살았다. 거기서 그는 '잡류(雜類)' 즉 불한당들을 규합하여 상당한 세력을 이루었다. 이러한 기록으로 미루어볼 때 그는 마치 우리나라의 홍길동이나 중세 유럽의 로빈 후드와 같은 일종의 '의적(義賊)'과 같은 존재가 아니었을까 하는 생각도 하게 한다.

암몬 사람들이 길르앗을 침공해오자 그곳의 장로들이 입다를 찾아가서 도움을 요청한 것도 바로 그 때문이었다. 그는 암몬 왕에게 사신을 보내 무슨 연유로 침공했느냐고 물었더니, 왕은 아르논과 얍복과 요르단 이 세 강 사이의 지역은 원래 자신들 땅인데 이스라엘이 부당하게 점령한 것이라고 하면서 내놓으라고 했다. 이에 입다는 과거에 모세가 이곳에 올 때 암몬의 왕이 부당하게 공격을 해왔기 때문에 그를 격퇴하고 차지한 것일 뿐이며, 그후 지금까지 300년 동안 살아왔는데 지금에

지도 13 입다와 삼손의 활동 무대

와서 다시 땅을 내놓으라는 것은 사리에 맞지 않는다고 반박했다. 결국 전투가 벌어졌고 승리는 입다에게로 돌아갔다.

그런데 승리의 소식을 들은 에브라임 지파는 과거 기드온 때에 그랬던 것처럼 암몬과 싸우러 갈 때 왜 자기들을 부르지 않았느냐고 하면서 겁박하기 시작했다. 입다는 자신이 먼저 지원을 요청했는데도 오지 않았기 때문에, 자기 나름대로 생명의 위협을 무릅쓰고 싸워서 승리를 거둔 것이라고 해명했다. 그러나 에브라임은 이에 승복하지 않고 공격해왔고, 이에 입다는 길르앗 사람들을 다시 규합해서 그들을 격퇴시켰다. 요르단 강 나루터를 지키고 있다가 도망가는 에브라임 사람들을 죽였는데, 그 숫자가 42,000명이었다고 한다. 이스라엘의 지파들 사이의 갈등이 심화되어 전쟁이 벌어지고 대량 학살이라는 사태로까지 발전한 것이다.

이처럼 지파들의 관계가 멀어지게 된 것이 단지 한두 가지의 사건 때문은 아니었다. 그것보다 더 근본적인 원인은 가나안에 들어온 지 오랜 세월이 지나면서 생긴 이질감이었다. 이를 보여주는 흥미로운 일화가 있다. 에브라임 사람들이 요르단 강을 도망치려고 나루터에 몰려들었는데, 길목을 지키던 길르앗 병사들은 누가 에브라임 사람이고 누가 길르앗 사람인지를 구별하기 위해서 '십볼렛'이라는 단어를 발음하라고 했다는 것이다. 만약 제대로 발음하지 못하고 '씹볼렛'이라고 하면 죽여버렸다. 이는 요르단 강 서쪽의 에브라임과 동쪽의 길르앗 사이에 '구음' 즉 방언의 차이가 생겨서, 에브라임 사람들이 어두음 sh를 제대로 발음하지 못했다는 것을 말해준다.

입다가 암몬의 왕에게 자기들이 길르앗에 터를 잡고 산 지가 300년이 되었다고 했는데, 이런 오랜 세월 동안에 이스라엘 12지파들 간에도 방언의 차이가 생기게 된 것은 당연한 일이라고 할 수 있다. 지파들 사이에는 단지 방언뿐만 아니라 사회경제적인 차이도 커졌고, 그것이 마침내 여호와 신앙을 중심으로 이스라엘 부족 사회를 묶어주고 있던 결속력과 연대감을 와해시키는 작용을 하게 된 것이다.

나실인 삼손

「사사기」에 등장하는 마지막 사사가 바로 그 유명한 삼손이다. 그는 단 지파에 속했으며 소라에서 태어났는데, 그곳은 예루살렘에서 서쪽으로 25킬로미터 떨어진 지점이었다. 그의 어머니가 오랫동안 잉태하지 못하여 아이 갖기를 간절히 원하매, 하루는 여호와가 그녀에게 나타나서, 그녀가 장차 아들을 낳을테니 그 아들로 하여금 포도주와 독주를 마시지 말게 하며 또한 머리에 칼, 즉 삭도를 대지 말라고 명령했다. 왜냐하면 그는 하나님께 바쳐진 존재, 즉 나실인(Nazirite)으로 지정되었기 때문이었다. 삼손에 관한 성경의 기록은 당시 산지에 거주하던 이스라엘인과 평야에 거주하던 블레셋인들 사이에 광범위하고 빈번한 접촉이 있었으며, 그것이 두 집단 사이의 심각한 갈등과 반목으로 확대되어갔음을 잘 보여준다.

삼손의 이야기는 여러 매체를 통해서 많은 사람들에게 널리 알려져 있기 때문에 여기서 자세히 설명할 필요는 없을 것이다. 다만 그의 행적은 사사 시대의 마지막에 이스라엘의 상황이 어떠했는지 잘 보여주므로 그런 점을 중심으로 간략하게 살펴보도록 하자. 삼손의 이야기에는 두 명의 여자가 나오는데, 하나는 그의 아내이고 또 하나는 들릴라라는 이름을 가진 여인이다. 두 사람 모두 블레셋 족속이었다. 이 여자들은 각각 딤나와 소렉이라는 곳에 살았는데, 이 두 성읍 모두 삼손이 태어난 소라에서 불과 몇 킬로미터도 떨어지지 않은 가까운 곳에 있었다. 서로 다른 두 민족이 얼마나 서로 가까이에서 섞여 살았는지를 알 수 있다.

삼손은 딤나를 오가던 도중, 길에서 만난 젊은 사자를 찢어 죽인 적이 있었는데, 나중에 보니 거기에 벌 떼와 꿀이 생긴 것을 보고 그것을 훑어서 먹었다. 그리고 딤나로 가서 혼인 잔치에 참석한 블레셋 청년들에게 "먹는 자에게서 먹는 것이 나오고 강한 자에게서 단 것이 나오는 것"(삿14:14)이 무엇이냐는 수수께끼를 낸 것이다. 만약 사흘 안으로 수수께끼를 풀지 못하면, 그에게 베옷 삼십 벌과 겉옷 삼십 벌을 내야 하고, 반대로 그들이 맞추면 그가 그것을 주기로 했다. 물론 먹는 자와 강한 자는 모두 사자를 가리키는 것이었지만, 그들이 그것을 알 리가 만무했다. 그래서 그들은 그의 아내에게 청하여 수수께끼의 비밀을 알아내라고 했고, 그녀는 잔치가 벌어지는 일주일 내내 울면서 매달리는 바람에 삼손은 그 비밀을 그녀에게 알려주었다. 블레셋 젊은이들이 그 비밀을 듣고 수수께끼를 풀자 삼손은 분노하여, 블레셋인들이 사는 큰 도시 아스글론으로 가서 삼십 명을 쳐죽이고, 거기서 노략질한 옷을 수수께끼를 푼 자들에게 상으로 주었다.

삼손이 20년 동안 사사로 지내던 중에 소렉의 여인 들릴라와 가깝게 되었는데, 블레셋 사람들은 그녀에게 삼손의 괴력이 어디서 나오는지 그 비밀을 물어보게 했다. 들릴라의 물음에 삼손은 몇 차례 거짓 대답을 했지만, 결국 마지막에는 자신이 태어날 때부터 머리에 삭도를 대지 않은 나실인이며, 만약 머리털을 민다면 자기에게서 힘이 떠나가게 될 것이라고 실토하고 말았다.

들릴라는 삼손을 자기 무릎을 베고 잠들게 한 뒤 사람을 불러서 그 머리털을 자르게 했다. 온 몸에 힘을 잃어버린 삼손은 눈이 뽑히고 가사라는 도시의 옥에 갇혀 맷돌을 돌리는 신세가 되었다. 그러나 머리털이 자라면서 힘을 다시 회복한 삼손은 어느 날 블레셋의 모든 방백과 남녀 삼천 명이 모인 큰 집회에서, 그 집의 두 기둥을 뽑아 모두 그 밑에 깔려 죽게 만들었다. 물론 삼손도 거기서 숨을 거두었다.

내전

이렇게 여러 명의 사사들의 활동에 대해서 서술한 「사사기」는 마지막으로 베냐민 지파의 영역인 기브아라는 곳에서 벌어진 한 처참한 사건과 그 파국적 결말에 관한 이야기로 끝을 맺는다. 그 사건은 레위 지파에 속한 한 사람이 행음을 하고 도망간 자신의 첩을 찾아서 다시 데리고 오던 도중에 들린 기브아에서 벌어졌다. 마땅히 유숙할 곳이 없던 차에 그곳의 한 노인이 그들을 자기 집으로 데리고 갔다. 그런데 그 성읍의 '불량배', 즉 사악한 무리가 몰려와 "우리가 그와 관계하리라"(삿19:22) 고 하면서 그 이방인을 내놓으라고 하자, 노인은 자신의 처녀 딸과 손님의 첩을 내놓을 테니 그 사람은 건드리지 말라고 부탁했다. 소돔에 살던 롯의 집에서 벌어졌던 것과 비슷한 일이 벌어진 것이다. 마침내 그 첩이 집 밖의 사람들 손에 넘겨졌고 그녀는 밤새도록 욕을 당한 뒤 새벽에 풀려났으나, 그 집 문 앞에서 숨을 거두고 말았다. 레위 사람은 자기 첩의 시신을 나귀에 싣고 고향으로 온 뒤, 칼로 그녀의 시체를 잘라 열두

덩이로 나누어 이스라엘 각 지파에게 보냈다.

분노한 이스라엘 사람들은 북쪽 단에서부터 남쪽 브엘세바에 이르기까지 모두 일어났고, 이들은 미스바에 모여서 베냐민 지파에 대해서 복수하기로 결정을 내렸다. 당시 칼을 뺀 보병이 40만 명이었는데, 열에 하나의 비율로 취했다고 하니 4만 명이 규합된 것이었다. 이들은 베냐민 시파를 치러 기브아로 향했다. 그러나 베냐민 지파는 악행을 저지른 그 불량배들을 내놓지 않았고 오히려 많은 수의 군대와 700명의 왼손잡이 물매꾼들을 내세워 맞서기 시작했다. 이렇게 해서 이스라엘의 12지파는 '내전'으로 치닫게 되었다.

처음에는 베냐민 지파가 우세했다. 두 차례에 걸친 공격이 실패로 돌아가고 많은 사상자가 났지만, 동맹군은 세 번째 공격에서 승리를 거두고 성읍으로 진입했다. 베냐민 지파에 속하는 모든 성읍을 불사르고 그 거주민들을 죽여 베냐민 지파는 사실상 지상에서 사라질 지경이 되었다. "오늘날 이스라엘 중에 한 지파가 끊어졌도다"라는 탄식이 나올 정도였다. 그러나 소수의 베냐민 남자들이 살아남았고 그들을 통해서 겨우 그 명맥을 보전할 수 있었다.

「사사기」는 "그때에 이스라엘에 왕이 없으므로 사람이 각기 자기의 소견에 옳은 대로 행하였더라"(삿21:25)라는 문장으로 끝난다. 이는 「사사기」의 작가가 그후에 사울과 다윗이라는 인물이 출현하면서 부족의 시대가 끝나고 왕국의 시대가 도래함을 예견하는 것이기도 하다. 왜냐하면 200년간 사사들의 지도하에 이스라엘 사람들이 치렀던 전쟁은 외적의 침입을 막기에 급급했던 것이었으며, 나중에는 점점 더 세력을 강화시키던 블레셋과의 싸움이었다.

그러나 이스라엘 사람들은 산지 여러 곳에 흩어져 살면서 강력한 통합을 이루지 못했고, 부분적인 동맹을 통해서 위기를 일시적으로 넘긴 뒤에는 다시 본래의 분열적인 상황으로 되돌아가곤 했다. 이에 비해서 가나안 땅에 이스라엘과 거의 비슷한 시기에 들어와 평야지대에 정착한 블레셋인들은 농경과 무역을 통해서 큰 부를 축적했고, 이를 기반으로 왕이 통치하는 도시국가를 건설하고 강력한 군사력을 보유하게 되었다. 이스라엘은 종래의 부족체제로서는 더 이상 그들을 대적할 수 없게 되었으니, 이스라엘 왕국의 탄생은 당시 역사적인 상황으로 볼 때에도 필연적인 것이었다.

제5장
비운의 영웅 : 사울

사사 시대에서 왕정 시대로

사울이 활동하던 시기는 대략 기원전 1,000년을 전후한다. 가나안 지방을 둘러싼 주변에서는 거대한 제국들이 무너져 힘의 공백이 생겼고, 그 틈을 타서 이 지역의 정치적, 경제적 패권을 장악하기 위해서 내적인 갈등이 격화되던 시기였다. 그뿐만 아니라 그곳에서는 후기 청동기시대가 끝나고 막 철기시대가 시작되었는데, 철기를 제작하는 신기술이 모두에게 공유된 것은 아니었다. 블레셋과 같이 해안에 위치하여 선진 문명을 비교적 쉽고 빠르게 받아들일 수 있었던 집단은 가장 먼저 철을 사용하여 농기구와 무기들을 제작했지만, 산간 지역에 살던 이스라엘 사람들은 그렇지 못했다.

블레셋인들은 이 기술이 알려지면, 아무나 칼이나 창을 만들까 우려하여 이스라엘인들에게 알려주지 않았고, 따라서 이스라엘인들은 철을 사용하여 보습이나 삽 혹은 도끼나 괭이 같은 기본적인 농기구를 제작하는 기술도 보유하지 못했다. 심지어 그것을 벼릴 때에도 블레셋인들을 찾아가야 하는 실정이었다. 그렇기 때문에 블레셋과 전투할 때 사울과 요나단을 제외하고는 그들과 함께 있던 백성들에게 칼이나 창이 없었던 것도 이상한 일이 아니다. 이러한 상황 속에서 이스라엘인들은 블레셋인들의 공격에 그대로 노출되어 피해를 입을 수밖에 없었다. 이스라엘을 위협하는 세력은 블레셋 이외에 요르단 강 동쪽의 암몬과 모압, 남쪽의 아말렉 등이 있었다.

그런데 이스라엘 사람들은 여전히 여러 부족으로 나뉘어 통합된 세력을 이루지 못했고, 앞에서도 살펴본 것처럼 부족 단위로 사사(士師)라는 일종의 제정일치적(祭政一致的) 형태의 지도자가 있었을 뿐이었다. 사사로 불린 사람들은 자기 부족민들이 거주하는 산간의 여러 도시와 촌락을 순회하면서 백성들 사이에 생긴 소송을 청취하고 판단했으며 나아가 제단에서 각종 제사와 희생을 주관하는 역할을 했다. 그들 가운데 어떤 사람들은 외부로부터 강력한 위협이 발생했을 때 인근의 지파 세력들을 규합하여 위협을 극복하는 리더십을 보이기도 했다. 그러나 사사 삼손이 그 영웅적인 분투에도 불구하고 결국은 블레셋에 끌려가서 죽음을 당한 일화는 사사 시대의 한계를 잘 보여준다. 따라서 이스라엘인들은 주변에 있는 사람들처럼 자기들도 왕을 가지기를 원했다. 물론 그렇게 되면 자신들의 곤경도 해결이 되지 않을까 하는 희망 때문이었다.

왕의 출현은 단시일 안에 쉽게 해결되기 어려운 문제였다. 우선 남쪽의 유다 산지에서부터 북쪽으로는 에브라임 산지를 거쳐 갈릴리 지방에 이르기까지 여러 지파들이 광범위하게 산간 지역에 흩어져 있어서 각자 지역적인 독립성을 강하게 유지하고 있었다. 뿐만 아니라 서로 접경하는 지역에서는 자주 다툼도 일어났고 그것은 때로는 거의 전면적인 전쟁으로 비화되기도 했다. 이러한 부족적인 분권주의의 힘이 여전히 강하게 작동하는 상황에서 중앙집권적인 왕권의 출현을 바란다는 것은 이

율배반적이라고도 할 수 있었다. 따라서 이와 같은 사사시대의 분권주의가 청산되고 왕권이 확립된 새로운 시대로 가는 과정은 결코 순탄할 수 없었다.

사울과 거의 같은 시대에 활동했던 실로의 엘리, 라마의 사무엘 등은 모두 사사였다. 성경에 엘리는 40년 동안 이스라엘의 사사였으며, 사무엘이 늙자 그의 아들이 이스라엘의 사사가 되었다는 기록이 이를 말해 준다. 사울 역시 왕으로 추대되었지만, 마치 사사가 했던 것처럼 자신이 직접 제사를 주관하기도 하고 예언을 말하기도 했다. 그런 의미에서 사울은 사사의 시대에서 왕의 시대로 넘어가는 어중간한 지점에서, 자신의 두 발 각각을 하나씩 서로 다른 지점에 두었던 인물이었다고 할 수 있다. 이스라엘 백성도 그 자신도 아직 왕을 맞이할 준비가 되지 않았으니, 그의 비극은 피할 수 없는 것이었다.

사울의 등장과 왕으로의 즉위 그리고 죽음에 이르기까지 그의 인생 전체는 사무엘과 다윗이라는 두 사람의 활동과 불가분의 관계가 있었다. 그리고 이 세 사람 사이에 벌어지는 수많은 일화들은 「사무엘서」라는 책 안에 기록되어 있다. 성경에 포함된 여러 책들 가운데 「사무엘서」만큼 문학적으로 뛰어난 작품은 드물 것이다. 사실 이 책의 제목이 "사무엘"이라고 되어 있기는 하지만, 그는 중간에 죽기 때문에 책 전체를 대표하는 인물이라고 보기는 어렵다. 사실상의 주인공은 다윗이다.

이 책의 전반부인 상권에는 사무엘과 사울이라는 두 인물이 청년 다윗의 인생과 서로 얽히면서 애증이 교차하는 이야기들이 전개되어 있다. 다시 말해서 사무엘, 사울, 다윗 이 세 사람의 인생이 서로 교차하다가 멀어지고 마지막에 가서는 적이 되어 싸우는 기묘하고 극적인 삼중

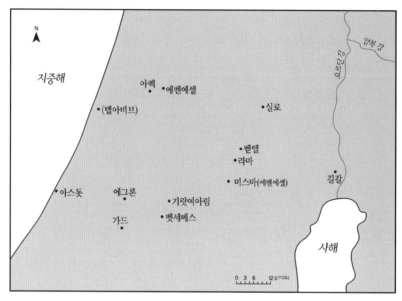

지도 14 사무엘의 활동 무대

주가 전개되고 있다. 그런가 하면 후반부 하권에서는 왕이 된 다윗이 수치스러운 범죄를 저질러 그에 대한 혹독한 대가로서 자식들의 죽음과 반란을 맞는 이야기들이 전개된다. 「사무엘서」의 작자는 성경적 관점을 유지하면서도 역사 속의 이 실존 인물들을 둘러싼 이야기들을 놀라울 정도의 일관성과 긴장감 속에서 풀어내고 있는 것이다.

여기에서는 다윗이 즉위하기 전에 사무엘과 사울과 다윗이 서로 얽히면서 벌어지는 이야기들을 묘사하고자 한다. 물론 전체의 주인공은 다윗이지만, 처음에는 사울이 중요한 인물로 등장하기 때문에 먼저 그의 활동을 중심으로 다른 두 사람을 함께 연관시켜 설명하는 방법을 취했다. 사울의 등장을 이야기하기 전에 먼저 선지자 사무엘에 대해서 잠깐 살펴보도록 하자.

한나의 기도

에브라임 지파에 속하는 엘가나라는 사람에게 한나와 브닌나라는 두 아내가 있었다. 둘째 아내인 브닌나에게는 자식이 있었지만, 첫째 아내인 한나에게는 자식이 없었다. 예전에 아브라함의 아내 사라와 여종 하갈 사이에서 벌어진 일이 다시 벌어진 셈이다. 남편이 한나를 극진히 사랑하여 자기가 열 아들보다 낫지 않느냐고 하면서 달래려고 했지만, 아무 소용이 없었다.

엘가나는 매년 가족을 데리고 성소가 있는 실로로 가서 제사를 드리곤 했는데, 그때마다 한나는 여호와께 통곡하며 기도했다. 그리고 아들을 낳게 해주면 그를 여호와께 드리고 평생 삭도를 머리에 대지 않게 하겠다는 서원(誓願)을 했다. 삼손도 그러했듯이 '(여호와께) 바쳐진 것'이라는 뜻을 지닌 '나실'이 된 사람, 즉 나실인은 사는 날 동안 포도의 소산(포도주를 포함한다), 머리에 삭도, 동물이나 사람의 시체, 이 세 가지를 피해야 했다. 그것은 이미 모세 시대에 정해진 규례였다(민6:1-5). 마침내 한나는 아이를 낳게 되었고 사무엘(Samuel)이라는 이름을 주었으니, 그 뜻은 '하나님이 들으셨다'는 것이다. 아브라함이 여종 하갈에게서 얻은 아들의 이름인 이스마엘(Ismael)도 사무엘과 같은 의미를 지닌 말이었다.

한나는 사무엘이 조금 성장한 뒤에 자기가 서원했던 대로 실로의 제사장 엘리를 찾아가서 아들을 맡겼다. 그녀가 그토록 아끼고 사랑하는 아들을 여호와께 맡기면서 드리는 기도가 그 유명한 "한나의 기도"(삼상 2:1-10)이다. 그녀의 기도는 산문이 아니라 문학성이 높은 운문으로 되어 있기 때문에 "한나의 노래"라고도 부른다. "내 마음이 여호와를 인하여 즐거워하며 내 뿔이 여호와를 인하여 높아졌으며 내 입이 내 원수들을 향하여 크게 열렸으니 이는 내가 주의 구원을 인하여 기뻐함이니이다"로 시작되는 이 기도는 아들을 바치면서도 여호와의 전능하심을 찬양하고 감사하는 내용으로 되어 있다.

이제 엘리는 앞을 제대로 보지 못할 정도로 늙어서 그를 대신하여 홉니와 비느하스라는 두 아들이 제사와 관련된 사무를 주관하기 시작했다. 그들은 사람들이 제단에 바칠 고기를 가져오면, 그 기름을 태워서 올리기도 전에 마음대로 생고기를 잘라서 취했으니, 이것이 "여호와의 제사를 멸시"를 하는 것으로 여겨져 하나님의 분노를 사게 되었다. 뿐만 아니라 이 두 아들의 생활은 방종하기 짝이 없어 언약궤를 모신 회막(會幕)의 문에서 시중드는 여인과 동침했다. 그들의 행위는 단순히 도덕적인 타락에 그치는 것이 아니었다. 그것은 당시 가나안 사람들 사이에서 널리 행해지던 성전에서의 매춘과 음란 행위를 그대로 따라서 한 것이었기 때문에, 이 역시 여호와의 분노를 사기에 충분했다.

하나님은 엘리의 두 아들에 대한 분노와 그로 인해서 그의 가문에 내릴 저주를 먼저 사무엘을 통해서 드러냈다. 어느 날 사무엘은 자기 이름을 부르는 소리를 듣게 된다. 처음에 그는 스승 엘리가 부르는 것으로 알고 스승에게로 갔다. 그러나 동일한 일이 세 번이나 반복되면서 결국 엘리는 여호와가 사무엘을 부르는 것이라는 사실을 그에게 말해주었다. 사무엘이 장성하면서 "여호와께서 그와 함께 계셔서 그 말로 하나도 땅에 떨어지지 않게"(삼상3:19) 했으니, 사무엘이 하는 말은 모두 적중했다. 이에 단에서 브엘세바에 이르는 온 이스라엘 사람들이 그가 여호와의 선지자임을 인정하게 되었다. 단과 브엘세바는 이스라엘 사람들이 거주하던 지경의 가장 북쪽과 남쪽에 있는 지명이었고, 그 자체가 이스라엘의 영역 전체를 뜻하는 말이었다. 「사무엘 상」의 첫 부분은 이처럼 엘리 가문의 타락과 몰락, 사무엘의 성장과 명성, 이 두 가지를 극명하게 대조시키면서 묘사하고 있다.

언약궤의 행방

그때 마침 블레셋인들이 침공하여 아벡이라는 곳에 진을 쳤고, 이스라엘은 이를 막기 위해서 그 맞은편의 에벤에셀에 진을 쳤다. 아벡은 현재 이스라엘의 수도인 텔아비브에서 동쪽으로 14킬로미터 정도 떨어진 곳이었다. 아벡과 에벤에셀은 샤론 평야의 남쪽에 위치한 도시로서 북방으로는 이스르엘 계곡을 거쳐서 두로와 시돈 그리고 다마스쿠스로 연결되는 남북교역로상의 전략적 지점이었다. 블레셋과 이스라엘이 이 지역의 지배권을 두고 다툰 것은 이상한 일이 아니었다.

　양측의 전투는 두 차례에 걸쳐 벌어졌다. 1차 전투에서는 이스라엘이 패배했고 4,000명가량이 죽음을 당했다. 다급해진 이스라엘측은 실로의 회막에 모셔져 있던 언약궤를 가지고 오도록 했다. 물론 그 의도는 여호와의 임재(臨在)를 통해서 아군의 사기를 다시 진작시키고 적군의 위세를 꺾으려는 계획이었을 것이다. 그렇게 한 것은 과거 시나이 광야에서 생활할 때 12지파의 진영 한 가운데에 성막을 설치하고 그 안에 언약궤를 모셨던 기억, 즉 그들이 겪었던 수많은 고난과 외침을 극복할 수 있었던 것도 바로 그 언약궤 때문이었다는 신념이 있었기 때문이었다.

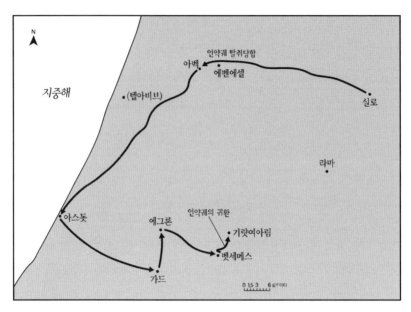

지도 15 언약궤의 이동

마침내 언약궤가 도착했고 그것이 진중에 들어오자 이스라엘 군인들은 큰 소리로 외쳤고 땅이 울릴 정도였다. 블레셋 사람들도 언약궤가 가진 신비한 힘을 잘 알고 있었던 듯 "우리에게 화로다 누가 우리를 이 능한 신들의 손에서 건지리요 그들은 광야에서 여러 가지 재앙으로 애굽인을 친 신들이니라"(삼상4:8)라고 말했다. 여기에서 흥미로운 사실은 블레셋 사람들이 "신들"이라고 한 것이다. 그들은 이스라엘인들이 여호와 유일신을 믿는 것이 아니라 자기들처럼 여러 신들을 믿고 있다고 생각했던 것 같다.

이렇게 해서 다시 전투가 벌어졌다. 그러나 놀랍게도 이 제2차 전투의 결과는 훨씬 더 참혹했다. 이스라엘 보병 3만 명이 전사했고 엘리의 두 아들도 죽었다. 이 소식을 들은 엘리는 비통해하다가 그의 비둔한 몸은 의자에서 거꾸러졌고, 목이 부러져 죽고 말았다. 그러나 더 심각한 문제는 언약궤가 적군에게 탈취되었다는 것이다.

있을 수 없는, 있어서도 안 되는 일이 벌어졌다. 언약궤가 할례받지 않은 블레셋인들의 손에 들어갔다는 것은 상상조차 하기 힘든 일이었다. 더구나 회막을 지키던 제사장 엘리 일족도 몰살당하고 말았다. 전투에서 참패하고 언약궤까지 빼앗긴 이스라엘은 전무후무한 위기의 나락으로 떨어졌다. 그런데 그로부터 7개월 뒤에 언약궤는 기적같이 다시 이스라엘로 돌아오게 되었다. 그 이유는 블레셋인들이 빼앗은 언약궤를 가져다 놓는 곳마다 문제가 일어났기 때문이었다.

고대 중동에서 왕국과 도시들 사이에 벌어진 전투는 단순히 인간 집단 사이의 싸움이 아니라 그들이 믿는 신들 사이의 대결이기도 했다. 따라서 패배한 도시의 신상은 승리한 도시의 신전에 마치 포로처럼 끌려가서 전시되는 치욕을 겪어야만 했다. 그래서 블레셋인들도 이스라엘의 신을 모신 언약궤를 아스돗이라는 도시의 다곤이라는 우상의 당(堂)에 두었던 것이다.

그런데 이상한 일이 생기기 시작했다. 아침마다 그 다곤 우상이 넘어졌고 나중에는 팔이 부러져 몸통만 남게 되었다. 게다가 시민들 사이에 독종(毒腫) 즉 독한 종기가 발생하는 재앙까지 덮쳤다. 겁을 먹은 그들은 언약궤를 그 동쪽에 있는 가드로 옮겼는데, 거기서도 다시 독종이 발생했다. 그래서 인근의 에그론으로 옮겼지만, 이번에는 그 주민들의 극렬한 반대에 부딪치게 되었다.

마침내 블레셋의 지도자들은 모여서 속건제(贖愆祭)를 드리기로 하고, 먼저 방백의 숫자대로 금으로 다섯 개의 독종과 다섯 마리의 쥐를

소가 끄는 수레에 실려 옮겨지는 언약궤

만들어 바쳤다. 이로 미루어볼 때 그들에게 내린 재앙은 페스트와 유사하게 쥐를 통해서 전파되고 온 몸에 독종이 발생해서 죽는 그런 전염병이었던 것으로 추측된다. 나아가 방백들은 과연 이 모든 재앙이 언약궤로 인한 것인지 아닌지 확인할 필요가 있다고 생각했다. 확인해보고 난 뒤에 만약 그렇다는 것이 판명되면 언약궤를 이스라엘로 돌려보내는 것으로 결정하게 되었다.

그래서 그들은 일찍이 수레를 끌어본 적이 없는 암소 두 마리를 데리고 와서 먼저 새끼 송아지들을 떼어놓았다. 언약궤와 속건제에 드릴 금 보물들이 실린 수레를 언덕 위로 끌고 가서 암소들에게 수레를 매어 끌게 했다. 만약 소들이 송아지가 있는 이쪽이 아니라 반대편 이스라엘인들이 사는 벳세메스 쪽으로 수레를 끌고 간다면, 그것은 언약궤로 인해서 이 재앙들이 발생한 것이 분명하니 그대로 가게 내버려 두자고 했다. 그런데 과연 그 두 마리의 소들은 수레를 끌고 반대편으로 가버렸다.

이렇게 해서 드디어 언약궤는 블레셋의 손에서 풀려나 에그론 동쪽

12킬로미터 지점에 위치한 벳세메스 마을로 오게 되었는데, 주민들이 레위인 출신의 제사장도 아니면서 그 언약궤를 열어보는 바람에 5만 명 이상이 사망하고 말았다. 결국 언약궤는 거기서 다시 옮겨져 예루살렘 서북쪽 13킬로미터 지점에 있는 기럇여아림이라는 곳으로 옮겨졌다. 나중에 다윗이 예루살렘으로 모셔올 때까지 언약궤는 20년 동안 그곳에 안치되었다.

최후의 사사 사무엘

엘리가 사망한 뒤 그의 제자인 사무엘이 이스라엘의 사사가 되어 활동을 시작했다. 그는 내적으로는 이스라엘 사람들 사이에 만연하기 시작한 우상숭배를 타파하기 위해서 분투해야 했고, 외적으로는 언약궤 사건 이후에도 여전히 커다란 위협이 되고 있는 블레셋 사람들과의 싸움을 이끌어야 했다. 사무엘은 이 두 가지, 즉 우상숭배와 블레셋이 서로 분리된 별개의 것이 아니라고 보았다. 즉 블레셋을 꺾기 위해서는 우상숭배를 없애야 된다고 생각했던 것이다.

블레셋인들이 가하는 군사적 압력이 점점 더 동쪽으로 옮겨오자 사무엘은 이스라엘의 대표들을 예루살렘 북방에 있는 미스바라는 곳으로 소집했다. 그리고 그는 이스라엘이 겪은 이 모든 재앙들이 바로 그들 사이에 만연한 우상숭배 때문이라고 비판하면서, 바알과 그 짝인 아스다롯을 없애고 여호와만을 섬기라고 외쳤다. 말하자면 블레셋과 본격적인 대결을 하기 전에 그들을 영적으로 단단히 결집시키고 무장시키려는 의도였다.

이스라엘의 군대가 미스바에 모였다는 소식을 들은 블레셋 역시 군대를 이끌고 왔다. 이 전투에서 사무엘은 직접 이스라엘 사람들을 이끌고 가서 승리를 거두었다. 그리고 여호와께서 도우셨다고 하며 그곳에 돌을 세우고 '구원의 돌'이라는 뜻으로 에벤에셀(Ebenezer)이라고 이름했던 것이다. 그의 이러한 행동은 과거 드보라나 기드온과 같은 사사들이 보여주었던 전형적인 모습과 다르지 않다. 적의 침공과 위협, 위기에 빠진 이스라엘, 사사로서 백성들을 지휘하여 승리를 거두는 일련의 과정이 그렇다.

미스바의 전투가 있은 뒤에도 사무엘은 계속해서 사사로서 자신의 역할을 수행했다. 그는 매년 벧엘, 길갈, 미스바를 순회하고 자신의 집이 있는 라마로 돌아오곤 했다. 과거의 사사들 역시 이스라엘 전 지역의 리더가 아니라 자기가 거주하는 지역을 중심으로 국한해서 활동했던 것과 마찬가지로, 사무엘 역시 그의 주요 활동 무대는 대체로 베냐민과 에브라임 남부 지역이었다.

사무엘이 늙자 사람들은 그의 아들들을 사사로 삼았다. 그러나 전에 엘리와 그의 아들들에게 일어났던 것과 비슷한 상황이 다시 벌어졌다. 사무엘의 아들들은 뇌물을 취하면서 공평한 판결을 내리지 않았다. 이에 백성들의 불만은 다시 높아졌고, 그들은 사무엘을 찾아와서 '우리에게 왕을 주어 다스리게 하라'고 요구하기 시작했다. 사무엘은 만약 왕이 생길 경우 여러 가지 노역과 함께 세금도 내야 하는 등 고통이 가중될 것이라고 경계했다.

사실 그가 왕을 세우는 것에 반대를 한 것은 이스라엘의 왕은 바로 여호와 하나님이라고 생각했기 때문이다. 과거에 사사 기드온이 왕이 되어달라는 요구를 받았을 때 "내가 너희를 다스리지 아니하겠고 나의 아들도 너희를 다스리지 아니할 것이요 여호와께서 너희를 다스리시리라"(삿8:23)고 하며 거절했던 것도 그 때문이었다.

그럼에도 불구하고 이스라엘의 장로들은 '우리도 열방과 같이 되어 우리 왕이 우리를 다스리며 싸워야 한다'고 하면서 주장을 굽히지 않았다. 시대의 흐름은 더 이상 사무엘이 생각한 것과 같지 않았다. 사무엘은 여호와께 어떻게 하면 좋을지 물었고, 마침내 "그들의 말을 들어 왕을 세우라"(삼8:22)는 계시를 받기에 이르렀다. 물론 이때 여호와가 세우실 왕은 당시 블레셋이나 암몬이나 모압의 왕과 같은 그런 세속적인 군주는 아니었다. 이스라엘을 다스릴 왕은 여호와의 뜻에 순종하면서, 이집트에서 가나안으로 이끌어낸 그의 백성을 올바로 인도할 지도자이어야 했다.

사울의 즉위

이렇게 해서 처음에 왕으로 선택된 인물이 사울이었다. 사울은 베냐민 지파에 속하는 기스라는 사람의 아들이었다. 후일 베냐민 지파에 속하는 사도 바울의 본명이 사울이었다는 것도 우연이 아니라 유명한 조상의 이름을 따서 지어진 것이었다. 다만 사무엘 시대의 베냐민은 이스라엘 12지파 가운데 가장 약한 세력이었다. 사울 자신도 "나는 이스라엘 지파의 가장 작은 지파 베냐민 사람이 아니니이까 또 나의 가족은 베냐민 지파 모든 가족 중에 가장 미약하지 아니하니이까"(삼상9:21)라고 말할 정도였다.

베냐민 지파는 남쪽으로는 유다라는 강력한 지파에게 압박을 받고 북쪽으로는 에브라임과 므낫세 등과 같은 지파에게 눌리면서, 그 사이에 있는 산간지대에 의지해서 살고 있었다. 더구나 앞에서도 소개했듯이 베냐민 땅에 있는 기브아라는 곳에서 레위 지파 사람의 첩을 윤간하고 살해한 사건 때문에 베냐민 지파는 거의 멸족의 위기로까지 내몰린 적이 있었다.

이런 불리한 조건에도 불구하고 베냐민 지파 출신의 사울이 이스라엘 역사상 최초의 왕으로 추대될 수 있었던 것은 그 개인의 탁월한 능력도 중요했지만, 여호와 하나님께서 사무엘이라는 선지자를 통해서 그에게 기름부음을 허락했기 때문이었다. "이스라엘 자손 중에 그보다 더 준수한 자가 없고 키는 모든 백성보다 어깨 위만큼 더 컸더라"(삼상9:2)라는 구절이 말해주듯이 우선 수려한 외모에 장대한 신체 조건이 다른 사람을 압도했다.

그런 그가 하루는 아버지가 기르던 암나귀들이 사라져버리자 그 암나귀들을 찾으러 길을 나섰는데, 도무지 그 종적을 발견하지 못하고 헤매다가 사무엘이 머무는 산당을 찾게 되었다. 사무엘은 그가 도착하기 전에 이미 "너는 그에게 기름을 부어 내 백성 이스라엘의 지도자로 삼으라"(삼상9:16)는 여호와의 계시를 받았다. 이에 따라 그는 기름병을 취하여 사울의 머리에 붓고 여호와의 계시를 전했다.

물론 사무엘의 기름부음 그 자체가 곧 사울의 즉위를 의미하는 것은 아니었다. 그것은 하나님이 그를 '지명했다'는 사실을 나타내는 의식이었다. 사울은 자신이 그러한 자격을 갖춘 인물이라는 점을 이스라엘 백성들에게 '입증할' 필요가 있었고, 그후에야 비로소 '즉위할' 수 있는 것이었다. 그후의 사건의 전개는 바로 이러한 지명, 입증, 즉위라는 절차를 차례대로 밟아나갔음을 보여준다.

하나님은 기름부음을 받은 사울에게 '새 마음'을 주셨고, 선지자들의 무리가 그를 영접하니 하나님의 신이 그에게도 크게 임하여 예언을 하기 시작했다고 한다. 이는 사무엘이 행한 기름부음이 단지 선지자 개인의 판단이 아니라 여호와의 의지임을 보여주는 '입증'의 한 표현이라고 할 수 있다.

나아가 사무엘은 이스라엘의 각 지파에서 1,000명씩 소집한 뒤, 그들이 왕을 추대하기를 원하니 제비를 뽑아 가려보자고 제안했다. 그 제비를 뽑으니 베냐민 지파가 선발되었고 거기서 계속 제비뽑기를 한 결과 마침내 사울의 이름이 뽑혔다. 이에 모든 백성이 환호하며 새로운 왕의 출현을 알리는 만세를 외쳐 불렀다. 그러나 이 역시 공식적이고 최종적인 '즉위'는 아니었다. 사울은 외적과의 대결에서 자신의 군사적 능력을 입증해야 할 필요가 있었다.

때마침 암몬 사람들이 북쪽으로 올라와서 요르단 강 동쪽에 있던 길르앗 지방의 야베스라는 곳을 포위하고 공격하기 시작했다. 이들과 상대하기 버거웠던 길르앗 사람들은 암몬 측에 화평조약을 제안했다. 그러나 암몬의 지도자였던 나하스라는 인물은 길르앗 사람들이 오른쪽 눈을 다 뽑아버린다면, 화평을 맺겠다고 했다. 물론 도저히 받아들일 수 없는 제의였다.

그들은 사울에게 구원을 청했고, 그는 이를 외면하지 않았다. 더구나 과거 베냐민 지파가 멸족의 위기에 몰렸을 때에 살아남은 베냐민 청년 600명이 길르앗의 야베스 출신의 처녀들과 짝을 맺음으로써 종족이 극

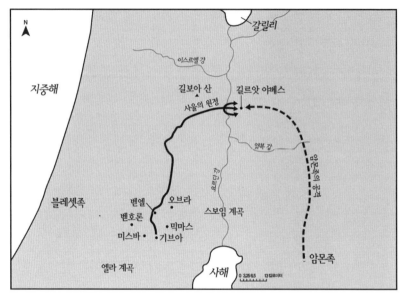

지도 16　길르앗 야베스 전투

적으로 다시 살아나게 되었다. 베냐민의 입장에서는 큰 은혜를 입은 처가족 사람들이기도 했다. 사울의 행동은 사실상 과거 사사들의 그것과 다름이 없었다. 그런 의미에서 그는 사사의 시대에서 왕정의 시대로 넘어가는 이행기의 인물이었다.

　사울은 이스라엘 사람들을 긴급하게 소집을 했다. 그는 소집된 사람들의 수를 헤아려보았다. 이스라엘 자손이 30만이요 유다 사람이 3만이었다고 한다. 사울은 이들을 세 부대로 나누어 그 다음 날 새벽에 암몬을 급습하여 대승을 거두었다. 이로써 사울은 드디어 자신이 왕의 자격을 갖추었음을 확증했고, 백성들은 마침내 길갈에 모여서 그를 왕으로 삼고 여호와께 화목제를 드렸다. 사울의 나이 40세 때의 일이었다. 이것이 사울의 공식적인 즉위이며, 이스라엘의 역사에서 비로소 왕정의 시대가 열리게 된 것이다.

믹마스의 전투

이렇게 해서 사울이 왕으로 즉위했지만, 그는 대내외적으로 무수한 문제들에 직면하게 되었고, 따라서 그의 통치는 불안정할 수밖에 없었다. 우선 내적으로는 소수 세력인 베냐민 지파 출신으로서 다른 지파들을 장악하는 데에 어려움이 있었는데, 특히 남쪽에 있는 유다 지파의 세력이 강고했다. 유다 지파는 사울의 왕권적 지배에 대해서 불만을 표출하기 시작했고, 그것은 결국 그 지파 출신인 다윗이라는 인물을 통해서 결집되었다.

한편 외적으로는 암몬과 아말렉은 물론이지만 무엇보다 블레셋의 위협이 너무 심각했다. 사울은 재위 도중에 블레셋과 세 차례의 큰 전투를 벌였다. 첫 번째는 믹마스의 전투였고, 두 번째는 엘라 계곡의 전투였고, 세 번째가 길보아 산의 전투였다. 첫 번째 전투에서는 사울의 아들 요나단의 분전으로 승리를 거두었고, 두 번째 전투에서는 다윗이 등장하여 골리앗을 죽임으로써 승리를 거두었으며, 마지막 세 번째 전투에서는 패배하여 사울과 아들들이 몰살을 당했다.

두 번째 전투 이후 인기가 급상승하기 시작한 다윗을 시기하여 그를 죽이려고 하면서 유다 지파와의 갈등이 심각한 국면으로 발전했고, 그것은 결국 세 번째 전투의 패배를 가져온 하나의 중요한 요인이 되었다. 그러면 이제 그가 맞닥뜨렸던 내외의 문제, 즉 내적으로는 다윗과의 충돌, 외적으로는 블레셋과의 대결이라는 두 가지 측면을 중심으로 그의 통치기의 중요한 사건들을 살펴보도록 하자.

사울은 즉위한 지 2년째 되던 해에 군대를 재편성하여 모두 3,000명의 병력, 즉 3개의 천인대만 남기고 나머지는 모두 각자의 집으로 돌려보냈다. 길르앗 야베스를 칠 때 수십만이 모였다고 했지만, 그것은 각 지파에서 소집된 일시적인 병력에 불과한 것이었다. 사울이 왕으로서 보유한 상비 병력은 불과 3개의 천인대가 전부였다. 사실 왕이라고 해도 그를 보좌하는 고도로 발달된 행정 조직이 있었던 것도 아니고, 견고한 성채로 이루어진 도읍이 있었던 것도 아니었다. 길르앗 주민들이 암몬의 공격을 받고 위급해져 그에게 구원을 요청하러 왔을 때에도, 사울은 마침 "밭에서 소를 몰고 오다가"(삼상11:5) 그들을 만났던 것이다. 말이 왕이지 한 지방의 수령 정도에 불과했다고 할 수 있다.

당시 사울 자신은 2개의 천인대를 거느리고 믹마스와 벧엘 산에 주둔하고 있었고, 나머지 1개의 천인대는 아들 요나단에게 주어 베냐민 땅의 기브아에 주둔하도록 했다. 즉 북방은 사울이, 남방은 아들 요나단이 책임지고 있었던 것이다. 그런데 그때 블레셋인들이 쳐들어오기 시작했다. 그들은 병거 3만 대와 마병 6,000명을 앞세우고 있었고, 일반 보병의 숫자는 "해변의 모래같이" 많았다고 한다. 그들은 벧아웬을 지나 그 동쪽에 있는 믹마스라는 곳에 진을 쳤다. 이들의 공격에 놀란 이스라엘 사람들은 산 속의 굴이나 숲으로 도망가기도 하고 요르단 강을 건너 피신하기도 했다.

구원 요청을 받은 사울은 자신이 보유한 병력만으로는 도저히 맞설 수 없다고 판단했고, 그래서 그는 일단 동쪽의 길갈로 향했다. 거기서 이스라엘의 병력을 소집한 뒤 서쪽으로 진군하여 맞설 생각이었다. 각지에서 사람들이 모여들었다. 그런데 약속한 날이 일주일이나 지났는데도 사무엘이 오지 않자 사람들은 지쳐서 흩어지기 시작했다. 더 이상 늦출 수 없다고 판단한 사울은 출정을 준비하기 위해서 자신이 직접 번제를 드렸다. 번제를 막 마쳤을 때 사무엘이 도착했고 그는 "왕이 망령되이 행하였도다"(삼13:13)라고 하면서, "왕의 나라가 길지 못할 것이라"(삼13:14)는 불길한 예언을 했다. 물론 이것은 사울이 사무엘이 행해야 할 제사장의 직분을 자기 마음대로 처리한 것에 대한 비판이다. 사울 역시 비록 왕으로 추대되기는 했지만, 과거 사사 시대에 존재했던 제정일치의 습속이 완전히 사라지지 않아서 자신이 직접 제사를 주관했던 것 같다. 즉 사울은 왕이면서 동시에 여호와의 제사장인 사무엘의 역할까지 자기가 해버렸으니, 이것이 여호와의 분노를 산 것이었다.

이미 상당수 병력이 일주일 동안 기다리는 사이에 지쳐서 집으로 돌아가버렸고, 뒤늦게 나타난 사무엘마저 사울을 비난한 뒤 베냐민 땅의 기브아로 가버렸으니, 블레셋인들에 대항해서 싸울 만한 충분한 군대도, 사기도 남아 있지 않게 되었다. 사울이 그곳에 남은 군대를 계수해보니 600명에 불과했다. 더구나 철제 무기의 보급이 거의 되지 않은 상황이었기 때문에 창과 칼과 같은 무기를 지닌 사람은 사울과 요나단뿐이었다. 그러나 블레셋인들은 이미 본대와는 별도로 3개의 약탈대를 편성하여, 북쪽의 오브라, 서쪽의 벧호른, 동쪽의 스보임 골짜기로 파견하여 넓은 지역을 유린하기 시작했다.

사울은 블레셋 군대가 진을 치고 있던 믹마스의 맞은편에 있는 게바라는 곳에 병력을 주둔시켰다. 마침 블레셋의 한 전초부대가 믹마스에서 나와 그 어귀까지 진출했다. 이를 본 요나단은 자신의 무기를 든 소

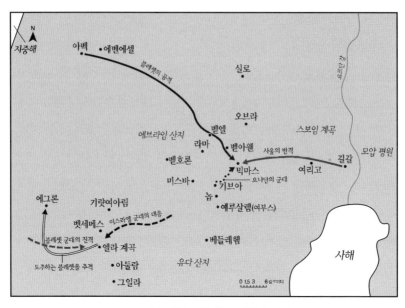

지도 17   믹마스와 엘라 계곡의 전투

년과 함께 그들이 있는 곳 앞에까지 가서, 가파른 암벽을 오르면서 블레 셋인들을 하나씩 거꾸러뜨렸다. 그가 그 부근에서 20명 정도를 도륙하 자 블레셋 진영에 있던 사람들은 놀라서 두려움에 떨었고, 그때 마침 땅이 흔들리며 지진이 일어났다. 블레셋 병사들은 혼비백산하여 도망치 기 시작했고, 산지에 숨어 있던 이스라엘 사람들도 그제야 나와서 적을 추격하기 시작했다.

믹마스의 전투는 사실상 사울보다는 그의 아들 요나단의 분전에 힘입 어 승리를 거둔 것이었다. 뿐만 아니라 사울은 적과의 대치상황에서 결 정적인 실수를 범하여 아군을 위험에 빠뜨리기까지 했다. 그는 도망가 는 적을 추격하던 이스라엘 군인들에게 자신이 직접 복수를 할 때까지 아무것도 먹지 말라고 지시했다. 그래서 그들은 숲 속에서 땅에 꿀이 있는 것을 보고도 먹지 못했고, 따라서 극도의 피로와 허기를 느낄 수밖에 없게 된 것이다.

반면에 아버지의 지시를 듣지 못한 요나단은 그 꿀을 찍어 먹고 기력을 회복하고 눈이 밝아졌다. 그는 "내 아버지께서 이 땅을 곤란하게 하셨도다 보라 내가 이 꿀 조금을 맛보고도 내 눈이 이렇게 밝아졌거든 하물며 백성이 오늘 그 대적에게서 탈취하여 얻은 것을 임의로 먹었더라면 블레셋 사람을 살륙함이 더욱 많지 아니하였겠느냐"(삼상14:29-30)라고 하면서 불만을 터뜨렸다.

이처럼 믹마스의 전투에 관한 성경의 묘사는 사울의 앞길이 그리 순탄치만은 않았음을 암시하고 있다. 전투가 벌어지기 전에는 자신의 직분을 넘어서 직접 번제를 올림으로써 그에게 기름을 부어준 사무엘의 질책을 받더니, 전투가 실제로 벌어지자 막상 적군의 허를 찔러 승리에 결정적인 기여를 한 장본인은 사울 자신이 아니라 그의 아들 요나단이었다. 더군다나 전투가 승리로 끝나고 적을 추격하게 되자 이번에는 자신이 공적을 세우겠다고 허기진 군인들에게 먹지도 못하게 했던 것이다. 후일 사울이 다윗을 죽이려고 광분할 때, 요나단은 아버지가 아니라 오히려 다윗을 은밀하게 도왔는데, 부자간의 신뢰 관계는 이미 믹마스 전투 때부터 금이 가기 시작했다고 볼 수 있다.

아무튼 이러한 우여곡절이 있기는 했지만, 믹마스의 승리에 힘입어 즉위한 지 얼마 되지 않아 아직 권력의 기초가 취약했던 사울은 큰 힘을 얻게 되었다. 이어서 그는 모압, 암몬, 에돔, 소바, 블레셋 등과 전쟁을 했고 "향하는 곳마다 이기었고," 나아가 남방의 아말렉에 대해서도 공격을 감행했다. 아말렉은 이스라엘 백성들이 출애굽할 당시 그 길을 가로

막고 방해했기 때문에, 여호와는 사울에게 그들을 쳐서 "그들의 모든 소유를 남기지 말고 진멸하되 남녀와 소아와 젖 먹는 아이와 우양과 낙타와 나귀를 죽이라"(삼상15:3)고 명령했다. 즉 과거 여호수아가 가나안의 도시들을 정복할 때처럼 아말렉을 '헤렘'으로 바치라는 것이었다.

사울은 모두 21만 명의 병력을 모아서 남방으로 내려가 "하윌라에서 애굽 앞 술에 이르기까지" 아말렉을 쳤다. 그런데 여기서 사울은 다시 한번 결정적인 실수를 저지르고 말았다. 즉 아말렉 왕 아각을 죽이지 않고 생포했을 뿐만 아니라 우양(牛羊) 가운데 좋은 것 기름진 것을 진멸하지 않고 남겨서 자신들이 취했던 것이다. 이전에 여리고를 함락한 뒤 아간이 범한 죄를 다시 되풀이한 셈이었다. 그러자 여호와는 사무엘에게 임하여 "내가 사울을 왕으로 세운 것을 후회"(삼상15:11)한다고 했고, 사무엘은 사울에게 "어찌하여 왕이 여호와의 목소리를 청종(聽從)하지 아니하고 탈취하기에만 급하여"(삼상15:19) 악을 행했느냐고 준열하게 비판했다. 이어 그는 "순종이 제사보다 낫고 듣는 것이 숫양의 기름보다 낫다"(삼상15:22)고 하면서 여호와께서 왕을 버려 왕이 되지 못하게 했다는 최후 통첩을 선포한 뒤에 떠나가버렸다.

사울은 자신의 잘못을 후회하며 떠나는 사무엘을 붙잡는 바람에 그의 겉옷자락이 찢어져 버렸다. 사무엘은 개의치 않고 그대로 떠나서 라마로 올라갔고, 사울은 기브아의 자기 거처로 돌아가버렸다. 사무엘은 죽는 날까지 사울을 다시 보지 않았기 때문에, 그것이 두 사람의 관계의 마지막이었던 것이다.

다윗과 골리앗

사무엘은 얼마 지나지 않아 새로운 왕을 찾아 기름을 부으라는 여호와의 계시를 받게 된다. 그러나 사무엘의 입장에서는 현재 왕으로 군림하고 있는 사울이 있는데, 또다른 사람에게 기름을 부어 새로운 왕으로 추대한다는 것은 지극히 위험한 일이었다. 그가 "내가 어찌 갈 수 있으리이까 사울이 들으면 나를 죽이리이다"(삼상16:2)라고 하면서 걱정한 것은 당연했다. 그래서 그는 여호와의 명에 따라 유다 지파의 땅인 베들레헴으로 향하면서 암송아지를 끌고 갔다. 제사를 드린다는 거짓 소문을 퍼뜨리고 그곳에 사는 이새와 그의 아들들을 오게 했던 것이다. 그것은 모두 사울이 눈치채지 못하게 하기 위한 위장전술이었다.

사무엘은 먼저 이새의 큰 아들을 보고는 그에게 기름을 부으려고 했다. 그러나 여호와는 그에게 "그 용모와 키를 보지 말라. ……사람은 외모를 보거니와 나 여호와는 중심을 보느니라"(삼상16:7)고 하면서 다른 아들들을 더 찾아보게 했다. 이렇게 해서 일곱 아들들이 모두 앞을 지나간 뒤에 밖에서 양을 치던 말째 다윗을 데리고 왔다. 그는 얼굴빛이 붉고 눈이 빼어났으며 준수한 용모의 청년이었다. 여호와의 계시를 받은 사무엘은 양각으로 만든 뿔로 기름을 그에게 부었다.

다윗이 기름부음을 받은 것은 사울이 그러했듯이 하나님이 그를 선택했기 때문이었다. 사울이 12지파 가운데 가장 힘이 약한 베냐민 지파에 속했던 것처럼, 다윗은 이새의 일곱 형제들 가운데서도 가장 어린 막내 아들이었다. 하나님이 보시는 "중심"은 이처럼 우리들이 보는 것과는 전혀 다른 경우가 많았다.

다윗은 기름부음을 받은 바로 그날 이후로 "여호와의 영에게 크게 감동"(삼상16:13)을 받았다. 그러나 이와는 대조적으로 사울에게서는 여호와의 축복이 떠나갔고, 오히려 하나님이 부리는 악신으로 정신적 고통과 번뇌가 끊이지 않게 되었다. 그래서 신하들은 수금을 잘 타는 사람을 찾아서 그를 위무(慰撫)하는 방책을 생각하고, 마침 수금만 잘 타는 것이 아니라 "용기와 부용과 구변이 있는 준수한"(삼상16:18) 다윗을 불러들였다. 다윗은 사울이 악신으로 인하여 번뇌를 당할 때마다 수금을 탔고 그러면 사울에게서 악신은 떠나가고 기분이 상쾌해졌다. 사울은 다윗을 총애하게 되었고, 그에게 자신의 무기를 들고 다니면서 시종을 드는 임무를 맡겼다.

그때 마침 블레셋인들이 군대를 몰고 와서 에베스담밈이라는 곳에 진을 쳤다. 베들레헴에서 서쪽으로 20킬로미터 가량 떨어진 곳이다. 사울이 이끄는 이스라엘 군대는 그들을 맞아 그 맞은편에 있는 산에 포진했는데, 양측 군대 사이에는 엘라라는 계곡이 가로놓여 있었다. 여기서 사울 치세의 두번째 회전이 벌어졌는데, 바로 이때 그 유명한 다윗과 골리앗의 대결이 이루어졌던 것이다.

골리앗은 가드라는 도시 출신의 장수로 키가 여섯 규빗 한 뼘이라고 했으니, 3미터에 달하는 셈이다. 그런데 그리스어 성경에는 그의 키가 네 규빗 한 뼘으로 되어 있어 이를 계산하면 2미터에 해당되기 때문에, 그것이 보다 사실에 가까울 것이라고 보는 학자들도 있다. 또한 머리에는 놋쇠 투구를 쓰고 몸에는 미늘(비늘) 갑옷을 입었는데, 그 갑옷의 무게가 57킬로그램에 달했으며, 그가 든 창날의 무게만 해도 7킬로그램이었다고 한다. 그는 이스라엘 진영을 향해서 만약 그들이 자기를 죽이면 블레셋이 종이 되겠고, 만약 자기가 이기면 이스라엘이 종이 되도록 하라며 소리를 질러댔다. 그러기를 40일이 지났다.

그때 다윗은 들에서 아버지의 양을 치고 있었다. 그의 나이가 아직 20세가 되지 않아 전사로 등록되지 않았기 때문에 전투에 징발되지 않은 것 같다. 그의 아버지는 다윗을 불러 전쟁터에 간 형들에게 줄 음식을 챙겨서 가져다주라고 했다. 그가 엘라 계곡에 도착했을 때 마침 골리앗이 이스라엘을 능욕하는 말을 퍼붓고 있었고, 이를 들은 다윗은 자기가 직접 나가서 싸우겠다고 자원한 것이다.

미더워하지 않는 이스라엘군을 뒤로 하고 앞으로 나간 다윗은 골리앗을 향해 "너는 칼과 창과 단창으로 내게 나아 오거니와 나는 만군의 여호와의 이름 곧 네가 모욕하는 이스라엘 군대의 하나님의 이름으로 네게 나아가노라……전쟁은 여호와께 속한 것인즉 그가 너희를 우리 손에 넘기시리라"(삼상17:45-47)고 하면서 돌진했다. 물론 그 결과가 어찌되었는지는 우리 모두가 다 아는 바이다. 그런데 흔히 이 두 사람의 대결을 거인과 소년 사이에 벌어진 싸움처럼 생각하지만, 성경의 내용을 자세히 보면 반드시 그런 것만은 아니었다.

다윗은 골리앗과 싸우겠다는 자신의 제안을 가소롭게 여기던 사울에게 자기 입으로 "아버지의 양을 지킬 때에 사자나 곰이 와서 양 떼에서 새끼를 물어가면 내가 따라가서 그것을 치고 그 입에서 새끼를 건져내었고 그것이 일어나 나를 해하고자 하면 내가 그 수염을 잡고 그것을 쳐죽였나이다"(삼상17:34-35)라고 한 것처럼 대단한 담력과 괴력의 소유자였다.

그리고 그가 골리앗을 쓰러뜨릴 때 사용한 무기인 물맷돌(팔맷돌)은 당시 전투에서 자주 사용되던 것이었고, 과거 베냐민 지파가 다른 지파들과 싸울 때에도 700명의 물매잡이(팔매잡이)들이 전면에 포진되었던 예가 있었다. 다윗이 그런 부대의 일원이었다는 기록은 없지만, 적어도 양떼를 치면서 도적이나 야수들의 공격을 막아내기 위해 물맷돌을 던지는 연습을 많이 했을 것이다. 과연 그가 던진 돌은 정확하게 골리앗의 이마에 박혔던 것이다.

다윗이 쓰러진 골리앗의 칼집에서 칼을 빼내어 그의 머리를 베니 블레셋 사람들은 모두 놀라서 도망치기 시작했다. 이스라엘과 유다 사람들은 그들을 추격하여 에그론 성문까지 갔고, 도중에 수많은 사람들을 죽이고 돌아와서는 그들이 묵었던 진영을 노략질했다. 다윗의 용맹을 목격한 사울의 아들 요나단은 그와 의기투합하게 되었고 "그를 자기 생명같이 사랑"하게 되었다. 반면 다윗의 성공은 곧 사울의 시기와 노여움을 불러일으키는 계기가 되었다. 처음에 사울은 다윗의 공로를 높이 사서 그를 군대의 장으로 삼았지만, 군대가 개선하여 돌아오는데 사람들이 "사울이 죽인 자는 천천이요 다윗은 만만이로다"(삼상18:7)라고 노래하면서 다윗의 공을 더 높이 치켜세웠기 때문이었다.

사울과 다윗

사실상 사울과 다윗 사이에 왕권과 생명을 건 극한의 대결은 처음부터 피할 수 없는 것이었다. 두 사람이 안고 있는 숙명적인 갈등의 근원은 첫째 여호와 하나님의 도우심이 사울에서 다윗으로 옮겨간 것이요, 둘째는 베냐민 지파 출신인 사울의 통치에 대해서 다윗이 속한 유다 지파는 반발하고 있었기 때문이었다. 이 두 가지 요인은 해결되기 어려운 것이었기 때문에 사울과 다윗 사이의 대립은 결국 어느 한 사람의 파멸과 죽음으로 끝나는 것 이외에 다른 가능성은 없었다.

어느 날 사울에게 악신이 내리자 예전처럼 다윗을 불러서 수금을 타게 했는데, 마침 사울의 손에 창이 들려져 있어 그는 다윗을 향해서 그것을 힘껏 던졌다. 다윗은 그것을 두 번이나 용케 피했다. 온전한 정신으로 돌아온 사울은 다윗을 자기 옆에서 떠나게 하여 천부장으로 삼았다. 다윗을 향한 사울의 입장은 애정과 증오, 후원과 살의가 뒤섞인 매우 착잡한 것이었다. 다윗 역시 사울에 대해서 주군에 대한 경의와 함께 자신을 언제 죽일지도 모른다는 공포를 동시에 느끼고 있었다. 두 사람의 감정이 이처럼 기묘하게 교차하고, 서로 필사적으로 쫓고 쫓기는 가운데 여러 가지 사건들이 벌어지게 된다.

다윗은 사울을 피해 궁정 밖에서 지내게 되면서 오히려 백성들과 가깝게 만나는 날이 더 많아졌고 따라서 그의 인기는 날로 높아져갔다. 마침내 "온 이스라엘과 유다"가 다윗을 사랑하게 되었으니 사울로서는 그를 제거할 또다른 방도를 강구해야 했다. 마침 그의 딸 미갈이 다윗을 사랑했는데, 이를 미끼로 그를 죽이려고 했다. 그래서 다윗에게 블레셋 사람의 양피 100개를 가지고 오면, 미갈을 아내로 주겠다고 약속을 했다. 그런데 다윗은 블레셋 사람 200명을 죽이고 그 양피를 가지고 왔다. 사울은 약속한 대로 미갈을 다윗에게 줄 수밖에 없었다.

다윗이 자신의 사위가 되어 다시 자신의 거처에 출입하게 되자 그에 대한 사울의 미움은 더욱 커져갔다. 그는 아들 요나단과 신하들에게 다윗을 죽이라고 명령했지만, 요나단은 오히려 다윗에게 아버지의 의도를 알려주고 은밀한 곳에 숨으라고 귀띔을 해주었다. 하루는 사울이 또다시 단창으로 다윗을 벽에 박으려고 했다. 그가 용케 피하기는 했지만, 더 이상 그곳에 머무를 수 없게 되었다.

남편이 아버지의 손에 죽임을 당하는 것을 차마 볼 수 없었던 미갈은 다윗을 창문으로 매달아 도망치게 했다. 그녀는 드라빔 우상에 옷을 입히고 그 머리에는 염소 털로 엮은 것을 씌워서 침상에 눕혀 놓았다. 다윗을 수색하러 그녀의 침실에 들어온 사울의 부하들은 다윗이 침대에 누워 있는 것으로 착각하게 되었다. 이로써 그녀는 다윗이 도망할 수 있는 시간을 벌어주었다. 이 일화는 물론 왕이 되기 전 다윗의 고난을 설명하기 위해서 삽입된 것이지만, 미갈이 우상을 소지하고 있다는 사실을 통해 우리는 당시의 우상숭배가 얼마나 뿌리 깊게 퍼져 있었는가 하는 것도 알 수 있다.

이때부터 다윗은 사울이 죽을 때까지 계속해서 도망을 다닐 수밖에 없었다. 그의 발길은 요르단 강 동쪽의 모압 땅에서부터 남쪽의 네게브 광야, 사해 서쪽의 엔게디 산지에서 엘라 계곡 부근의 아둘람 동굴까지 미쳤고, 심지어 블레셋의 왕에게 망명하여 생명을 부지하기도 했다. 사울은 이렇게 도망다니는 다윗을 잡기 위해서 동분서주하다가 결국 내정을 그르치고 나라의 혼란만 더 깊게 만들었다. 이 두 사람이 쫓고 쫓기는 그야말로 숨막히는 추격전이 어떻게 벌어졌는지 잠깐 살펴보도록 하자.

'도망자' 다윗

사울이 머물던 기브아를 탈출한 다윗은 먼저 선지자 사무엘이 있던 라

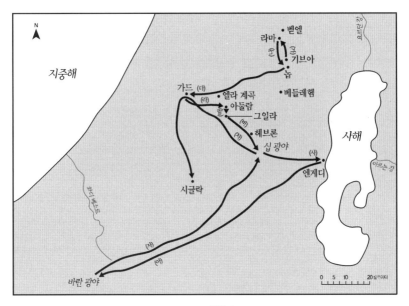

지도 18 다윗의 도주

(가) 사무엘이 있는 라마로 도주함 (나) 제사장 아히멜렉이 있는 놉으로 피신함 (다) 블레셋 지방으로 도주함 (라) 아둘람으로 도주함 (마) 그일라를 습격한 블레셋을 패퇴시킴 (바) 십 광야로 은신함 (사) 엔게디 동굴에 숨었다가 사울과 만남 (아) 바란 광야로 도피, 아비가일의 도움을 받음 (자) 다시 십 광야로 갔다가 사울을 만남 (차) 가드의 군주의 도움으로 시글락 지방 통치를 위탁받음

마로 갔다. 라마는 기브아에서 북쪽으로 불과 3킬로미터 밖에 떨어지지 않은 곳이었다. 다윗은 그곳에서 사무엘과 잠시 기거를 같이했지만, 사울은 그의 소식을 듣고 요나단과 함께 그를 잡으러 왔다. 그러나 요나단은 다윗을 은밀하게 만나 만약 자기 아버지가 그를 정말로 죽이려고 한다면, 자기가 화살을 쏴서 신호로 알리겠노라고 약속했다. 사흘 뒤 드디어 사울의 분명한 살의를 확인한 요나단은 약속한 대로 화살을 다윗의 등 뒤로까지 날아가도록 멀리 쏘아서 다윗에게 그 사실을 알렸고, 요나

단은 데리고 있던 아이를 돌려보낸 뒤에 그곳에 나타난 다윗과 서로 입맞추고 같이 울면서 이별을 했다.

요나단과 다윗은 사실상 운명적으로 친구가 되기 어려운 사이였다. 요나단의 입장에서 볼 때 다윗은 자신의 왕위 세습을 위협하는 존재였고, 다윗의 입장에서 볼 때 요나단은 자기를 죽이려는 사울의 큰 아들이었기 때문이다. 그럼에도 불구하고 두 사람의 돈독한 우정이 묘사된 부분은 상당히 문학적인 흥취가 짙게 배어 있다.

라마를 탈출한 다윗은 거기서 남쪽으로 얼마 떨어지지 않은 곳에 있는 놉으로 갔다. 그곳의 제사장 아히멜렉을 찾아서 자기와 함께 동행했던 소년들에게 줄 음식을 구했다. 아히멜렉은 과거 제사장 엘리의 아들인 비느하스의 아들 아히둡의 아들이었다. 그는 엘리의 증손자였던 셈이다. 다윗은 자신과 자신을 따르던 무리들을 위한 먹을 것을 얻기 위해서 거짓말을 했다. 즉 자신은 사울의 특별하고 비밀스러운 명령을 수행중이라고 아히멜렉을 속인 것이다.

이 말을 믿은 아히멜렉은 제단에 바쳤다가 물려낸 성스러운 떡을 그들에게 주었다. 뿐만 아니라 그는 골리앗이 가지고 있던 칼을 보관하고 있었는데 그것도 다윗에게 건넸다. 그러나 여전히 사울이 있는 곳에서 너무 가까웠기 때문에 다윗은 거기서 블레셋의 도시 가드로 도망쳤다. 나중에 사울은 아히멜렉이 다윗 일행을 도운 사실을 알고 그들을 소환해서 그의 일족을 모두 죽이고, 세마포로 만든 에봇을 입은 자 즉 사제들 85명을 처형했으며, 놉의 남녀노소와 심지어 가축들까지 모두 도륙하고 말았다. 과거 엘리의 두 아들이 죄를 범했기 때문에 하나님이 그의 집안에 내린 저주가 실현된 것이다.

사울의 의심과 광기가 이제는 통제불능의 상태로 발전하고 있었다. 따라서 그의 지배에 대한 불안과 불만도 고조될 수밖에 없었다. 다윗은 일단 급한 대로 블레셋의 땅으로 가기는 했지만, 그곳 역시 위험하기는 마찬가지였다. 블레셋 사람들의 의심을 사지 않기 위해서 일부러 미친 척하기도 했지만, 결국은 그곳에 머무르지 못하고 아둘람이라는 곳에 은신처를 마련했다. 이후 다윗은 자신의 은신처로 주로 유다 산지를 이용했다. 그곳은 험준한 지형으로 둘러싸여 있어 접근이 용이하지 않았을 뿐 아니라, 다윗이 유다 지파 출신이기 때문에 현지 주민들의 지원도 받을 수 있었기 때문이다.

그가 유다 지역으로 왔다는 소식을 들은 가족들도 그곳으로 와서 합류했고, 그와 뜻을 같이하는 무리들도 모여들어 400명 정도의 집단이 형성되었다. 과거 믹마스의 전투 때에 사울 휘하의 병력이 600명이었다는 것을 생각하면, 그것은 결코 작은 세력이 아니었다.

마침 그 때 블레셋 사람들이 아둘람에서 남쪽으로 불과 4킬로미터 정도밖에 떨어지지 않은 그일라를 침략해서 약탈했다는 소식이 들려오자, 다윗은 일행을 이끌고 그일라로 가서 그곳의 블레셋 인들을 크게 도륙했다. 그 소문이 유다 주민들 사이에 널리 퍼진 것은 당연한 일이었다. 그런데 사울이 이 소식을 듣고 많은 군대를 데리고 그를 잡으러 왔다.

다윗은 이제 600명 규모로 늘어난 일행을 데리고 다시 그곳을 떠나 동남쪽으로 내려가 십 광야로 가서 숨었다. 그뒤에 다윗은 다시 사해 서쪽 연안에 위치한 엔게디로 가서 그곳의 동굴 속으로 숨어 들어갔다. 이때 그가 여호와께서 적으로부터 자신을 보호해주심에 감사를 드리며 부른 노래가 저 유명한 시편 57편으로 남아 있다.

하나님이여 주는 하늘 위에 높이 들리시며 주의 영광이 온 세계 위에 높아
지기를 원하나이다
그들이 내 걸음을 막으려고 그물을 준비하였으니 내 영혼이 억울하도다 그
들이 내 앞에 웅덩이를 팠으나 자기들이 그중에 빠졌도다
하나님이여 내 마음이 확정되었고 내 마음이 확정되었사오니 내가 노래하
고 내가 찬송하리이다
내 영광아 깰지어다 비파야, 수금아, 깰지어다 내가 새벽을 깨우리로다
주여 내가 만민 중에서 주께 감사하오며 뭇 나라 중에서 주를 찬송하리이다
무릇 주의 인자는 커서 하늘에 미치고 주의 진리는 궁창에 이르나이다
하나님이여 주는 하늘 위에 높이 들리시며 주의 영광이 온 세계 위에 높아
지기를 원하나이다(시57:5-11)

'추격자' 사울

사울은 병사 3,000명을 데리고 다윗을 추격하여 엔게디로 갔다. 그리고
수색을 하다가 지쳐서 휴식을 취하기 위하여 한 동굴로 들어갔는데, 공
교롭게도 그곳은 바로 다윗이 숨어 있던 동굴이었다. 다윗은 더 깊은
곳으로 들어가 숨어 있다가 사울이 잠에 빠진 것을 확인한 뒤, 그를 죽
이지는 않고 다만 그의 겉옷자락만 잘라서 굴 밖으로 나왔다. 주위에서
는 그를 죽이라고 했지만, 그는 "여호와의 기름 부음을 받은 내 주를
치는 것은 여호와께서 금하시는 것"(삼상24:6)이라고 하면서 거부했던
것이다. 사울과 다윗이 한 동굴 안에 있다가 벌어진 이 이야기는 단순한
우연적인 사건이라기보다는 유다 지역의 지형을 잘 아는 다윗과 그렇지

못한 사울의 처지를 보여주는 흥미로운 일화라고 할 수 있다.

굴에서 빠져 나온 다윗은 밖에서 사울에게 "내 주 왕이여"라고 소리치니, 사울이 이 소리를 듣고 그를 돌아보았다. 다윗은 그에게 엎드려 절하며 자기가 자른 옷자락을 보이면서, 왜 무고한 자기를 해하려고 하느냐고 탄원했다. 이에 사울은 "내 아들 다윗아 이것이 네 목소리냐"라고 하면서 "나는 너를 학대하되 너는 나를 선대하니 너는 나보다 의롭도다"(삼상24:16-17)고 했다. 다윗에 대한 사울의 애증의 감정이 잘 드러나는 문학적인 냄새가 물씬 나는 장면이라고 할 수 있다.

선지자 사무엘이 죽은 것도 바로 그 무렵이었다. 다윗은 엔게디 광야를 떠나 바란 광야로 갔다. 이곳은 출애굽 당시에 이스라엘 사람들이 거쳐온 시나이 반도에 있는 같은 이름의 사막이 아니라 유다 남부의 광야를 가리킨다. 다윗이 그곳에 갔을 때 마침 많은 양과 염소를 기르던 나발이라는 이름의 부자가 있었다. 다윗은 자기 일행에게 약간의 식량을 달라고 그에게 청했으나, 그는 이를 단호히 거절했다. '어리석다'는 뜻을 지닌 나발(Nabal)이라는 그의 이름처럼 그는 "완고하고 행실이 악한" 인물이었다.

반면에 그의 아내 아비가일은 "총명하고 용모가 아름다운" 여인이었다. 그녀는 급히 떡과 포도주와 양고기 및 곡식 그리고 건포도와 무화과 등을 잔뜩 싣고 와서 다윗에게 주었다. 다윗의 휘하에는 600명에 이르는 청년 전사들이 있었기 때문에 남편의 완고한 태도로 인하여 화가 남편에게 미칠까 염려했기 때문이었다. 그런데 나발이 그로부터 열흘 뒤에 갑자기 사망하자, 다윗은 아비가일의 영특함을 생각하여 그녀를 자기 아내로 맞아들였다.

다윗은 거기서 다시 옮겨 십 광야로 갔다. 그러나 그곳의 주민들은 사울에게 다윗이 은신하고 있다는 사실을 알려주었고, 사울은 다시 그를 잡으러 남행했다. 다윗은 사울이 광야에 진을 치고 그 안에서 잠이 들었을 때 부하 한 사람과 함께 진중으로 들어갔다. 잠에 빠져 있는 사울을 보고 다시 한번 그를 창으로 찔러 죽이라는 부하의 권유를 뿌리친 뒤 사울의 머리 곁에 있는 창과 물병만 가지고 나왔다. 이번에도 뒤늦게 사실을 알게 된 사울은 "내가 범죄하였도다 내 아들 다윗아 돌아오라" (삼상26:21)고 하며 통한의 눈물을 흘렸다. 그러나 그의 후회는 일시적인 것에 불과했다.

다윗은 사울의 목숨을 빼앗을 두 번의 기회를 그냥 지나치게 했다. 물론 그 명분은 하나님의 기름 부으심을 받은 사람을 자기가 어찌 마음대로 죽일 수 있느냐는 것이었다. 그런데 처음에 엔게디의 동굴에서의 상황과 이번에 십 광야에서의 상황은 외견상으로는 비슷하지만, 한 가지 차이가 있다. 엔게디에서는 도망치는 다윗이 동굴에 숨어 있을 때 사울이 그 안으로 들어와 쉬다가 벌어진 일이었다. 다윗은 자칫 목숨을 잃을 뻔한 상황이었다. 그러나 이번에는 다윗이 먼저 사울이 있는 캠프로 들어가서 그의 무기를 들고 나온 것이다. 수세에서 공세로의 전환이 이루어진 셈이며, 상황을 주도하는 쪽은 사울이 아니라 다윗임이 드러나는 대목이다.

그럼에도 불구하고 사울을 죽일 수 없었던 다윗은 더 이상 유다 땅에서 숨어 지내기가 힘들어졌다. 그래서 그는 결국 블레셋 사람의 땅으로 피신하는 것이 상책이라고 판단하게 되었다. 다윗은 휘하의 600명과 함께 블레셋인들의 도시인 가드로 갔다. 그곳의 지배자인 아기스라는 인물이 다윗에게 남쪽에 있는 시글락이라는 도시를 맡기고 통치하도록 했다.

다윗은 그곳에서 1년 4개월간을 머물면서 그 남쪽에 있는 아말렉인들에 대한 공격을 감행함으로써 그들이 번번히 약탈하러 오는 것을 막았다. 그러나 다윗은 아기스에게 자기가 유다 지방을 약탈해서 사람들을 살육했다고 거짓말을 했고, 아기스는 이를 믿고 다윗이 동족들에게 미움을 사게 되었으니 이제는 자기가 시키는 대로 할 수밖에 없을 것이라고 생각했다.

사울의 최후

이때 마침 블레셋인들의 새로운 침공이 시작되었다. 블레셋 여러 도시의 수령들은 연합군을 결성하여 북쪽으로 올라와 이스르엘 계곡에 위치한 수넴에 도착하여 그곳에 진을 쳤다. 다윗도 가드의 지배자 아기스와 함께 길보아 산까지 왔고, 이제는 블레셋 군대의 일부가 되어 동족 이스라엘과 싸우지 않으면 안 되는 처지가 되었다. 그런데 마침 그곳에 모인 블레셋의 방백들이 사울의 신하 다윗을 어떻게 믿고 싸움에 내보내겠느냐고 반대하여, 결국 그는 진중에서 떠나 다시 돌아갔다.

마침 그때 아말렉 사람들이 시글락을 침략하여 노략질하고 아비가일까지 끌고 갔기 때문에, 다윗은 600명과 함께 아말렉을 급습하여 그들을 도륙하고 아비가일은 물론 노략질당한 것들을 모두 되찾아 돌아왔다. 그리고 그는 약탈물들을 인근에 있는 유다 지파의 장로들에게는 물론이지만, 북쪽으로는 벧엘에서부터 남쪽으로 헤브론에 이르기까지의

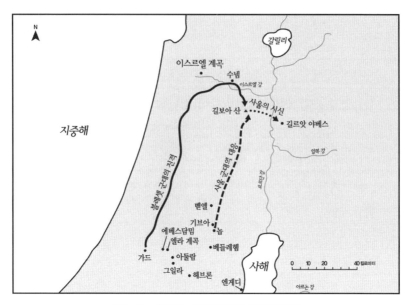

지도 19 길보아 산의 전투와 사울의 최후

거주민들에게 모두 나누어주었다. 이는 다윗의 명망이 유다뿐만 아니라 베냐민과 에브라임 지역에까지 널리 퍼지는 계기가 되었다.

한편 사울은 수넴에 진을 친 블레셋 군대의 맞은편 길보아 산에 군대를 배치했다. 이렇게 해서 사울의 세 번째이자 마지막이 된 길보아 전투가 벌어지게 된 것이다. 과거 두 차례 블레셋과의 싸움에서 승리를 거둔 사울이었지만, 이번에는 못내 불길한 예감을 지우지 못했다. 양군이 서로 대치하고 있는 동안 그는 전투 결과를 미리 점쳐보기 위해서, 스스로 변장하고 부근에 용하기로 소문이 난 어떤 신접하는 여인을 찾아갔다. 사울의 부탁을 받은 그녀는 죽은 사무엘을 불러내어 전투에 대해서 물어보았고, 사무엘은 그녀의 입을 통해서 "여호와의 목소리를 순종하지 아니하고 그의 진노를 아말렉에게 쏟지 아니하였으므로"(삼상28:18), 이스라엘을 블레셋의 손에 넘길 것이고 거기서 사울과 그의 아들들이 모두 죽을 것이라고 예언했다.

마침내 양측의 전투가 시작되었다. 사울은 블레셋과 맞서 싸웠지만 그 공격을 당해내지 못했다. 이스라엘의 병사들은 그대로 무너져 도망쳤고 그 와중에서 많은 사람들이 죽음을 당했다. 요나단을 비롯하여 사울의 세 아들 모두 죽임을 당했고, 사울 역시 활에 맞아 중상을 입게 되었다. 더 이상 도망칠 기력도 없게 되자 그는 자기 칼을 빼서 그 위에 엎어져 스스로 목숨을 끊었다. 결국 전투는 이스라엘군의 전멸로 끝나고 말았다. 블레셋 사람들은 사울의 머리를 베어 그것을 자신들의 고장 사방으로 보내어 전시하고, 몸통은 그 근처에 있던 벧산이라는 곳의 성벽에 못박은 채 돌아갔다. 그 장면을 보고 애통해 하던 길르앗 야베스 주민들은 사울과 그 아들들의 시체를 거두어 자신들의 고장으로 가지고 와서 불태운 뒤에 장사지냈다.

다윗이 사울의 사망 소식을 들은 것은 그가 시글락에 있을 때였다. 한 아말렉 청년이 사울의 면류관과 팔에 있던 고리를 들고 와서, 고통 속에 있던 사울이 자기에게 죽여달라고 부탁해서 그렇게 했노라고 보고했다. 이를 들은 다윗은 옷을 찢고 울면서 금식을 했다. 그리고 어찌 감히 여호와의 기름 부음을 받은 자를 죽였느냐고 하면서 그 청년을 처형했다. 다윗은 그가 전쟁터에서 사울의 면류관과 고리를 훔쳐 나온 뒤, 보상을 받으려고 자기에게 와서 거짓말을 했다는 사실을 눈치챘던 것 같다.

다윗은 사울이 얼마나 용맹했는가 또 요나단의 활이 얼마나 날카로웠는가를 기억하며 그들의 죽음을 애도하는 "활의 노래"를 부르고 그것을 유다 족속들에게도 가르치라고 했다. 이제 사울의 죽음으로 다윗은 더 이상 도망다닐 필요가 없어지게 되었다. 그 길로 그는 시글락을 떠나 헤브론으로 올라갔고, 거기서 유다 사람들은 다윗에게 기름을 부어 유다 백성의 왕으로 삼았던 것이다.

이스라엘 백성들이 처음으로 세운 왕 사울은 처참하고 비극적인 최후를 맞이했다. 그의 비극은 역사적으로 분권적인 부족제 시대에서 집권적인 왕정 시대로 넘어가는 과도기에서, 상호 갈등하고 충돌하는 다양한 정치, 사회, 종교적인 요소들이 어우러지면서 만들어낸 결과였다. 이스라엘 백성들은 외적에 대항하기 위한 효율적인 방어 기제로서 왕정을 희망했지만, 정작 강력한 왕권의 지배를 받는 것은 꺼려했다. 또한 왕권이 불가피하게 지향하는 초부족적인 통합에 대해서도 부족적인 이해관계에 기초한 거부감이 강하게 존재했다.

사울은 이러한 반대를 누르고 자신의 의지를 관철하는 과정에서 무리한 조치들을 취하게 되었고, 그것은 결국 선지자 사무엘의 입을 통해서 여호와의 뜻에 배치된 것이라는 낙인이 찍혀지게 된 것이다. 이로써 사울은 정치적으로나 종교적으로나 왕으로서의 존립 근거를 상실하고 말았다. 그러나 역사적으로 그의 실패는 전혀 무의미한 것은 아니었다. 왜냐하면 사울의 실패를 거치면서 과도기적인 잔재들이 청산되고 마침내 공고한 왕정 체제가 세워지면서 다윗의 시대가 열리게 되었기 때문이다.

제6장
이스라엘의 왕 : 다윗

헤브론에서의 즉위

다윗은 이스라엘의 역사에서 가장 유명하고 위대한 군주이자, 동시에 아브라함과 모세 이후 이스라엘 민족이 지구상에 하나의 민족으로 확고하게 자리잡게 되는 그 긴 과정에 최후의 마침표를 찍은 사람이기도 하다. 그는 12지파로 나뉘어 가나안 땅 여기저기에 흩어져 살던 이스라엘 사람들을 하나의 국가라는 틀 안에 통합시키고, 그들이 정치, 경제, 종교적으로 동일한 기반과 신념 위에 형성된 하나의 민족이라는 정체성(正體性, identity)을 가지게 한 사람이다.

그러나 그는 무엇보다도 여호와 하나님의 기뻐하심을 입은 자였다. 그랬기 때문에 하나님의 축복으로 장차 이스라엘 민족과 온 인류를 구원해줄 왕이 바로 그의 후손 가운데 나올 수 있었던 것이다. 또한 「사도행전」 13:22은 하나님께서 다윗에 대하여 "내 마음에 맞는 사람이라 내 뜻을 다 이루리라"고 증거하여 말씀하셨다고 기록한 바 있다.

다윗이 헤브론에서 왕으로 즉위한 연대는 기원전 1010년경으로 추정된다. 이것은 솔로몬의 즉위 연도가 성경 외적인 자료를 통해서 기원전 970년경으로 추정되고, 다윗의 재위 기간이 40년이라는 사실이 성경에 기록되어 있기 때문이다. 그가 태어난 것이 기원전 1040년경이라고 한다면, 그는 30세 정도에 즉위하여 70세에 사망한 셈이다. 다윗은 20세가채 되지 않았을 때에 엘라 계곡의 전투에서 골리앗을 쓰러뜨렸고, 그뒤사울의 시기와 미움의 대상이 되어 10여 년 정도 유다 땅 여러 지역을전전하면서 도피 생활을 했다.

그가 헤브론을 최초의 근거지로 삼은 것은 물론 그곳이 자신이 속한유다 지파의 영역 내이기도 했지만, 그의 조상인 아브라함과 이삭과 야곱의 유해가 바로 헤브론 부근의 마므레에 있는 막벨라 동굴에 안치되어 있었기 때문이었다. 헤브론은 유다 지파뿐만 아니라 이스라엘 12지파 모두에게 상징적인 중심지이기도 했다. 그는 또한 헤브론 남쪽에 근거지를 가지고 있던 아비가일과 혼인함으로써 그곳을 자신의 지지 세력으로 만드는 데에 성공했다.

사실 다윗은 여러 명의 아내들을 두었는데, 그의 혼인을 '정략적'이라고까지 말하지는 않는다고 하더라도, 여러 지역의 실력자들과 혼인 동맹을 맺음으로써 왕국의 발전과 안정을 얻으려는 그의 정치적인 안목이엿보인다. 아비가일과의 혼인이 남방의 안정에 도움이 되었다면, 이스르엘 출신의 아히노암, 그리고 갈릴리 호수 동북방의 그술 지방의 공주와의 혼인은 북방 영토의 확보를 위한 포석이었다.

다윗은 1010년 사울이 길보아 전투에서 요나단을 비롯한 그의 세 아들과 함께 처참한 죽음을 맞은 뒤에 헤브론에서 유다의 장로들에 의해서 왕으로 추대되었다. 그러나 그것이 곧 다윗이 통치하는 이스라엘 왕국의 출현을 의미하는 것은 아니었다. 왜냐하면 사울의 넷째 아들이자막내인 40세의 이스보셋이 유일하게 살아남았고, 그는 사울 밑에서 군

지휘관을 하던 아브넬의 도움으로 부친의 왕위를 계승했기 때문이다. 이스보셋은 '수치(bosheth)의 사람(ish)'이라는 뜻을 지녔다. 원래 그의 본명은 이스바알 즉 '바알의 사람'이었다(대상8:33, 9:39). 그가 왜 이런 이름을 가졌고 무엇 때문에 상이한 두 이름으로 불리게 되었는가에 대해서는 이런저런 가설들이 있지만, 더 자세히 논하지 않겠다.

아브넬은 이스보셋을 옹위하여 요르단 강 동편의 얍복 강 중류에 위치한 마하나임이라는 곳을 근거로 삼아 사울이 창건한 왕국을 이어가려고 시도했다. 이들이 사울의 도읍이었다고 할 수 있는 기브아를 버리고 마하나임으로 근거지를 옮긴 데에는 나름대로 이유가 있었다. 첫째, 기브아는 다윗의 세력권과 너무 인접하여 위험에 노출되어 있었다. 둘째, 길보아 전투 이후 블레셋의 세력이 동방으로 확장되면서 요르단 강 서쪽 역시 그들의 손쉬운 공격의 목표가 되어버렸다.

이러한 요인들 못지않게 중요했던 것은 바로 마하나임이 사울이 속했던 베냐민 지파의 모계집단의 고향으로서, 그를 적극 지원했던 길르앗 지방 안에 위치해 있었다는 사실이다. 이스보셋은 비록 근거지를 요르단 강 동쪽으로 옮기긴 했지만, 아직도 이스라엘 거의 전역에서 사울을 계승한 정통의 군주로 인정받았다. 따라서 유다 지방에서 즉위한 다윗의 지위는 여전히 불안정한 것이었고, 한시라도 빨리 이스보셋의 세력을 제거하지 않으면 안 되었던 것이다.

사울 왕가의 최후

다윗과 이스보셋이 각각 왕으로 추대된 지 2년이 지났을 때, 그러니까 기원전 1008년경에 유다와 이스라엘 이 두 세력 사이의 군사적 대결이 예루살렘 북방에 있는 기브온 못가에서 벌어졌다. 다윗 군대의 지휘관은 다윗의 누이인 스루야의 아들 요압이었고, 이스보셋 군대의 지휘관은 아브넬이었다. 아브넬은 요압에게 양측이 각각 12명의 대표를 뽑아서 서로 대결케 하자고 제안했고, 이들은 칼을 뽑아 들고 서로의 머리를 잡고 상대방을 공격했다.

다윗과 골리앗의 싸움이 보여주듯이 고대 근동에서는 서로 대치하는 군대가 각각 대표를 세워 그들의 대결을 통해서 자기 진영의 군사적 우위를 과시하는 관행이 있었다. 양측의 대표들은 한 손으로 상대방의 머리를 잡고 다른 손에 든 칼로는 적의 몸통을 공격하는 방식으로 대결했다. 엘라 계곡에서 골리앗이 앞에 나와 이스라엘 군대를 욕하며 조롱했을 때에 아무도 감히 나서지 못했던 것은 바로 완전 무장을 한 이 거구의 장수와 맞붙어 싸워서 이길 자신이 없었기 때문이었다. 따라서 체구가 작은 다윗이 나서서 상대방과 육박전을 벌이지 않고 떨어진 상태에서 물맷돌로 공격을 한 것은 완전히 적의 허를 찌른 전술이었다.

아무튼 기브온 못가에서 벌어진 12명의 대결에서는 다윗의 장수들이 승리를 거두었다. 그들은 그 여세를 몰아 아브넬과 그 휘하의 군대를 밀어붙이기 시작했다. 요압의 동생인 아사헬이 집요하게 아브넬을 추격하기 시작했고, 도망치던 아브넬은 창의 뒤 끝으로 아사헬의 배를 찔러 죽였다. 이로써 추격은 중단되었다. 그러나 요압은 자기 동생을 죽인 아브넬에 대해서 깊은 원한을 품게 되었다.

양측의 군사적 충돌이 계속되는 가운데 이스라엘 측에서는 군권을 장악한 아브넬의 권세가 점점 더 강화되었다. 자신의 지위에 불안감을 느낀 이스보셋은 그를 의심하기 시작했다. 사실 아브넬은 사울의 사촌 형제였고 사울 왕가의 왕위를 주장할 수도 있었기 때문에, 그의 의구심이 전혀 엉뚱한 것은 아니었다. 그러다가 아브넬이 사울의 첩과 관계를 맺은 사실이 드러났고, 이스보셋은 어찌해서 자기 아버지의 첩과 통간했느냐고 비난을 퍼부었던 것이다. 두 사람 사이의 관계는 소원해질 수밖에 없었다.

불안해진 아브넬은 다윗에게 사람을 보내 투항 의사를 타진했다. 다윗은 그의 투항을 받아들이되 먼저 사울의 딸이자 자기 아내였던 미갈을 데려오라고 했다. 나아가 이스보셋에게도 미갈은 자신의 적법한 아내이니 마땅히 돌려보내라고 요구했다. 과거에 사울이 자신을 미워해서 죽이려 쫓아다닐 때에 미갈을 다른 사람에게 시집보냈었기 때문이다.

다윗은 무엇 때문에 이미 다른 사람의 아내가 된 미갈의 반환을 이처럼 집요하게 요구했을까? 물론 미갈에 대한 그의 개인적인 애정도 작용했을 것이다. 그러나 그에 못지 않게 중요한 것은 그의 정치적인 의도였다. 즉 사울의 딸인 그녀를 아내로 다시 받아들임으로써 사울 왕조의 정통성을 자신에게로 가지고 오려고 생각했던 것이다.

마침내 아브넬이 자기 부하들과 함께 다윗이 있는 헤브론으로 투항해 왔고 미갈도 다윗에게로 돌아왔다. 다윗은 아브넬에게 잔치를 베풀고 환대했다. 그러나 동생에 대한 원한을 품고 있던 요압은 아브넬을 은밀한 곳으로 유인하여 칼로 찔러 죽여버렸다. 요압의 행동의 이면에는 아브넬이 다윗 진영으로 넘어온다면 군 지휘관으로서 자신의 지위가 위협받을지도 모른다는 불안감이 작용했을 수도 있다.

그리고 이 일이 있은 지 얼마 지나지 않아 이스보셋을 살해한 자객들이 그의 머리를 들고 다윗을 찾아왔다. 다윗으로서는 자신과 맞서 싸우던 사울 왕국의 두 기둥이 동시에 사라진 셈이었으니, 당연히 기뻐해야 할 일이었다. 그 당시 다른 사람들은 모두 아마 그렇게 생각했을 것이다. 그러나 다윗은 바로 그 점을 우려했다. 그가 사울 왕조를 추종하던 이스라엘 사람들의 지지를 받기 위해서는 자신이 이 두 사람의 죽음과 무관하다는 것을 입증할 필요가 있었다.

그는 먼저 아브넬의 죽음에 대해서 자신의 결백을 선언했다. "아브넬의 피에 대하여 나와 내 나라는 여호와 앞에 영원히 무죄하니 그 죄가 요압의 머리와 그의 아버지의 온 집으로 돌아갈지어다"(삼하3:28-29)라고 했다. 또한 이스보셋의 죽음에 대해서도 "악인이 의인을 그의 집 침상 위에서 죽인 것이겠느냐 그런즉 내가 악인의 피흘린 죄를 너희에게 갚아서 너희를 이 땅에서 없이하지 아니하겠느냐"(삼하4:11)라고 선언했다. 그리고 범인들의 수족을 베어 헤브론 못가에 매달게 했다.

다윗이 취한 이러한 일련의 조치들에서 우리는 그가 자신의 즉위가 합법적인 것이었음을 대외적으로 분명히 보여주려고 많은 노력을 기울였음을 알 수 있다. 앞에서도 언급했듯이 그는 여러 차례 사울의 목숨을 취할 수 있었음에도 불구하고 그렇게 하지 않았다. 그것은 하나님의 기름 부음을 받은 자를 자신의 손으로 죽이지 않았음을 나타내려는 의도였다. 이는 거꾸로 말하면 다른 사람 역시 기름 부음을 받은 자기에 대해서 반역을 해서는 안 된다는 메시지이기도 했다. 또한 사울의 후계자 이스보셋과 군사령관 아브넬의 죽음도 자기가 간여한 것이 아니라는 것을 누차 강조했다. 결국 그는 자신이 왕으로 즉위하게 된 것은 하나님의 뜻에 의한 것이며, 결코 폭력과 학살에 의한 것이 아니라는 점을 집요할 정도로 입증하려고 했던 것이다.

이 일이 있은 뒤에 과연 이스라엘의 모든 지파 사람들은 다윗을 찾아 와서 그에게 "네가 내 백성 이스라엘의 목자가 되며 네가 이스라엘의 주권자가 되리라"(삼하5:2)고 했던 여호와의 약속을 상기시키면서 그들의 왕이 되어줄 것을 청했다. 이에 이스라엘의 모든 장로들도 헤브론으로 와서 다윗을 예방(禮訪)했고, 마침내 다윗이 그들의 청을 받아들이면서 언약을 세우자 그들은 '다윗에게 기름을 부어 이스라엘 왕'으로 삼았다.

예루살렘 정복

다윗이 즉위할 무렵 예루살렘은 이스라엘 사람들이 거주하던 도시가 아니었다. 오래 전부터 여부스라고 불리는 가나안 지방의 원주민들이 그곳을 차지하며 살고 있었다. 여호수아 시대에 가나안 정복이 이루어진 뒤에도 다윗의 시대에 이를 때까지 그들은 계속해서 그곳에 거주했다. 과거 아브라함의 시대에 멜기세덱이라는 왕이 살던 살렘이 바로 그곳이며, 그가 100세가 되어 이삭을 얻은 뒤 그를 번제물로 드리기 위해서 올라간 모리아 산이 있는 곳도 바로 그곳이었다.

예루살렘(Jerusalem)은 '평안의 도시'라는 그 말의 뜻과도 어울리게 그동안 북부 이스라엘과 남부 유다 사이에 벌어진 대립과 갈등에서 비교적 자유롭고 중립적인 입장을 유지할 수 있었다. 이스보셋의 죽음으로 사울 왕조가 최종적으로 사라진 뒤 이제 유다와 이스라엘을 모두 아우르는 통일적 체제에 토대를 둔 왕조를 건설하려는 계획을 세우던 다윗에게 신왕조의 도읍으로서 예루살렘만큼 적합한 곳은 없었다.

예루살렘은 지리적으로 에브라임 산지 남단의 험준한 곳에 위치하고 있으며, 도시 안팎으로는 모두 7개의 언덕들이 있는데 가장 중앙부에 있는 것이 바로 시온 산이다. 도시 자체는 삼면이 모두 계곡으로 둘러싸여 있어 적의 공격에 쉽게 노출되지 않는 이점이 있었다. 동쪽에는 올리브 동산이라는 이름으로 알려진 언덕을 마주보며 깊은 기드론 계곡이 있고, 남쪽과 서쪽에도 마찬가지로 계곡이 형성되어 있다. 따라서 도시로 진입이 가능한 곳은 북쪽뿐이었다. 예레미야와 같은 선지자들이 큰 재앙과 멸망이 '북방에서' 올 것이라고 거듭 경고를 한 것도 단지 수사적인 표현만은 아니었다.

성벽 바깥에는 수량이 풍부한 기혼 샘이 있어서 거기서부터 지하로 수로를 파서 성 안으로 연결한 뒤에 우물을 파서 물을 끌어올려서 사용했다. 따라서 아무리 오랫동안 포위를 당해도 식수가 떨어질 염려가 없었던 것이다. 다윗이 공격하려고 할 때 그 성의 사람들이 "맹인과 다리 저는 자라도 너를 물리치리라"(삼하5:6)고 장담했는데, 그것은 결코 과장만은 아니었다.

뿐만 아니라 예루살렘은 동서와 남북을 연결하는 교통로의 교차점으로서 정치적으로나 경제적으로나 핵심적인 위치를 차지하고 있었다. 서쪽으로는 소렉 강 골짜기를 따라 블레셋 평야와 지중해 동부 연안에 이르고, 동쪽으로는 여리고를 거쳐서 요르단 강을 건너 암몬과 모압의 땅으로 연결된다. 북쪽으로는 에브라임 산지의 벧엘과 세겜을 거쳐서 이스르엘 계곡에 도달하고, 남쪽으로는 헤브론을 경유하여 네게브 광야와 이집트로 연결된다.

다윗의 예루살렘 공략은 그 주민들이 전혀 예상치 않은 방법으로 진

다윗 시대의 예루살렘 (모형도)

행되었다. 성경에 의하면, 요압이 이끄는 다윗의 군대는 "물 긷는 데로 올라가서" 성을 함락했다고 한다. 여기서 "물 긷는 데"는 영어 성경에서 water shaft('물 긷는 갱도'라는 뜻)로 번역되어 있는데 히브리어 원문에는 친노르(tsinnor)라는 단어가 사용되었다. 그런데 흥미롭게도 1867년에 한 영국인이 예루살렘 성 안에서 깊이 40피트(약 12미터)의 수직 갱도를 발견했고, 이것이 바로 다윗의 군대가 진입했던 그 "물 긷는 데"라는 주장이 제기되었다.

그후 이에 대해서 비판과 지지의 다양한 의견들이 나왔고 현재 분명한 결론이 난 상태는 아니다. 그렇지만 발견자의 이름을 따서 '워렌의

갱도'로 알려진 그것이 설령 성경에 언급되어 있는 "물 긷는 데"가 아니라고 하더라도, 다윗의 군대가 견고한 요새나 다름없던 예루살렘을 통상적인 방법으로 성벽을 기어 올라가서 함락하기는 어려웠다. 성 안으로 통하는 어떤 수도나 터널을 이용해서 진입했다는 점은 의심할 여지가 없다.

"다윗이 시온 산성을 빼앗았으니 이는 다윗 성이더라"(삼하5:7)는 구절에서 볼 수 있듯이, 이후 예루살렘은 '다윗의 성'으로 알려지게 되었다. 다윗이 그곳을 자신의 도읍으로 삼았기 때문에 그런 이름이 붙여진 것만은 아니었다. 그전까지 예루살렘은 이스라엘의 12지파 그 어느 집단의 소유도 아니었다. 따라서 그곳을 함락한 다윗은 자신의 고유하고 독점적인 소유권을 주장할 수 있었던 것이다. 그리고 앞에서도 언급했듯이 예루살렘은 바로 남방의 유다와 북방의 이스라엘 사이에 위치해 있었기 때문에, 양자를 모두 포괄하는 새로운 왕조를 건설하려고 했던 다윗으로서는 그곳만큼 안성맞춤인 곳을 찾기는 어려웠다.

돌아온 언약궤

다윗은 이처럼 유다 지파의 전폭적인 지지를 받았고, 이스라엘 사람들을 포용하는 여러 정책들을 취했으며, 중립적 지점인 예루살렘을 새로운 도읍으로 정했지만, 새로운 왕국의 확립을 위해서 그것만으로는 아직 부족하다고 느꼈다. 그는 유다와 이스라엘 이 두 이질적인 집단을 확실하게 묶어주는 어떤 상징적인 매개체가 필요하다고 생각했다. 바로 이 점에서 언약궤만큼 좋은 것이 없었다. 오래 전에 블레셋인들에게 탈취되었다가 기럇여아림에 임시로 안치되어 있던 언약궤는 이스라엘의 어느 지파를 불문하고 모두에게 의심의 여지가 없는 성물(聖物)이었다.

모세가 노예로 있던 그들의 조상을 이집트에서 이끌어내어 율법을 통해서 단련하고 여호수아의 인도 아래 가나안 땅으로 들어올 때 함께 했던 언약궤는 그들 모두가 함께 받들 수 있는 공통의 성스러운 상징물이었다. 그래서 다윗은 언약궤를 모셔옴으로써 이스라엘 백성을 인도했던 여호와 하나님에 대한 신앙을 통해서 지파의 구분과 대립을 넘어선 새로운 통합을 이루려고 한 것이다.

당시에 언약궤는 기럇여아림—바알레유다라고도 불렸다—이라는 곳에 있었다. 블레셋 사람들이 아벡에서의 전투에서 승리를 거두면서 언약궤를 빼앗아 한동안 보관하고 있다가 되돌려주었는데, 마땅히 안치될 곳을 찾지 못한 채 그곳에 20년간 방치되어 있었다. 다윗은 기럇여아림으로 사람들을 보내어 수레에 언약궤를 실어오도록 했다. 그러나 운반 과정이 그렇게 간단치는 않았다. 도중에 수레를 끌던 소들이 날뛰자 언약궤가 떨어지지 않도록 그것을 손으로 잡았던 사람이 죽게 되는 일이 발생했다.

언약궤가 지닌 엄청난 위력에 놀란 다윗은 예루살렘으로 운반하려던 원래의 계획을 취소하고 가드 사람의 집으로 옮겨놓도록 했다. 그런데 언약궤가 그곳에 석달 머무는 동안 그 사람의 집이 복을 받는 것을 보고, 다윗은 비로소 안심하고 언약궤를 다시 예루살렘으로 가지고 오도록 했다.

언약궤를 맞아들인 다윗은 사제들이 입는 에봇이라는 옷을 입고 소와 가축을 잡아 제사를 지내고 있는 힘을 다해서 춤을 추었다. 이를 본 미

같은 마음속으로 그를 업신여기며, 집으로 돌아온 다윗에게 그의 행동이 얼마나 천박했는지 나무랐다. 그러자 다윗은 여호와 앞에서는 그보다 더 낮아지고 천하게 보일 수도 있으리라고 하면서 오히려 미갈을 비난했다. 미갈이 죽는 날까지 자식을 가지지 못하게 된 것도 바로 이 때문이었다고 한다. 이 일화는 우상을 소지했던 사울 가문의 딸 미갈과 왕으로서의 존엄과 격식까지 내던지고 언약궤의 도래를 기뻐하는 다윗의 믿음을 잘 대비시키고 있다.

처음 예루살렘으로 옮겨온 뒤 언약궤는 다윗이 미리 준비한 성막 안에 모셔졌던 것 같다. 그래서 다윗은 선지자 나단에게 "나는 백향목 궁에 거주하거늘 여호와의 언약궤는 휘장 아래에 있도다"(대상17:1)라고 말했던 것이다. 이어 그는 자신이 직접 주관하여 번제와 화목제를 드렸다. 과거 사울이 그러했듯이 아직도 세속의 왕이 제사를 주관하는 제정 일치적인 유습이 사라지지 않았음을 알 수 있다.

그는 언약궤를 안치할 성전을 건축하는 것으로써 갑자기 일어날지도 모를 불상사를 대비하고 온 이스라엘 사람들을 통합시킬 종교적 구심점을 만들기를 원했다. 이제까지 언약궤는 줄곧 성막 안에 모셔져왔었다. 그것은 출애굽 이후 시나이 광야에서 방랑생활을 하던 때부터 변함없이 그렇게 모셔져왔다. 성막은 곧 장막이며 그것은 이스라엘 사람들이 목축민으로서 이동생활을 했기 때문에 그럴 수밖에 없었다. 그러나 이제 다윗의 시대에 이르러 대부분의 사람들은 도시에서 거주하는 정착민으로 바뀌었다. 따라서 더 이상 언약궤를 장막 안에 모셔두고 이동을 준비해야 할 필요가 없어진 것이다. 다윗이 장막 형태의 '성막'을 청산하고 건물 형태의 '성전'을 지으려고 한 것은 이스라엘 사회의 이러한 변화에도 조응하는 것이었다.

나단은 성전 건축에 관한 여호와의 계시를 받아 다윗에게 전했다. 그 내용은 이러했다. 여호와는 먼저 이집트에서 이스라엘 백성들을 인도하여 나오게 한 뒤에 이제까지 줄곧 장막에 머물렀지만 그러면서도 한번도 자신은 자신을 위해서 백향목으로 집을 건축하라는 말을 하지 않았다는 점을 상기시켰다. 또한 과거 사사를 통해서 이스라엘을 다스리던 것과는 달리 앞으로는 주변의 여러 대적들의 위협에서 마음을 놓고 평안하게 살게 해줄 것이며, 나아가 사울에게서 빼앗았던 것처럼 은총을 빼앗지 않을 것이라고 약속했다. 그리고 다윗이 수명이 다 되어 열조에게로 돌아가면 그의 아들 가운데 하나를 세울 것이고, 그가 '나를 위해서 집을 건축할 것'이라고 선언한 것이다. 성전 건축의 임무를 부여받게 된 것이 그의 아들 솔로몬이었음은 두말 할 필요도 없다.

우리는 앞에서 언약궤를 맞아들인 다윗의 극진한 태도, 그것을 모셔둘 성전을 건축하려는 그의 열의를 확인할 수 있었다. 그럼에도 불구하고 여호와는 예언자 나단의 입을 빌려 "네가 나를 위하여 내가 살 집을 건축하겠느냐"(삼하7:5)라고 하면서, 다윗의 성전 건축을 불허하고 오히려 그 아들에게 막중한 소임을 맡기겠다고 선언한 것이다. 여호와가 왜 다윗에게 그렇게 말했는지에 대해서 성경은 분명한 대답을 주지 않고 있다.

그런데 그것은 과거에 모세에게 이집트에서 이스라엘 백성들을 인도하여 나오게 한 뒤에 광야에서 단련시키는 임무까지는 허락했으나, 정작 가나안으로 들어가는 것은 불허하고 그 임무를 그의 후계자인 여호수아에게 맡긴 것과 흡사하다. 인간의 마음속에 존재하는 일말의 교만에 대한 경고일지도 모른다. 아무튼 그것은 하나님의 주권적인 결정이요, 선택일 뿐이다.

정복 전쟁

다윗이 유다와 이스라엘을 통합한 강력한 군주로 부상하게 되자, 이에 대해서 가장 먼저 불안을 느낀 것은 그 인근에 있던 세력들이었다. 서쪽의 전통적인 대적인 블레셋은 물론이지만, 동쪽의 암몬과 모압과 에돔, 북쪽의 소바와 아람, 남쪽의 아말렉 등도 모두 변경을 침범하며 신흥 왕조의 존립을 위협했다. 이에 다윗은 군대를 사방으로 보내 이들 위협 세력을 하나씩 격파하여 빠른 속도로 왕국의 영토를 넓혀갔다.

다윗은 원대한 안목을 지닌 군주였지만, 그에 앞서서 탁월한 군사 지도자이기도 했다. 그의 지도력에 힘입어 이스라엘은 매번 전쟁에서 승리를 거두었고 그 영역은 계속 확장되어갔다. 그 결과 이제 이스라엘은 비록 이집트나 히타이트 혹은 바빌론과 같은 규모의 대제국이라고 할 수는 없지만, 이들 대제국이 힘을 잃고 난 뒤에 등장한 몇몇 '미니 제국'의 반열에는 들어갈 정도는 되었다. 주변의 어느 세력도 감히 넘보기 힘든 위세를 갖추게 된 것이다. 이제 다윗 시대에 일어난 전투와 정복전쟁 가운데 중요한 몇 가지를 살펴보도록 하자.

다윗이 예루살렘에 자리잡은 직후, 아직 언약궤도 도착하기 전에 그를 가장 먼저 위협한 것은 블레셋이었다. 이들은 불과 수년 전까지만 해도 자기들에게로 도망쳐 와서 굴종적인 처지에 있었던 다윗이 어느 날 갑자기 이렇게 강력한 왕국의 군주로 변신한 사실을 도저히 받아들이

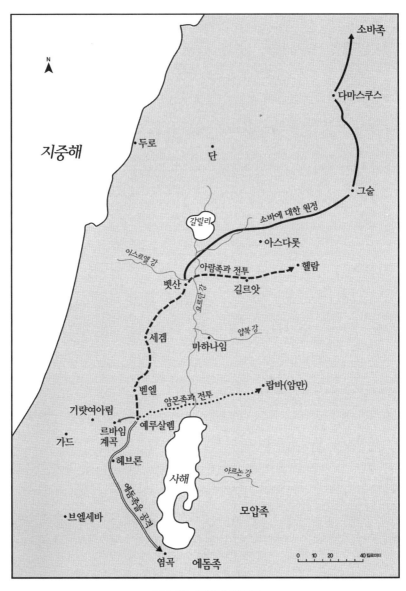

지도 20 다윗의 정복전

기가 어려웠다. 그래서 그들은 예루살렘 서남쪽에 있는 르바임 골짜기로 군대를 이끌고 들어왔다. 다윗의 공격을 받은 그들은 일단 물러났다. 그러나 얼마 지나지 않아 다시 군대를 규합하여 같은 장소로 진입했다.

이번에도 다윗은 적의 후방을 급습하여 패퇴시킨 뒤, 도주하는 적을 추격하여 '게바에서 게셀까지' 이르렀다고 한다. 게바는 전투가 일어난 곳 부근이고, 게셀은 블레셋인들이 거주하는 곳의 변경의 지명이다. 다윗은 언약궤를 모셔온 뒤에 공세로 전환하여 블레셋의 영역으로 군대를 이끌고 들어가 메덱암마, 즉 가드라는 큰 도시를 정복했다. 그는 블레셋인들을 자신의 지배 아래로 편입시켰고, 블레셋은 더 이상 과거와 같은 위협적인 세력이 되지 못했다(삼하5:17-25, 8:1; 대상18:1).

이어서 다윗은 사해 동쪽의 모압을 쳐서 항복시켰다. 기록에 의하면 모압 사람들을 땅바닥에 엎드리게 한 뒤에 일정한 길이의 줄을 갖고 와서 그 줄의 두 배의 키를 가진 사람들은 죽였다고 한다(삼하8). 준비한 줄의 길이가 얼마였는지는 적혀 있지 않지만, 과거 칭기스 칸의 몽골군도 전투에서 붙잡힌 적들을 세워놓고 수레바퀴의 축보다 큰 사람들은 모두 죽였던 것과 유사한 조치이다. 그것은 키가 크고 나이가 든 사람들을 모두 처형함으로써 복수나 반란의 후환을 미리 없애기 위함이었다. 적에 대해서 가혹한 처리는 에돔에 대해서도 동일하게 시행되었다. 이후 다윗은 다시 사해 남쪽 염곡에서 에돔 사람 1만8,000명을 죽였고, 돌아올 때 수비대를 그곳에 배치했다(삼하8:2, 13-14).

다윗은 북방으로도 진출하여 오늘날 시리아 지방의 다마스쿠스 북쪽에 있던 소바라는 세력을 공격했다. 그는 소바의 마병 1,700명과 보병 2만 명을 사로잡았는데, 병거 100승에 매다는 말을 제외한 나머지 말들의 발의 힘줄을 모두 끊어버렸다. 이는 다윗의 군대가 평지가 아니라 산지를 중심으로 훈련된 보병들이었고, 그래서 많은 수의 말이 필요 없었기 때문이다.

그때 마침 다마스쿠스 사람들이 소바의 왕을 도우러 왔다가 오히려 다윗의 공격을 받아 2만2,000명이 전사하는 일이 벌어졌다. 다윗은 다마스쿠스에도 수비대를 두어 인근 지역을 관할토록 했고, 이로써 아람 사람들은 다윗의 종이 되어 조공을 바치게 되었다고 한다. 소바의 패전 소식을 들은 인근 하맛(현재의 시리아의 하마)의 왕은 먼저 금과 은과 놋쇠로 된 그릇을 들고 와서 먼저 복속의 뜻을 표시했다(삼하8:3-12).

다윗의 세력이 날로 주변으로 확장되는 것을 본 암몬은 이에 대비하기 위해서 북방의 아람인들과 요르단 동부의 주민들을 용병으로 불러들였는데, 그 숫자는 3만 명이 넘었다. 다시 말해서 이는 암몬과 아람은 물론 그 사이에 있던 마아가와 돕까지 포함하는 거대한 반다윗 연합전선이 결성된 것을 의미했다. 다윗은 요압과 그의 동생 아비새를 파견하여 적의 근거지인 헬람을 공략하기 시작했고 아비새의 분전으로 적진을 무너뜨렸다.

결국 아람인들이 가지고 온 병거 700승의 사람들과 마병 4만 명은 몰살되었고, 그뒤 아람인들은 더 이상 암몬을 돕지 않게 되었다(삼하10:6-19). 그러나 암몬은 쉽게 항복하지 않았고, 그 중심 도시인 랍바를 근거지로 하여 완강하게 저항했다. 랍바는 오늘날 요르단의 수도인 암만이다. 랍바를 포위하던 다윗의 군대에 속한 장군 한 명이 바로 우리아, 즉 밧세바의 남편이었다. 요압 지휘 아래 성의 포위는 그 다음해 봄에도 계속되었고 마침내 주민들은 항복하고 말았다(삼하12:26-31).

이로써 다윗 왕국의 영토는 남쪽으로는 네게브 광야에서 시작해서 북쪽으로는 다마스쿠스와 소바까지 이어졌고, 동쪽으로는 아람, 돕, 암몬, 모압, 에돔 등의 종족이 사는 지역을 모두 포괄했으며, 서쪽으로는 지중해 연안까지 확장되었다. 다만 욥바, 아스돗, 아스글론, 가사 등의 도시들이 위치한 일부 해안가 지역만이 정복되지 않은 채로 남았다.

한편 거기서 해안을 따라 더 북방으로 올라가서 페니키아 지방의 두로와 시돈과 같은 도시국가들은 일찍부터 다윗과 우호적인 관계를 유지했다. 특히 두로의 왕 히람은 백향목과 목수와 석수를 보내어 다윗의 궁전을 짓는 데에 도움을 주었다.

이렇게 맹렬한 정복전을 통해서 다윗 왕국의 영토는 과거 사울 시대에 비해 거의 두 배 이상 확장되었다. 그러나 이러한 대외적인 성공과는 달리 내부적으로는 왕국의 혼란과 심지어 다윗의 생명까지 위험하게 만드는 불길한 일들이 일어나기 시작했다.

밧세바 사건

불행을 알리는 최초의 신호탄은 바로 밧세바 사건이었다. 다윗이 하루는 왕궁 지붕 위에서 거닐다가 근처에서 한 여인이 목욕하는 것을 보았는데, 매우 아름다웠다. 다윗이 백향목으로 지었다는 왕궁은 우리가 흔히 영화에 나오는 그런 엄청난 궁궐이 아니라, 다른 일반 가옥들보다 좀더 고급스럽고 크게 지은 호화 주택 정도의 수준이었다. 따라서 날씨가 더울 때에는 그 지붕에 올라가서 바람을 쐬며 시원하게 거닐 수 있었고, 그 부근에 있는 다른 집들은 낮았기 때문에 그 안마당도 눈에 들어왔을 것이다.

다윗이 본 그 여인의 이름이 바로 밧세바였다. 앞에서도 언급했듯이 그녀는 랍바 성 포위 작전에 투입되었던 장군 우리아의 부인이었다. 우리아는 히타이트족 출신으로서 다윗의 휘하에 있던 가장 뛰어난 장군들 37명 가운데 한 사람으로 꼽혔다. 아마 그가 사울의 박해를 피해 전전할 때부터 그를 따라다니며 생사고락을 같이 했었을지도 모른다. 그는 자기 휘하의 부대를 이끌고 상당 기간 성벽 아래에 진을 치면서 어려운 싸움을 벌이고 있던 터였다. 밧세바의 자태에 반한 다윗은 그녀를 불러오게 했다. 성경에는 마침 그녀가 "그 부정함을 깨끗하게 하였"(삼하 11:4)을 때라고 되어 있는데, 이는 그녀가 잉태의 가능성이 가장 높았을 때 다윗과 동침했음을 뜻한다. 과연 그녀는 곧바로 회임하고 말았다.

다윗은 자신의 부정이 탄로날까 우려하여 전선에 있던 우리아를 불러들였다. 그는 사령관 요압의 안부를 묻고 랍바를 포위하던 군사들의 정황을 물은 뒤, 그에게 '네 집으로 내려가서 발을 씻으라'고 했다. 당시 '발을 씻는다'라는 표현은 단순히 휴식을 취하는 것이 아니라 여인과 동침하는 것을 의미했다. 그러나 다윗의 예상과는 달리 우리아는 집으로 가지 않고 왕궁 문에서 다윗의 신복(臣僕)들과 함께 잔 것이다. 그 당시에는 적과 전투를 앞두고 대치할 때에는 일체 부정한 일들을 삼가야 했다. 「신명기」 23:10-11에 의하면 심지어 진중에서 밤에 몽정한 병사가 있으면, 그는 진 밖으로 나가 있다가 해질녘에 목욕을 한 뒤에야 들어오는 것이 허락될 정도였다.

아무튼 다음 날 사실을 알게 된 다윗은 그를 불러서 먹고 마시고 취하게 한 뒤 저녁 때 다시 집으로 돌려보냈다. 그런데 우리아는 이번에도

다윗 궁전의 유적 (예루살렘)

집으로 가지 않고 다윗의 신복들과 함께 밤을 지냈다. 사실 당시에는
전투가 한창 벌어지고 있을 때 임금이 장군을 불러들이는 것은 흔한 일
이 아니었다. 견책할 일이 있거나 아니면 그 충성심을 다시 확인하기
위해서가 아니라면 말이다. 따라서 우리아도 다윗의 눈치를 살피면서
자신이 얼마나 충직한 사람인지를 보여주려고, 일부러 집에도 가지 않
고 다윗의 신복들과 밤을 보냈는지도 모른다.

  사태가 이렇게 되었으니 다윗은 더 이상 어찌할 방도가 없었다. 그는
요압에게 편지를 썼다. 그 내용은 우리아를 격렬한 전투가 벌어질 때
그 맨 앞에 세운 뒤, 다른 사람들은 뒤로 물러서서 그가 맞아 죽게 하라
는 것이었다. 다윗은 그 편지를 우리아의 손에 부쳐서 요압에게 전달하

도록 했다. 우리아가 그것을 열어보지 않으리라는 것을 확신했기 때문일텐데, 우리아의 충성을 믿고 그것을 거꾸로 이용하여 그를 죽이려는 음모를 꾸민 것은 의리를 저버린 악행이라고 하지 않을 수 없다. 다윗의 편지를 받은 요압은 시키는 대로 했고 우리아는 죽음을 당하고 말았다. 그의 죽음을 보고받은 다윗은 우리아를 성벽 가까이에 배치하면 그가 죽을 줄 몰랐느냐고 오히려 주위 사람들을 책망하는 뻔뻔스러움까지 보였다.

성경이 "다윗이 행한 그 일이 여호와 보시기에 악하였더라"(삼하11:27)고 기록한 것은 너무나 당연한 일이었다. 여호와의 계시를 받은 예언자 나단이 다윗에게 와서, 많은 양을 소유한 부자가 가난한 사람이 애지중지 키우던 단 한 마리의 암양 새끼를 빼앗아 자기를 찾아온 행인을 대접했다는 이야기를 해주었다. 이를 들은 다윗은 성을 내면서 그런 일을 한 사람은 마땅히 죽을 것이라고 말했다. 나단은 '당신이 그 사람'이라고 하면서 "칼이 네 집에 영원토록 떠나지 아니하리라"(삼하12:10)고 선포했다. 그리고 여호와는 다윗에게 "내가 너와 네 집에 재앙을 일으키고 내가 네 눈앞에서 네 아내를 빼앗아 네 이웃들에게 주리니 그 사람들이 네 아내들과 더불어 백주에 동침하리라 너는 은밀히 행했으나 나는 온 이스라엘 앞에서 백주에 이 일을 행하리라"(삼하12:11-12)는 끔찍한 저주를 내린 것이다.

저주는 그 즉시 현실이 되어 나타나기 시작했다. 밧세바가 잉태한 아이가 태어났으나 심하게 앓기 시작했고, 다윗은 그를 위하여 금식을 하면서 밤새 엎드려 기도했다. 그러나 태어난 지 이레만에 아이는 죽고 말았다. 놀랍게도 다윗은 언제 울며 기도했느냐는 듯이 일어나 몸을 씻고 기름을 바르고 옷도 갈아입고 음식까지 차려놓고 먹기 시작했다. 그의 돌변한 태도에 의아해하는 주변 사람들에게 그는 "아이가 살았을 때에 내가 금식하고 운 것은 혹시 여호와께서 나를 불쌍히 여기사 아이를 살려주실는지 누가 알까 생각함이거니와 지금은 죽었으니 내가 어찌 금식하랴 내가 다시 돌아오게 할 수 있느냐"(삼하12:22-23)라고 말했다. 다윗의 죗값은 그 자신이 아닌 갓 태어난 아이가 대신 진 셈이 되었다. 여호와는 그 죽은 아이를 대신해서 밧세바의 몸에서 솔로몬을 주었다.

다말 겁탈 사건

다윗의 죄악은 갓난아이의 죽음으로 청산되지 못했다. 그가 행했던 겁탈과 살인은 그의 집안에서 그대로 똑같이 벌어졌다. 그의 큰 아들 암논이 이복 여동생인 다말을 겁탈하고, 이에 분노한 다말의 친오빠 압살롬이 암논을 격살(擊殺)한 사건이 바로 그것이다. 암논이 다말을 범한 것은 분명히 근친상간이었고, 하물며 저항하는 다말을 억지로 범한 것이니 죄는 더 위중할 수밖에 없었다. 그러나 일단 다말을 범한 뒤에는 오히려 그녀를 미워하기 시작했고 그 미워하는 마음이 과거에 연모하던 마음보다 더 심하게 되었다. 이에 다말은 채색옷을 찢고 울면서 자기 오라비인 압살롬의 집에 가서 처량하게 지내는 신세가 되었다.

성경에는 다말이 자기 이복 오라비에게 겁탈을 당하고 난 뒤에 벌어진 일련의 사건들이 기록되어 있다. 다말의 친오빠인 압살롬은 겁탈자 암논을 살해하고, 급기야 자기 아버지인 다윗에 대해서까지 반란을 일으켰다. 그러나 이 일련의 사건들을 단지 누이동생의 겁탈에 대한 사적인 복수극으로만 이해해서는 문제의 핵심을 놓치게 된다. 사실 그 이면에는 다윗의 왕위를 누가 계승하느냐 하는 정치적인 갈등이 강하게 깔려 있다. 압살롬이 벌인 일련의 사건은 다윗 치세 후반을 통째로 뒤흔든 사건이었다. 또한 만약 그러한 일이 없었다면, 다윗의 왕위가 솔로몬에게로 돌아가지도 않았을 것이다. 그런 점에서 다말의 겁탈, 암논의 피살, 압살롬의 반란으로 이어지는 사태에 대해서 좀더 자세히 살펴볼 필요가 있다.

물론 문제의 발단은 암논이 다말을 겁탈한 것이었지만, 그것이 개인의 가정사가 아니라 왕조적인 차원의 문제로까지 비화되게 한 책임은 따지고 보면 다윗 자신에게 있었다. 성경에는 다말 사건에 대한 보고를 받은 "다윗 왕이 이 모든 일을 듣고 심히 노하니라"(삼하13:21)고 기록되어 있다. 다시 말해서 그가 노하기는 했지만, 암논에 대해서 어떤 구체적인 징벌을 가했다는 부분은 찾아볼 수 없다. 다윗은 사실상 암논의 행위를 묵인한 채 처벌하지 않고 지나가려고 한 것이었다. 어쩌면 큰 아들 암논의 행위에서 밧세바를 범했던 과거 자신의 모습을 보았을지도 모를 일이다. 아무튼 그 이유가 무엇이건 다윗은 침묵을 지켰고, 결국 압살롬은 자기 손으로 처리하기로 결심할 수밖에 없었다.

압살롬은 아무런 내색도 하지 않은 채 2년의 세월을 참고 보냈다. 그러다가 에브라임에서 가까운 바알하솔이라는 곳에서 그는 양털 깎는 행사를 열게 되었다. 그는 그 행사에 자신의 모든 형제들을 청했고 나아가 아버지 다윗에게 신하들과 함께 오시라고 간청했다. 양털 깎기는 고대 히브리인들에게는 매우 중요한 세시 행사의 하나였다. 이전에 야곱이 라반에게서 도망쳐 나올 때에도 라반이 양털을 깎으러 간 틈을 타서 라헬은 드라빔을 훔쳐서 같이 도망쳤다(창31:19). 성경에는 이밖에도 몇 군데에서 양털 깎기와 관련된 일화가 소개되어 있다(창38:12, 삼상 25:4). 단지 여러 사람이 모여서 양털만을 깎는 것이 아니라 연회를 벌이고 먹고 마시며, 그 자리에서 과거의 은원(恩怨)을 갚고 푸는 자리이기도 했던 것이다.

압살롬의 간청에 대해서 다윗은 굳이 여러 사람이 다 가서 누를 끼칠 것이 없다고 하면서 사양하자, 압살롬은 자기 형제들만이라도 참여할 수 있게 허락해달라고 했다. 이렇게 해서 암논을 비롯한 형제들은 모두 양털 깎기 행사에 갔다. 압살롬은 미리 준비시켜놓은 사환들과 함께 그 자리에서 암논을 죽여버렸다. 다른 형제들은 모두 놀라서 황급히 노새를 타고 예루살렘으로 도망쳤다.

압살롬도 그 길로 아버지를 피해 멀리 동북쪽에 있는 그술 지방으로 도주했다. 왜냐하면 그의 어머니는 바로 그술의 공주였기 때문이다. 암논의 피살 소식을 들은 다윗은 엄청난 충격과 분노에 휩싸였지만, 장군 요압이 다윗을 지혜롭게 설득하여 압살롬의 귀환을 허락하도록 했다. 그러나 다윗은 '내 얼굴을 보지 말게 하라'고 하면서 압살롬을 보려고 하지 않았다.

그런데 여기에서 한번 압살롬의 처사를 살펴보도록 하자. 그는 왜 처음에 아버지 다윗을 초대했을까? 만약 암논만 제거할 생각이었다면, 아버지가 없는 자리에서 은밀하게 죽여버렸으면 되지 않았을까? 이렇게 보면 압살롬의 원래 계획은 암논은 물론 아버지까지 죽이려는 것이었으리라는 추정이 가능하다. 그것이 불가능해지자 암논을 처치하는 것으로 만족했던 것이다. 압살롬은 왜 아버지 다윗까지 죽이려고 했을까? 결론부터 말하면 다윗 사후의 자신의 지위에 대한 불안감 때문이었다.

다윗은 아들들을 여럿 두었다. 그중에 큰 아들이 아히노암의 소생인 암논이고, 둘째가 아비가일의 소생인 길르압이요, 셋째가 그술의 공주가 낳은 압살롬이었다. 둘째 길르압은 어려서 죽었기 때문에 왕위 계승의 서열로 보면 압살롬은 두 번째였다. 그런데 다말 겁탈 사건에 대한 다윗의 태도를 보면 암논의 악행에도 불구하고 다윗은 장남인 그를 자신의 후계자로 점찍고 있었음을 암시한다.

압살롬의 입장에서 볼 때, 자신과 원수가 되어버린 이복형 암논이 왕으로 즉위하면 자기가 어찌 되리라는 것은 불 보듯이 뻔한 것이었다. 그래서 압살롬은 부친 시해를 통한 쿠데타를 기도한 것이었다. 그러나 그것이 제대로 되지 않자 왕위 계승 일순위인 암논을 제거하는 것으로 만족해했다. 물론 부친 다윗이 압살롬의 이러한 의도를 몰랐을 리 없었다. 그는 아들의 목숨은 살려주었지만, 그를 보지 않으려고 했던 것은 바로 이러한 사정이 있었기 때문이다.

그러나 문제는 이것으로 끝나지 않았다. 부친의 마음이 돌아서버렸음을 눈치챈 압살롬은 장군 요압에게 간청하여 가까스로 아버지 다윗을 접견하는 기회를 가지게 되었다. 다윗은 마지못해 그를 불러들여 입을 맞추었다. 그것은 적어도 공식적으로는 그가 범한 형제 살해의 죄를 용서해준 것이었다. 압살롬은 기다렸다는 듯이 병거와 말을 준비하고 50명의 수행원을 데리고 다니면서, 성문 앞에 자리를 잡고 왕에게 재판을 청하러 오는 사람들을 자신이 중간에서 가로챘다. 그는 그들에게 각종 친절과 호의를 베풀면서 4년 동안을 그렇게 행했다. 이런 식으로 그는 마침내 "이스라엘 사람의 마음을 도적(했던)" 것이다.

압살롬의 반란

때가 무르익었다고 판단한 압살롬은 부친에게 자기를 헤브론으로 보내 달라고 청했다. 헤브론으로 간 그는 사람을 이스라엘의 모든 지파에게 보내어 자신이 헤브론에서 왕이 되었다고 선포했다. 예루살렘 사람들에게도 이 사실을 알렸다. 생각해보면 참으로 주도면밀한 소행이 아닐 수 없다. 헤브론은 유다 지방의 핵심이자 과거 부친이 처음 왕으로 즉위한 곳이었지만, 그가 나중에 도읍을 예루살렘으로 옮겼기 때문에 그곳에는 이에 대해서 불만을 품은 사람들이 있었을 수도 있다.

나아가 압살롬은 지난 4년 동안의 꾸준한 노력을 통해서 이스라엘의 각 지파의 사람들에게도 인기를 얻었다. 이렇게 해서 유다와 이스라엘이 모두 그를 지지하도록 만들었다. 심지어 예루살렘 사람들조차 다윗을 버리고 그를 추종하는 사람들이 늘어가기 시작했다. 다윗은 더 이상 자신의 도읍에 머물러 있을 수 없었다. 언제 압살롬이 군대를 이끌고 입성할지 모르는 일이기 때문이었다.

다윗은 자기를 추종하는 신하와 백성들을 데리고 성 동쪽의 기드론 시내를 건너서 감람산 길로 올라갔다. 남쪽 헤브론에서는 압살롬이 올라오고, 서쪽에는 적대적인 블레셋 세력이 있었으며, 북방에도 역시 자신을 달갑게 여기지 않던 이스라엘의 다른 지파들이 버티고 있었다. 따라서 그로서는 동쪽으로 향할 수밖에 없었던 것이다. 그때 그와 백성들은 "머리를 가리고 맨발로 울며 갔다"(삼하15:30). 감람산을 오르는 그의 발걸음은 반란을 일으킨 아들을 피해 목숨을 부지하려는 피난행이면서, 동시에 과거 자신이 저지른 범죄를 돌이켜보며 애통해하는 회개의 여정이기도 했다. 자신의 이름으로 세운 도읍을 떠나는 그의 심정이 어떠했는가는 「시편」에 남아 있는 아래 구절이 잘 보여주고 있다.

> 여호와여 나의 대적이 어찌 그리 많은지요 일어나 나를 치는 자가 많으니이다
> 많은 사람이 나를 대적하여 말하기를 그는 하나님께 구원을 받지 못한다 하나이다
> 여호와여 주는 나의 방패시요 나의 영광이시요 나의 머리를 드시는 자이시니이다
> 내가 나의 목소리로 여호와께 부르짖으니 그의 성산에서 응답하시는도다
> 내가 누워 자고 깨었으니 여호와께서 나를 붙드심이로다
> 천만인이 나를 에워싸 진 친다 하여도 나는 두려워하지 아니하리이다
> 여호와여 일어나소서 나의 하나님이여 나를 구원하소서 주께서 나의 모든 원수의 뺨을 치시며 악인의 이를 꺾으셨나이다
> 구원은 여호와께 있사오니 주의 복을 주의 백성에게 내리소서 (시3:1-8)

다윗 일행이 예루살렘을 떠날 때 제사장 사독도 레위 지파 사람들과 함께 언약궤를 메고 나왔고, 엘리의 후손인 아비아달도 백성들과 함께 성 밖으로 나왔다. 그러나 다윗은 사독과 아비아달에게 언약궤를 메고 도로 성으로 돌아가라고 했다. 과거 사울의 시대에 언약궤가 겪었던 유랑의 수모를 다시 되풀이하지 않게 하려는 다윗의 배려였다. 나아가 그를 지지하는 이 두 사람을 예루살렘으로 돌려보냄으로써 그후에 그들과 내통하며 성 안의 사정을 알아보려고 한 계산도 있었다.

다윗이 떠나간 직후에 압살롬은 예루살렘에 입성했다. 다윗의 밑에서 모사 노릇을 하던 아히도벨이라는 인물이 이제 압살롬을 위한 모사가 되었다. 그는 압살롬에게 부친의 후궁들과 더불어 동침하라고 조언했다. 그것은 일견 패륜적인 행위인 것처럼 보이지만, 사실은 왕위를 주장하는 사람이 전임 군주의 후궁들을 취함으로써 자신이 정통의 군주가 되었음을 내외에 과시하는 의미가 담긴 정치적 행위였다.

그리고 아히도벨은 자기에게 1만2,000명의 택한 병사를 주면 다윗 왕을 추격하여 그가 궁지에 몰려 있을 때, 왕만 죽이고 나머지 백성들은 돌아오게 하겠다고 말했다. 그러나 압살롬은 그의 계략을 듣지 않고 후새라는 사람이 내놓은 새로운 제안을 받아들였다. 그는 이스라엘 사람들을 모두 동원하여 자신이 직접 지휘하고 다윗을 공격하기로 한 것이다. "여호와께서 압살롬에게 화를 내리려 하사 아히도벨의 좋은 계략을 물리치라고 명령하셨다"(삼하17:14)는 성경의 기록처럼, 후새는 사실 다윗과 내통하고 있는 인물이었고, 그 계획을 미리 다윗에게 알려주었다.

압살롬은 군대를 소집해서 아버지를 추격하기 시작했다. 그러나 다윗은 그것을 미리 알고 요르단 강을 건너 과거 사울의 아들 이스보셋이 근거로 삼았던 마하나임으로 가서 그곳을 항전의 기지로 구축하고 있었다. 젊은 혈기와 분노로 가득 찬 압살롬이 이제까지 수도 없이 많은 전투를 치렀던 다윗의 상대가 될 수는 없었다. 다윗은 자기와 함께 있던 사람들을 재조직하여 천부장과 백부장을 세웠다. 그는 이스라엘의 전통적인 전열 배치 방식에 따라 전체 군대를 셋으로 나누어, 요압과 그의 동생 아비새 그리고 가드 출신의 잇대라는 사람에게 각각 맡겼다.

양측의 전투는 마하나임 북쪽의 에브라임 숲에서 벌어졌다. 다윗으로서는 수적으로 압도적으로 많은 적을 상대하기 위해서는 평원보다는 시야가 차단되고 험준한 산간의 숲 지대가 훨씬 더 낫기 때문이었다. 전투의 결과는 압살롬의 참패였다. 처음의 접전에서 압살롬 군대는 2만 명이 참살당했지만, 그보다 더 많은 숫자가 숲 속에서 죽음을 당했다.

상황이 불리해진 것을 깨달은 압살롬은 노새를 타고 도주하기 시작했다. 그 당시 이스라엘 사람들에게는 말이 아직 보편적으로 사용되지 않았던 터라, 왕이 성을 출입할 때에 주로 타고 다니던 동물이 노새였다. 당시에 노새는 사실 '왕의 탈 것'이었다. 압살롬이 암논을 죽였을 때에 다른 형제들도 모두 노새를 타고 도망쳤고, 후일 솔로몬이 왕위에 오를 때에도 노새를 타고 입성했다. 노새는 수나귀와 암말의 교배에 의해서 태어나는데, 몸집이나 달리는 속도가 거의 말에 버금갈 정도이다. 반면에 나귀는 몸집도 작고 비루해 보인다. 그래서 예수님이 예루살렘으로 들어올 때 '멍에 메는 짐승'인 나귀, 그것도 나귀의 새끼(마21:5)를 타신 것은 스스로를 겸손하게 낮추려고 그렇게 하신 것이었다.

아무튼 압살롬은 노새를 타고 도망치다가 그만 그 머리털이 상수리나무에 걸려 옴짝달싹 못하는 신세가 되어버렸다. 뒤따라가던 요압이 창으로 압살롬의 심장을 찔러 죽이고, 그의 시체를 숲 안의 큰 구덩이에 던지고 돌무더기를 쌓았다. 이렇게 해서 압살롬의 반란은 종말을 고했다. 아들의 죽음을 들은 다윗은 "압살롬아 차라리 내가 너를 대신하여 죽었더면, 압살롬 내 아들아 내 아들아"(삼하18:33)라고 하면서 통곡했다고 한다. 여호와께서는 밧세바를 겁탈하고 그녀의 지아비이자 휘하의 장군이었던 우리아를 죽인 다윗으로 하여금 자기의 자식들이 서로 겁탈하고 살인을 범하는 악행을 스스로 목도하게 한 것이다. 마침내 다윗은

다윗의 무덤 (예루살렘)

이스라엘과 유다의 장로들의 인도를 받아 다시 예루살렘에 입성했다.

다윗은 이 일이 있은 뒤 한번 더 반란을 겪었다. 그것은 베냐민 지파의 세바라는 인물이 "우리는 다윗과 나눌 분깃이 없으며 이새의 아들에게서 받을 유산이 우리에게 없도다"(삼하20:1)라고 하면서 이스라엘 사람들을 격동하여 다윗에게 반기를 든 사건이다. 유다와 이스라엘의 반목이 얼마나 뿌리 깊은가를 잘 보여주는 사건이기도 하다. 다윗의 장군 요압은 동생 아비새와 함께 반군을 추격하기 시작했고, 마침내 이스라엘의 가장 북쪽에 이르러 그가 있는 성읍을 포위하기에 이르렀다. 그 성의 주민들은 세바의 목을 베어 요압에게 던져주었고 이로써 세바의 반란은 종식되었다.

다윗은 '이불을 덮어도 따뜻하지 아니' 할 정도로 나이가 들고 늙자, 수넴 출신의 아리따운 동녀를 데려다가 봉양케 했으나 '동침'하지는 않았다. 그가 더 이상 국사를 돌보기 힘든 나이가 되자 왕위를 둘러싼 계승 분쟁은 본격적으로 격화되기 시작했다. 그것은 솔로몬의 즉위로 종결되는데, 이에 관한 구체적인 사정은 다음 장에서 설명하기로 하겠다. 여기서는 다윗의 말년에 시행된 인구조사에 관한 내용을 소개하는 것으로 마무리를 지을까 한다.

인구 조사

다윗은 어느 날 군대장관인 요압에게 명하여 '단에서 브엘세바까지' 즉 왕국 전역의 모든 이스라엘 지파의 인구를 조사하라고 했다. 요압의 반대에도 불구하고 그는 고집을 굽히지 않았고 마침내 인구조사가 시작되었다. 조사의 순서는 예루살렘에서 시작해서 요르단 강을 건너 동편의 아로엘에 이른 뒤, 거기서 북쪽으로 올라가면서 시계 반대방향으로 진행하는 것이었다. 그래서 북방의 길르앗을 거쳐 서쪽으로 단과 시돈과 두로에 이른 뒤, 남쪽으로 내려와서 브엘세바에까지 이르렀다. 조사 기간은 9개월 20일이 걸렸고 그 결과 '칼을 빼는 담대한 자', 즉 20세 이상의 성인 남자의 숫자가 이스라엘에서 80만 명이고 유다에서 50만 명이라는 사실이 확인되었다. 그런데 흥미로운 사실은 조사를 한 뒤에 다윗이 스스로 자책하면서 여호와께 "내가 이 일을 행함으로 큰 죄를 범하였나이다"(삼하24:10)라고 말한 것이다.

분노한 여호와는 선지자 갓의 입을 통해서 세 가지 징벌을 내놓고 다윗에게 하나를 고르라고 했다. 첫째는 왕의 땅에 7년 기근이 드는 것이요, 둘째는 왕이 대적에게 쫓겨 석 달을 도망하는 것이고, 마지막으로 셋째는 왕의 땅에 사흘 동안 온역(溫疫)이 드는 것이었다.

셋 가운데 어느 것이 더 무겁고 더 가벼운 것은 없었다. 기간이 짧으면 그만큼 재앙의 강도는 더 강했기 때문이다. 다윗은 세 번째 온역을 선택했다. 그 결과 단에서 브엘세바까지 7만 명의 백성들이 목숨을 잃었다. 마침내 천사가 손을 들어 예루살렘을 치려고 하자 여호와가 '족하다'고 하며 그만두게 했던 것이다. 다윗은 자신의 죄를 뉘우치며 단을 쌓고 번제와 화목제를 드렸는데, 비로소 이스라엘에 내리는 재앙이 그치게 되었다.

우리는 이 일화를 보면서 의문을 가지지 않을 수 없다. 인구조사를 하는 것이 무엇 때문에 여호와의 분노를 샀을까? 그런데 흥미로운 사실은 그것이 '악하다'는 것을 요압도, 다윗도 다 알고 있었다는 점이다. 당시 사람들의 눈으로 볼 때 인구조사를 하는 것은 의심할 여지없는 악행이었던 것이다. 역사적으로 볼 때 인구조사는 대체로 세금의 징수와 요역의 징발을 목적으로 이루어졌다. 따라서 가능하면 조사에서 빠질려고 애를 썼던 것이고, 역사적인 자료에 기록된 인구통계의 결과는 실제보다 크게 미치지 못하는 숫자일 수밖에 없었다. 과거 몽골제국이 고려를 복속시킨 뒤에 호구조사를 해서 결과를 보고하라고 여러 차례 압박을 가했지만, 고려의 조정은 갖은 핑계를 대면서 이를 회피하려고 했던 까닭도 바로 무거운 공납의 징수를 피하기 위해서였다.

따라서 왕정이 시작된 지 얼마 지나지도 않은 다윗의 치세에 인구조사는 이스라엘 백성들에게 비난과 규탄의 대상이 될 수밖에 없었다. 이제까지 여호와의 계시를 받는 사사들이 있기는 했지만, 그들은 백성들 사이에 어떤 문제가 발생했을 때에 그것을 중재하거나 판단하는 역할, 또는 대내외적인 위기의 상황에 봉착했을 때에 힘을 모아서 이에 대처하는 역할 등 대체로 일시적이고 매우 느슨한 형태의 리더십이었다. 그런데 이제 이스라엘 백성들은 자기 소원대로 왕을 가지게 되었다.

그러나 이 새로운 형태의 지도자는 외적의 침입을 막고 광대한 영역을 안정적으로 지배하기 위해서는 많은 수의 군대를 유지해야 했고 상당수의 관리들도 보유하지 않으면 안 되었다. 뿐만 아니라 도로와 궁전과 성전 등 각종 건설 사업도 불가피하게 수반되었다. 이를 위해서 군주는 재화가 필요했고 노동력이 필요했다. 다윗이 실시한 인구조사는 바로 세수와 요역을 확보하려는 목적으로 추진된 것이었다. 다윗은 그것이 악하다는 것을 알면서도 필요하기 때문에 시행할 수밖에 없었으니, 필요악이라는 말이 정확한 표현이라고 할 수 있다.

다윗은 이처럼 성공적인 정복활동을 통해서 왕국의 영역을 엄청나게 확장시켰고, 그 영역을 통치하고 지배하는 데에 필요한 재화와 인력의 확보를 위해서 인구조사도 실시했다. 그렇지만 사울의 시대에 존재했던 고질적인 병폐인 유다와 이스라엘 사이의 반목이 다윗의 치세에 사라진 것은 아니었다. 그것은 그대로 남아서 솔로몬의 시대에 들어와서도 잠복했다.

그러나 이처럼 잠복하는 위험에도 불구하고 솔로몬의 시대는 극도의 영광을 구가했으니, 그것은 솔로몬 개인의 노력의 결과라기보다는 다윗이 평생을 들여 이룩한 성취가 남긴 유산이었다.

제7장

영광과 지혜의 군주 : 솔로몬

솔로몬 시대의 빛과 그림자

솔로몬은 다윗과 함께 이스라엘 역사상 가장 유명하고 탁월한 군주였다. 그의 명성은 이스라엘 사람들의 기억 속에 오랫동안 남아서, 예수님도 그를 언급할 때면 항상 '솔로몬의 영광'이라든가 '솔로몬의 지혜'를 말하곤 했던 것이다. 이스라엘과 기독교권이 아닌 이슬람 세계에서는 그는 '술레이만'이라고 불리며 역시 영광과 지혜를 상징하는 인물로 알려졌다. 오늘날 이스탄불 언덕 위에 자리잡은 거대한 술레이만 모스크를 건설한 오스만 제국의 술탄도 바로 그 이름을 가지고 있다.

솔로몬은 기원전 970년에 즉위했다. 아버지처럼 그의 나이 서른 살 무렵이었다. 다윗은 도읍을 헤브론에서 예루살렘으로 옮긴 뒤 33년 동안 나라를 그곳에서 다스렸다. 그가 예루살렘으로 도읍을 옮긴 직후에 밧세바를 범하여 첫 아이를 낳았으나, 여호와 하나님의 진노로 그 아이는 죽음을 당했다. 그 이후에 솔로몬을 잉태케 하셨으니, 그 시기를 역산하면 다윗이 사망할 때 솔로몬의 나이가 서른 살 정도가 되는 셈이다. 솔로몬은 40년 동안 왕위에 있다가 사망했으니, 향년 일흔 살 정도였다.

치세가 40년이라고 하면 결코 짧은 기간이 아니다. 그는 이 기간 동안 대외적으로는 주변의 여러 나라들과 외교와 교역을 통해서 평화적인 관계를 유지했다. 대내적으로는 다윗이 마음만 먹고 이루지 못했던 숙원 사업인 성전 건축을 완성시켰고, 엄청나게 화려하고 거창한 궁전도 지었다. 그전까지는 여러 부족으로 나뉘어 산간에서 농사와 목축을 영위하던 이스라엘 사람들은 주변의 여러 세력들의 손쉬운 먹잇감이었다. 그런데 불과 수십 년 만에 당시 근동 지역에서는 보기 드문 강국을 건설하고 높은 수준의 정치, 경제, 문화적인 성취를 이룩한 것이다. 물론 그 기초는 다윗이 놓은 것이었지만, 그것을 정상의 수준으로 올려놓은 주역은 바로 솔로몬이었다.

그러나 그 영광의 이면에는 어두운 그림자가 길게 드리워져 있었다. 솔로몬은 주변에 있는 나라들과 우호적인 관계를 맺기 위해서 자주 정략 결혼을 했고, 그는 이방의 왕비들이 궁 안에서 우상을 숭배하는 것을 묵인해주었다. 뿐만 아니라 대규모 건축공사는 백성들의 무거운 세금과 노역을 토대로 추진되었기 때문에 사회적인 불만도 높아질 수밖에 없었다. 이러한 불만은 특히 왕국의 북방에서 강하게 나타나서 남쪽의 유다 지역이 주도하는 정치체제에 대한 반발이 표출되기 시작했다.

이러한 종교적인 혼란, 사회적인 불만, 정치적인 갈등은 바로 솔로몬 시대의 그 화려한 영광 뒤에 숨어 있던 어둠의 그림자였다. 그것은 결국 솔로몬 사후에 한꺼번에 전면으로 표출되면서 왕국은 남북으로 갈라지는 운명을 맞았다. 그리고 북쪽의 이스라엘 왕국이 아시리아에 의해서 기원전 722년에, 그리고 남쪽의 유다 왕국이 바빌론에 의해서 기원전 586년에 멸망될 때까지 오랜 분열의 시대가 계속되었다. 솔로몬의 영광은 짧았고 그 이후의 분열과 혼란은 길었던 것이다.

따라서 우리는 솔로몬의 시대가 가지는 이 양면의 모습을 올바로 이해할 필요가 있다. 솔로몬 시대에 광범위하게 나타나기 시작한 불만과 혼란이 그 개인의 '실정(失政)' 때문이라고까지 말하기는 어렵다. 솔로몬 시대에 혹은 그 이후에 드러난 여러 가지 문제들이 모두 솔로몬으로 인해서 생긴 것은 아니기 때문이다. 그러나 극도로 호화로운 왕궁의 건설과 사치스러운 왕실의 생활을 생각하면 그도 책임의 일단을 면하기는 어렵다. 그러면 이제부터 그가 즉위하는 과정에서부터 시작해서, 왕위에 오른 그가 추진했던 여러 가지 사업과 정책들 가운데 중요한 것들을 살펴본 뒤, 그의 사망과 함께 왕국이 분열에 이르게 되는 과정을 추적해 보도록 하자.

왕위 계승 분쟁

다윗이 늙어서 더 이상 국사를 주관할 수 없는 처지가 되자, 다음 왕위의 계승을 위해서 먼저 선수를 친 쪽은 아도니야였다. 그는 압살롬 다음에 출생했고 위로 세 형들이 모두 죽었기 때문에 나이로 치면 왕위 계승 서열 일순위였던 셈이다. 더구나 그는 아버지 다윗이 "네가 어찌하여 그리하였느냐 하는 말로 한번도 저를 섭섭하게 한 일이 없었다"고 할 정도로 그의 총애를 받았다. 따라서 그가 스스로 왕이 되려고 마음을 먹은 것도 이상한 일은 아니었다. 그는 군대장관 요압과 제사장 아비아달의 후원도 받고 있었다. 그러니 어느 누구라도 그가 왕위를 계승할 것으로 예상했을 것이다.

과연 그는 부친이 사망할 때까지 기다리지 않고 스스로 왕위를 차지하려고 거사를 일으켰다. 그러나 그의 행동은 스스로를 높이는(왕상1:5) 것이었고 부친의 동의 없이 진행된 것이기 때문에, 과거에 압살롬이 그러했듯이 실패로 끝날 수밖에 없었다. 그는 먼저 자신이 적법한 계승자임을 알리기 위해서 자기의 모든 동생들과 다윗 왕의 신복들과 유다 사람들을 초청했다. 그런데 이 초청자 명단에서 빠진 인물이 있었으니, 그가 바로 솔로몬이었다.

아도니야는 왜 그를 초청하지 않았을까? 물론 당연히 그가 반대하리라고 예상했기 때문일 것이다. 두 사람의 나이 차이를 정확하게는 알 수 없지만, 그 당시 아도니야의 나이는 35세, 솔로몬은 30세 정도였을 것으로 추측된다. 다섯 살이라면 큰 나이 차이라고 할 수 없다. 더구나 과거에 족장 시대 이래로 장자들이 이런저런 사정으로 자신의 권한을 상실했던 예들을 우리는 앞에서 보았다. 솔로몬이라고 아도니야에게 순순히 왕위를 내어줄 이유는 없었다.

그러나 솔로몬이 아도니야에게 불복하게 된 더 큰 이유는 다윗이 생전에 솔로몬에게 왕위를 물려주겠다는 언약을 했기 때문이었다. 아마 그런 사실이 공식적으로 선포되지는 않았지만, 공공연한 사실로 알려져 있었던 것 같다. 아도니야가 솔로몬을 부르지 않고 선수를 치게 된 것도 바로 이런 사정 때문이었다. 그는 일단 자기를 지지하는 사람들만 불러서 자신이 왕이 되었음을 선언하고, 그래서 그것을 기정사실로 만들려고 했던 것이다.

당시 솔로몬은 다윗의 호위대장인 브나야와 그 휘하의 군인들, 제사장 사독과 선지자 나단, 그리고 무엇보다도 예루살렘 시민들의 지지를 받고 있었다. 아도니야가 스스로 왕을 칭했다는 소식을 듣고 먼저 행동에 나선 것은 선지자 나단이었다. 그는 자신의 경쟁자인 제사장 아비아달이 아도니야를 후원하여 왕위에 앉힌 것에 대해서 불안감을 느꼈을 것이다. 그래서 그는 밧세바에게 다윗 왕에게 가서 이 위급한 사태를 고하라고 하면서 구체적인 계책까지 알려주었다.

그의 말에 따라 밧세바는 수넴 출신의 여자 아비삭의 시중을 받고 있던 늙은 다윗 왕의 침소로 달려갔다. 그리고 "내 주여 왕이 전에 왕의 하나님 여호와를 가리켜 여종에게 맹세하시기를 네 아들 솔로몬이 반드시 나를 이어 왕이 되어 내 왕위에 앉으리라"(왕상1:17)고 하지 않았느냐면서 다그쳤다. 밧세바가 다윗에게 이렇게 탄원할 때 선지자 나단이 들어왔다. 나단은 아도니야의 행동이 부당함을 지적하면서 약속대로 솔로몬을 후임으로 지명할 것을 청했다. 물론 두 사람은 사전에 짜놓은 각본대로 행동한 것이다.

이에 다윗은 "내가 오늘날 그대로 행하리라"고 하면서, 제사장 사독과 선지자 나단과 장군 브나야를 불러서 솔로몬을 왕으로 추대할 것을 지시했다. 이들은 다윗의 명령에 따라 솔로몬을 다윗 왕의 노새에 태워 기혼 샘이 있는 골짜기로 이끌고 간 뒤, 제사장 사독이 언약궤가 모셔져 있는 성막 안에서 기름을 뿔에 담아와 솔로몬에게 부었다. 과거 사무엘도 같은 방식으로 다윗에게 기름을 부었었다. 그리고 양각을 불자 백성들은 '솔로몬 왕 만세'를 외쳤다. 그들은 모두 피리를 불면서 솔로몬을 따라 성으로 올라왔다. 다윗의 지명으로 솔로몬이 즉위하고 입성했다는 소식을 들은 아도니야는 더 이상 다투기를 포기했다. 솔로몬은 목숨만을 살려달라는 그의 애원을 받아들여 집으로 돌려보냈다.

솔로몬의 왕위 계승이 확정된 뒤 얼마 되지 않아 다윗은 이 세상을 떠났다. 그는 타계하기 직전에 솔로몬을 불러서 다음과 같은 유언을 남겼다. "내가 이제 세상 모든 사람이 가는 길로 가게 되었노니 너는 힘써 대장부가 되고 네 하나님 여호와의 명령을 지켜 그 길로 행하여 그 법률과 계명과 율례와 증거를 모세의 율법에 기록된 대로 지키라 그리하면 네가 무엇을 하든지 어디로 가든지 형통할지라"(왕상2:2-3). 그러고 나서 그는 사망했고 '다윗 성'에 장사되었다.

아버지가 사망한 뒤, 그는 곧바로 자신의 즉위에 반대했던 인사들을 처결하기 시작했다. 무엇보다도 먼저 이복형 아도니야를 처형했다. 솔로몬은 처음에 그를 그냥 살려두려고 했다. 그러나 아도니야가 다윗 말년에 시중을 들던 아비삭이라는 여자를 자기 아내로 달라고 청한 것이 문제가 되었다. 왜냐하면 전임 군주의 왕후나 후궁을 아내로 취하는 행위는 곧 자신이 그 군주의 자리에 앉았음을 과시하는 행위로 여겨졌기 때문에, 아도니야의 이러한 청원은 솔로몬의 분노를 사게 된 것이다. 그는 브나야를 시켜 그를 처형했다.

솔로몬은 제사장 아비아달도 제거했다. 그러나 그가 다윗의 시대에 언약궤를 메었고 또 부친과 고락을 같이 했던 점을 기억하여 죽이지는 않았다. 다만 제사장의 직책을 박탈하고 그의 고향으로 돌아가라고 명령했다. 아비아달은 제사장 엘리의 후손이며 그 집안에서 마지막으로 그 직책을 맡았던 사람이었다. 엘리의 두 아들의 패악으로 인해서 그 가문에 내린 징벌이 아비아달의 추방으로 마침표를 찍게 되었다.

아버지 다윗의 치세에 군대장관을 지낸 요압은 군대를 움직일 위험한 인물이었으므로 더더욱 살려둘 수 없었다. 솔로몬은 자신이 신임하는 장군 브나야를 시켜 그를 제거하도록 했다. 자신을 해하리라는 것을 이미 알고 있었던 요압은 성막 안으로 들어가 은신하며 제단의 뿔을 잡고 자기 목숨을 부지하려고 했다. 여기서 '제단의 뿔'이란 성막 안에서 번제를 들이는 제단의 네 귀퉁이에 뿔 모양으로 솟아 있는 것을 일컫는다. 시편에서 여호와는 "나의 구원의 뿔"(시18:2)이라고 한 것도 바로 그것을 두고 한 말이다. 아무리 죄인이라도 성소 안에서 성물을 붙잡고 있으면 함부로 죽일 수 없었다. 아도니야도 솔로몬이 즉위한 직후에 그곳의 뿔을 잡고 살려달라고 했던 적이 있었다. 그러나 솔로몬은 브나야에게 안으로 들어가서 요압을 죽이라고 명령했고 브나야는 그대로 행했다.

솔로몬은 마지막으로 베냐민 출신의 시므이라는 인물을 제거했다. 시므이는 사울의 집안에 속한 사람으로서 과거 다윗이 압살롬에 쫓겨 도망칠 때 그를 괴롭혔던 인물이다. 다윗은 임종의 자리에서 자기는 그를 살려두었지만 너까지 그럴 필요는 없다는 유언을 남겼다. 솔로몬은 처음에 그를 불러 예루살렘 성 안에 거주하고 절대로 기드론 시내를 건너지 말라고 경고했다. 그 까닭은 그가 사울의 고향인 베냐민 지방으로 가서 반란을 주모할까 하는 우려 때문이었다. 그러나 시므이는 몇 년 뒤 도망간 종들을 찾으러 기드론을 건너갔다가 다시 돌아왔다. 물론 반란을 도모한 것은 아니었지만, 금령(禁令)을 어겼기 때문에 솔로몬은 그것을 구실로 삼아 브나야를 시켜 그를 죽였다.

이렇게 해서 솔로몬은 자신의 경쟁자인 아도니야와 강력한 군지휘관인 요압을 제거했고, 엘리 가문의 마지막 제사장 아비아달과 사울 가문의 잔재 세력인 시므이까지 없애버렸다. 솔로몬이 지혜롭고 공정한 군주라는 이미지와는 사뭇 달리 매우 단호하고 비정하기까지 한 그의 모습을 읽을 수 있다. 솔로몬은 요압을 대신하여 브나야를 군대장관으로 삼고, 아비아달을 대신하여 사독을 제사장으로 임명했다. 성경은 "이에 나라가 솔로몬의 손에 견고하여지니라"(왕상2:46)고 기록했다.

솔로몬의 지혜

당시는 아직 여호와의 성전을 짓기 전이었다. 그래서 백성들은 산당(山堂), 즉 산 위의 높은 곳에 두어진 장소에서 제사를 지냈다. 솔로몬 역시 제사를 드리기 위해서 예루살렘에서 서북쪽으로 9킬로미터 떨어진 곳에 있는 기브온으로 올라갔다. 옛날에 여호수와가 가나안으로 들어왔을 때에 거짓을 꾸며서 언약을 맺어 파괴를 면했던 바로 그 도시였다. 솔로몬은 그곳의 큰 산당의 단에 번제를 드렸다.

이를 두고 성경은 "솔로몬이 여호와를 사랑하고 그의 아버지 다윗의 법도를 행했으나 산당에서 제사하며 분향하더라"(왕상3:3)고 기록했다. 이 구절에는 그가 여호와를 사랑하고 다윗의 법도를 행했다는 긍정적인 평가에 뒤이어, 산당에서 제사하며 분향했다는 부정적인 사실이 지적되어 있다. 이는 솔로몬의 행위가 그렇게 칭찬할 만한 것이 아니었음을 시사한다. 모세가 정해준 규례에도 산 위에 있는 단과 그곳의 우상들을 모두 허물라는 조항이 보인다(신12:1-7).

그러나 여호와는 솔로몬의 이러한 행동을 질책하지 않았다. 오히려 그의 꿈에 나타나서 "내가 네게 무엇을 줄꼬 너는 구하라"(왕상3:5)고 말씀하셨다. 솔로몬은 많은 백성들을 재판할 때 선악을 분별할 수 있도록 '지혜로운 마음'을 달라고 청했다. 하나님은 이를 기뻐했고 그가 구하지도 않은 '부와 영광'도 그에게 주겠다고 약속했다. 다만 한 가지 조건이 있었다. "네가 만일 네 아버지 다윗이 행함 같이 내 길로 행하며 내 법도와 명령을 지키면 내가 또 네 날을 길게 하리라"(왕상3:14)는 것이었다. 이렇게 해서 솔로몬은 여호와 하나님이 주신 지혜와 부와 영광, 이 세 가지를 모두 다 가지게 되었다.

이 일이 있은 뒤 두 여인이 갓난아이를 하나 안고 와서 서로 자기가 낳은 아이라고 우기면서 판결을 요구하여, 솔로몬이 칼로 아이를 갈라서 둘로 만들어 나누어주겠다고 말한 사건은 너무 유명하기 때문에 여기에서 더 이상 설명할 필요도 없을 것이다. 당시 왕의 중요한 임무 중의 하나는 바로 백성들 사이에 벌어지는 다툼과 소송을 판결하는 일이었다. 이는 과거 사사 시대 이래로 내려오던 전통이었다. 왕은 별도의 판관을 두지 않고 자신이 직접 백성들의 억울한 사연을 듣고 분쟁을 조정하고 판결을 내렸다.

솔로몬의 지혜는 현재 구약성경에 포함된 「잠언」과 「전도서」라는 두 책에 잘 나타나 있다. 두 글 모두 '아들' 즉 젊은이들에게 주는 권유와 경고로 되어 있다. 솔로몬은 「잠언」에서 "여호와를 경외하는 것이 지식의 근본"(잠1:7)이라고 하면서 다음과 같은 충고를 하고 있다. "지혜를 얻은 자와 명철(明哲)을 얻은 자는 복이 있나니 이는 지혜를 얻는 것이 은을 얻는 것보다 낫고 그 이익이 정금보다 나음이니라"(잠3:13-14) 혹은 "여호와를 경외하는 것이 지혜의 근본이요 거룩하신 자를 아는 것이 명철이니라"(잠9:10)와 같은 구절들은 특히 유명하다. 모두 지혜의 근원이 바로 여호와를 아는 것임을 강조하고 있다. 이 글이 '잠언'이라고 불리는 까닭은 대부분의 내용이 장황한 설교와 같은 것이 아니고 한두 줄의 짧은 글 속에 촌철살인의 핵심적인 내용을 담고 있기 때문이다.

이에 비해서 「전도서」는 허무적이고 달관적인 분위기가 강하게 흐르고 있다. 저자는 자신을 "다윗의 아들 예루살렘 왕 전도자"라고 부르면서 다음과 같은 구절로 글을 시작한다.

해 아래에서 수고하는 모든 수고가 사람에게 무엇이 유익한가
한 세대는 가고 한 세대는 오되 땅은 영원히 있도다
해는 뜨고 해는 지되 그 떴던 곳으로 빨리 돌아가고
바람은 남으로 불다가 북으로 돌아가며 이리 돌며 저리 돌아 바람은 그 불
   던 곳으로 돌아가고
모든 강물은 다 바다로 흐르되 바다를 채우지 못하며(전1:3-8)

사람이 지상에서 하는 모든 일들이 헛되다는 그의 말은 글의 마지막에서 "전도자가 가로되 헛되고 헛되도다 모든 것이 헛되도다"(전12:8)이라는 구절에서 다시 되풀이되고 있다. 그러나 허무주의를 선포하는 것이 이 글의 목적은 아니다. 「전도서」 역시 「잠언」과 마찬가지로 세상을 살아갈 때 지혜의 중요성을 강조하고, 그 지혜는 바로 하나님을 두려워하는 데에서 나온다는 점을 강조하고 있는 것이다. 즉 '하나님을 경외하고 그 명령을 지키는 것'이 사람의 본분이며, 하나님은 사람의 모든 행위와 은밀한 일에 대해서 그 선악을 가려서 심판하시리라는 것이 「전도서」의 결론이다.

제도와 행정의 정비

솔로몬은 왕국의 토대를 확고히 하기 위해서 중앙과 지방의 행정을 조직하는 일을 시작했다. 그러나 그가 정비하여 조직한 중앙 정부의 기구라고 해봐야 우리가 후일 여러 왕조에서 보는 그런 체계적이고 복잡한 조직은 아니었다. 다만 다윗 시대에 비해서는 제법 정비된 관직을 두었던 것 같다. 성경에는 제사를 담당하는 제사장, 군대를 지휘하는 군대장관, 왕의 명령을 기록하는 서기관과 사관(史官), 왕궁 안의 사무를 관장하는 궁내대신, 요역에 징발된 사람들을 관할하는 감역관, 그리고 관리들을 감독하는 관리장 등이 언급되어 있다.

솔로몬은 이스라엘 왕국의 전 영토를 12개의 행정 구역으로 분할했다. 이 구역들의 이름을 보면 상당수 과거 12지파의 이름과 동일하기 때문에, 지파들의 거주 구역이 분할의 중요한 기준이 되었음을 알 수 있다. 그러나 지파의 이름 이외에 다른 도시나 지역의 명칭들도 나타나는 것으로 보아, 부족이 지역 분할의 유일한 기준은 아니었음도 역시 알 수 있다. 이는 당시 여전히 부족적인 연대가 중요했지만, 지연에 근거한 사회적 관계가 새로운 요소로 등장하고 있음을 말해준다.

솔로몬은 이들 12개의 행정 구역에 책임자, 말하자면 총독을 한 사람씩 임명했다. 그들의 의무는 일 년에 한 달씩 왕궁에서 필요로 하는 식량을 제공하는 것이었다. 세금에 관한 구체적인 언급은 찾아볼 수 없지만, 이들 총독이 예루살렘의 왕궁 유지에 필요한 물자를 충당하기 위해서 어떤 형태로든 물자를 징발했음은 의심할 나위가 없다. 솔로몬의 왕궁이 소비하는 1일분 곡식이 밀가루 90석, 소 30마리, 양 100마리였고,

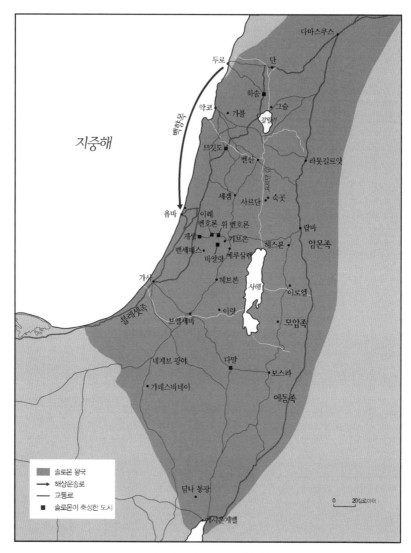

지중해

다마스쿠스

두로
단

하솔
악코 • 가블 그술
갈릴리

뱃항목

므깃도
벤산 • 라못길르앗

세겜 • 사르단 • 숙곳

욥바
이레
벤호론 위 벤호론
게셀 기브온 랍바
벤세메스 헤스본 암몬족
바알랏 • 예루살렘

가사 헤브론 사해

블레셋족 이로엘

브엘세바 • 이란

모압족
네게브 광야 다말
• 가데스바네아 • 보스라

에돔족

담나 동광

에시온게벨

솔로몬 왕국
→ 해상운송로
— 교통로
■ 솔로몬이 축성한 도시

0 ____ 20킬로미터

지도 21 솔로몬 시대의 왕국

이밖에도 사슴과 노루와 새들도 포함되어 있었다. 이것을 1년 치로 계산하면, 밀가루 3만2,000석, 소 1만 마리, 양 3만6,000마리가 된다. 실로 엄청난 양이 아닐 수 없다. 솔로몬의 병거(전차)를 끄는 말들에게 필요한 보리와 꼴도 바쳐야 했다.

솔로몬은 군대의 조직에 대해서도 약간의 수정을 가한 것으로 보인다. 이스라엘은 다윗 시대까지만 해도 산간 지역의 보병이 군대의 주력이었다. 그래서 다윗은 전투에서 노획한 많은 말들의 발 힘줄을 끊어서 전쟁에 사용되지 못하게 했던 것이다. 그러나 솔로몬은 이제 블레셋인들이 거주하는 평야 지대를 다스리게 되었기 때문에 그들의 장기였던 전차전 방식을 받아들였다. 그래서 그는 말을 키우는 외양간을 4,000개소에 설치하고, 병거 1,400승과 마병 1만2,000명을 규합하여 대규모 전차 부대를 편성했다(왕상4:26, 10:26; 대하9:25).

성전과 왕궁의 건축

솔로몬은 왕권을 상징하는 두 개의 대표적인 건축물을 짓기 시작했다. 하나는 성전의 건축이고 또 하나는 왕궁의 건축이었다. 물론 성전은 여호와 하나님을 모시는 전당이라는 점에서 종교 건물이었다. 그러나 이제까지 지방 각지의 산당에서 지내던 제사를 폐하고, 모든 제사를 왕국의 수도인 예루살렘으로 수렴하려는 의도에서 추진된 것이다. 따라서 제사의 중앙 집중화를 통해서 왕권을 강화하고 신성시하려는 솔로몬의 정치적 의도와 맞물려 있었다고 볼 수 있다.

이스라엘 사람들은 다윗의 시대에 들어와서 상당한 영토를 영유한 왕국을 건설하는 데에 성공하기는 했지만, 여전히 대규모 건축사업을 수행할 정도로 고도로 발달된 기술을 보유하지는 못했다. 따라서 솔로몬은 이를 위해서 도시, 성벽, 대형 건물의 건축에 필요한 기술을 보유하고 있던 외부 세력의 도움을 필요로 했다. 그래서 그는 먼저 자신과 우호적 관계를 유지하고 있던 두로의 왕 히람에게 부탁하여 필요한 목재를 보내달라고 요청했다. 솔로몬과 히람 두 사람은 북방 레바논 산지에서 백향목과 잣나무를 베어서 바닷길로 두로까지 옮겨온 뒤, 그것을 다시 육로를 통해서 두로에서 예루살렘까지 운반하도록 계획을 세웠다.

솔로몬은 목재의 구입과 해상 운송에 대한 대가로 매년 밀 2만 석과 맑은 기름 20석을 주기로 했다. 또한 그는 벌채를 위해서 일꾼 3만 명을 이스라엘 전역에서 징발했다. 이들을 3개조로 나누어 1개조가 한 달씩 레바논에 가서 작업을 하고 두 달은 집에 가서 쉬는 방식으로 일을 진행했다. 이밖에도 산에서 돌을 뜨는 자가 8만 명이었고, 목재와 석재를 운반하는 담꾼이 7만 명이었다. 이들 일꾼들을 관리하는 감독관만 3,300명에 이르렀다. 이런 종류의 대형 건설 사업에 강제로 동원된 사람들의 불만이 결국 국가를 쇠퇴나 멸망에 이르게 하는 중요한 원인이 된 것은 동서고금을 막론하고 역사에서 흔히 일어나는 일이었다. 이스라엘도 예외는 아니어서 결국 이것이 화근이 되어 솔로몬 사후에 왕국은 남북으로 분열하게 된 것이다.

성전 건축은 솔로몬의 즉위 제4년, 즉 기원전 967년 2월에 시작되어 제11년인 960년 8월에 완공되었다. 모두 7년이 걸렸다. 성전의 전체 모양은 길이 31.5미터, 폭 9미터, 높이 13.5미터의 3층으로 된 긴 직사각형이었다. 그것은 크게 세 부분으로 이루어져 있었다. 현관에 해당되는 낭

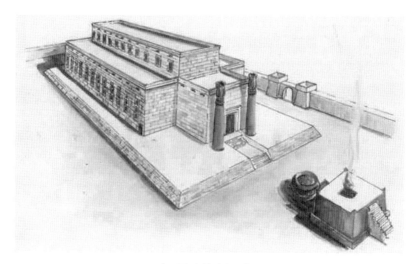

솔로몬의 성전 (모형도)

실이 있고, 그 다음에 '외소(outer sanctuary)' 즉 성소가 두어졌으며, 마지막으로 '내소(inner sanctuary)' 즉 지성소(至聖所)가 있었다. 내소에는 감람목으로 두 개의 그룹(cherub)을 만들었는데, 각각의 그룹은 양쪽으로 편 날개의 길이가 4.5미터였다. 성전이 완공된 그 다음해 7월 솔로몬은 이스라엘의 장로들과 각 지파의 지도자들을 소집한 뒤 낙성식을 거행했다. 제사장들에게 성막 안에 있던 언약궤를 메어서 성전 안의 지성소에 안치하게 했다. 언약궤는 날개를 편 두 그룹 아래에 자리잡았다.

솔로몬은 행사를 위해서 모인 회중의 앞에 서서 기도를 올렸다(왕상 8:14-66). 그는 먼저 여호와께서 다윗에게 축복을 내려 이스라엘을 다스리게 하시고, 그가 낳은 아들이 성전을 건축하도록 했던 말씀이 이제 실현되었음을 선포했다. 나아가 그는 하나님이 진정으로 계시는 곳은 하늘이며 이 성전은 사람들이 죄를 범하거나 역경에 처했을 때 기도하는 곳임을 분명하게 선언했다. 지성소에 모셔진 언약궤 안에는 모세가 받은 두 개의 돌판 이외에는 없었다고 한 것도 바로 그 점을 강조하려는 의도였던 것 같다. 원래 그 안에 있어야 하는 싹이 난 아론의 지팡이와 만나가 없었던 것이다. 언제 어떻게 없어지게 되었는지는 알 수가 없다. 혹시 블레셋인에게 언약궤가 탈취되어 20년간 유랑생활을 하는 동안에 분실되었을지도 모른다. 마지막으로 솔로몬은 무릎을 꿇고 하늘을 향해 손을 펴서 하나님이 모세와 열조들에게 약속했던 것들이 모두 이루어졌음을 선포했다.

그는 성전 건축과 함께 자신이 머물 궁전도 건축했다. 궁전 건축은 성전에 비해 거의 두 배의 기간이 소요되어 모두 13년이 걸렸다. 어느 것이 먼저 지어졌는지는 확실치 않으나, 두 건물을 짓는 데에 20년이 소요되었다고 한 것으로 보아 두 건물이 동시에 지어진 것은 아닌 듯하다. 즉 하나를 완성한 다음에 다른 것을 지었던 것이다. 건축 기간만 해도 솔로몬의 치세 40년 가운데 절반에 해당된다. 왕궁 역시 레바논에서 수입해온 백향목으로 지었고, 석재도 당연히 사용했다.

이 두 건축물의 규모를 비교하면 왕궁이 성전의 두 배 정도였음을 알 수 있다. 왕궁은 길이 58.5미터, 폭 22.5미터, 높이 13.5미터에 이르렀다. 물론 성전에 비해 왕궁은 훨씬 더 많은 사람들이 기거해야 하고 여러 행사들이 이루어지는 곳이기 때문에 그럴 수밖에 없었을 것이다. 그러나 열왕기의 작자는 성전의 구조와 내부에 대해서는 비교적 자세하게 묘사했지만(왕상6:2-36; 7:15-51), 왕궁에 대해서는 간략하게만 소개했다(왕상7:2-12). 왕궁보다 성전을 더 중시한 작자의 태도가 엿보인다.

솔로몬은 이처럼 성전과 왕궁의 건축 이외에 반란이나 외적의 침입에 대한 방어의 목적으로 일련의 축성 사업을 추진했다. 우선 도읍인 예루살렘의 방어를 강화하기 위해서 아버지 다윗이 쌓은 성벽이 무너진 것을 다시 수축했다. 그리고 성벽을 강화하기 위해서 하단부에서부터 계단처럼 돌을 쌓아서 받쳐주는 구조물, 즉 '밀로(millo)'라는 것을 세웠다.

또한 북방에서 내려오는 외적의 침입에 대비하기 위하여 일련의 도시들을 중심으로 방어시설을 구축했다. 먼저 아람인들을 막기 위해서 갈릴리 지방의 하솔, 이스르엘 계곡을 방어하기 위해서 므깃도, 그리고 서부 평야지대를 장악하기 위해서 게셀과 벧호론과 바알랏 등의 도시에 방어시설을 강화했다. 그는 또한 식량을 보관하는 국고성, 전차를 보관하는 병거성도 지었다. 그리고 이러한 건축 사업을 위해서 아모리, 히타이트, 브리스, 히위, 여부스 등 그곳에 남아 있던 비이스라엘계 사람들을 노예로 부렸고, 이들을 감독하는 감독 550명을 두었다.

솔로몬이 추진한 이와 같은 대대적인 토목, 건축 사업은 당연히 그만한 재정적 뒷받침을 필요로 했다. 열왕기의 기록에 따르면 솔로몬이 1년에 받아들이는 세입은 금으로 660달란트였다고 한다. 1달란트는 34킬로그램이니까 총 2만2,440킬로그램에 이른다. 오늘날의 시세로 금 1그램을 5만 원이라고 잡으면 1조1천억 원이 넘는 어마어마한 액수이다. 후일 페르시아 제국의 다리우스 대제가 각 성에서 거둬들인 1년의 세입 총액이 금 360달란트와 은 7,740달란트였는데 이를 금으로 환산하면 1,134달란트가 된다. 이렇게 볼 때 솔로몬 시대 이스라엘 왕국의 재정수입은 페르시아와 같은 대제국의 반을 넘는 규모였음을 알 수 있다.

교역과 외교

그뿐만 아니라 솔로몬은 국내에서의 세금과 복속국으로부터 받아들이는 조공 외에도 외국과의 교역을 통해서 상당한 재화를 확보했다. 예를 들면, 그는 홍해 입구에서 선박을 건조하고 두로 지방의 뱃사람들을 사공으로 고용해서, 남쪽의 오빌이라는 곳까지 가서 교역을 하게 했다. 그 결과 그들이 거기서 금 420달란트를 가지고 와서 솔로몬에게 바쳤다. 그것은 왕국의 1년 세입의 2/3에 달하는 액수이다. 오빌은 '아프리카의 각(角)'에 해당하는 소말리 지방을 가리키는 것으로 보인다. 또한 이집트에서는 병거와 말을 수입하여 북방의 히타이트와 아람 지방의 왕들에게 수출하는 말하자면 중개무역을 통해서 이익을 올리기도 했다.

아라비아와의 교역도 상당히 중요했다. 이와 관련하여 「열왕기」에는 스바의 여왕에 관한 일화가 소개되어 있다. 그녀는 솔로몬이 지혜롭다는 명성을 듣고 그를 시험해보려고 예루살렘에 와서 어려운 문제를 냈지만, 솔로몬이 대답하지 못하는 것이 없었다고 한다. 그녀는 많은 수행원과 엄청나게 많은 금과 보석을 낙타에 싣고 왔다. 흔히 '시바의 여왕'이라고도 알려진 그녀는 과거에는 아라비아 반도의 서남부 혹은 홍해 건너편 에티오피아 지방에 있던 사바 사람들의 지배자로 여겨져왔었다. 그러나 최근에는 기원전 8세기 아시리아의 자료에 언급되었듯이 아라비아 반도의 북부에 있던 소왕국의 군주로 추정되고 있다.

아라비아 반도 서쪽을 따라서 아프리카와 팔레스타인을 연결하는 교역로는 고금을 막론하고 매우 중요한 간선 루트였다. 솔로몬이 홍해 입구에 선단을 만든 것도 바로 그 교역로를 장악하려는 의도였을 것이다.

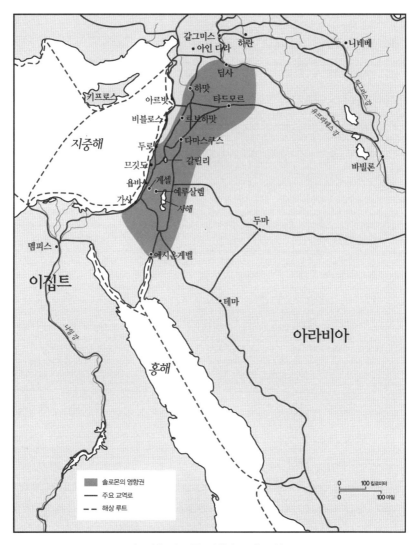

지도 22 솔로몬 시대의 국제 교역로

이스라엘 왕국은 홍해에서 올라와 북방의 지중해와 소아시아로 연결되는 교역로의 중간에 위치해 있었다. 따라서 스바 여왕의 방문은 솔로몬과 협약을 맺어 홍해 주변을 연결하는 교역로에서 소외되지 않고 적극 동참하려는 경제적인 동기가 크게 작용한 것으로 보인다.

우리가 흔히 말하는 솔로몬의 영광이라는 것은 이처럼 징세와 조공과 교역을 통해서 확보된 엄청난 재정적 수입이 있었기 때문에 가능했다. 솔로몬이 앉았던 커다란 보좌는 상아로 만들어졌고 그 겉은 정금으로 덧대어졌다. 그가 마시는 그릇은 다 금으로 된 것이요 은으로 만든 것은 아예 있지도 않았다. 그래서 솔로몬의 시대에 은을 귀히 여기지 않았다고 할 정도였다(왕상10:21).

그러나 거대한 토목 공사와 사치스러운 궁중 생활은 그 많은 재화조차도 거의 다 소진하게 했다. 이러한 사실은 두로의 왕 히람이 건축에 필요한 백향목과 잣나무와 금을 이스라엘에 제공한 대가로 솔로몬은 그에게 갈릴리 지방에 있는 성읍 20개를 주었다는 사실을 통해서 알 수 있다. 나중에 히람은 자기가 받은 성읍을 둘러보고는 마음에 들지 않는다고 불평했다. 이것으로 보아 솔로몬이 준 성읍이 경제적인 가치는 별로 없는 곳이었음이 분명하다. 그래서 그곳은 '가불(cabul)', 곧 쓸모없는 땅이라고 불리게 되었다고 한다. 아무튼 나라 땅의 일부를 떼어줄 정도였으니, 얼마나 과도한 지출을 했는지 알 수 있다.

솔로몬은 아버지 다윗과는 달리 영토를 확장하기 위한 전쟁을 한 적이 없었다. 그의 정책적인 목표는 영토를 더 확대하는 것이 아니라 기왕의 영토를 잘 지키고 유지하는 데에 있었다. 이를 위해서 주변에 있는 나라들과 외교와 교역을 통해서 우호적인 관계를 유지하려고 노력했다.

그리고 그가 애용한 방법은 바로 정략결혼이었다. 그의 후비가 700명이고 빈장(嬪嬙, 후궁)이 300명에 이르렀다고 한다. 그러나 문제는 그 숫자의 많고 적음이 아니었다. 역사상 제국의 군주들이 수많은 후궁들을 두었던 사례들을 보면 솔로몬이 특별히 더 많은 부인을 두었다고 할 수 없을지도 모른다. 문제는 이방의 신을 믿는 여인들이 그의 아내가 되어 예루살렘 왕궁 안에 살게 되었고, 그들은 자신들의 고유의 우상들을 가지고 와서 숭배했다는 데에 있었다.

이집트에서 온 파라오의 딸은 물론이거니와, 모압, 암몬, 에돔, 시돈, 히타이트 등에서 온 여인들을 아내로 맞이했다. 그 결과 솔로몬이 나이가 들어 늙자 이들 이방의 여인들은 그의 "마음을 돌이켜 다른 신들을 좇게" 했다. 그는 시돈의 여신 아스다롯, 암몬의 밀곰, 모압의 그모스, 암몬의 몰록과 같은 우상들을 좇게 되었다. 그들이 이러한 우상에게 분향하며 제사지내는 것을 묵인했을 뿐만 아니라 그 자신이 동참하기까지 한 것이다. "내 아들아 어찌하여 음녀를 연모하겠으며 어찌하여 이방 계집의 가슴을 안겠느냐"(잠5:20)이라고 한 자신의 말을 스스로 어긴 셈이었다.

솔로몬의 최후

그의 행동이 여호와의 진노를 산 것은 당연한 일이었다. 여호와는 이렇게 선언했다. "네가 내 언약과 내가 네게 명령한 법도를 지키지 아니하였으니 내가 반드시 이 나라를 네게서 빼앗아 네 신하에게 주리라 그러나 네 아버지 다윗을 위하여 네 세대에는 이 일을 행하지 아니하고 네

아들의 손에서 빼앗으려니와 오직 내가 이 나라를 다 빼앗지 아니하고 내 종 다윗과 내가 택한 예루살렘을 위하여 한 지파를 네 아들에게 주리라"(왕상11:11-13). 즉 솔로몬이 죽은 뒤에는 그 아들에게 한 지파만 남겨두고 나머지는 모두 빼앗겠다고 한 것이다. 그것은 왕국의 분열과 북부 이스라엘의 이탈을 말하는 것이었다.

여호와 하나님은 솔로몬의 악행을 보고 그에게 세 명의 대적을 보냈다. 첫 번째 대적은 에돔 사람 하닷이라는 인물이었다. 과거 다윗의 시대에 요압이 에돔을 정벌하면서 그곳의 남자들을 몰살시켰는데, 그때 어린 아이였던 그가 용케 살아남아 이집트로 도망쳤다. 그는 거기서 파라오의 처제와 혼인하여 아이를 낳은 뒤 다시 에돔으로 돌아와 솔로몬에게 반란을 일으킨 것이다.

두 번째 대적은 북방의 소바라는 곳에 있던 르손이었다. 그는 그곳에서 사람들을 규합하여 다마스쿠스를 근거지로 하여 왕을 칭하고 독립적인 세력을 만들었다.

세 번째로 솔로몬에 대항하여 일어선 인물이 바로 여로보암이었다. 그는 원래 에브라임 지파에 속한 인물이었는데, 예루살렘 성벽의 수축을 위해서 동원된 요셉 지파, 즉 므낫세와 에브라임 계통의 일꾼들을 감독하는 직책에 임명되었다. 하루는 여로보암이 예루살렘에서 일을 마치고 돌아가는 길에 실로 출신의 선지자 아히야를 만났다. 아히야는 마침 새 옷을 입고 있었는데, 여로보암을 보자 자기 옷을 찢고는 그에게 열 조각을 가지라고 말했다. 그리고 그는 여호와의 말씀을 전했다. 즉 이스라엘의 모든 지파 가운데 열 지파를 여로보암에게 주고, 솔로몬에게는 예루살렘과 한 지파만 남겨줄 것이다. 그리고 여로보암을 이스라엘 왕이 되도록 할 것이며, 다윗에게 한 것처럼 그를 위하여 "견고한 집을 세우고 이스라엘을 네게 주리라"는 언약을 했다.

솔로몬은 선지자 아히야가 여로보암에게 이스라엘의 왕이 될 것이라는 예언을 했다는 소식을 듣고 그를 죽이려고 했다. 그러자 여로보암은 그 길로 이집트로 도망쳤다. 당시 이집트에서는 솔로몬과 동맹관계에 있던 제21왕조가 무너지고, 리비아 출신의 시삭이 세운 제22왕조가 막 창건된 직후였다. 시삭은 가나안 지방에 대한 과거 이집트의 지배권을 어떻게 하면 회복할까 고민하고 있었던 때였기 때문에, 마침 솔로몬에 반기를 들고 망명해온 여로보암을 적극 후원하기 시작했다.

솔로몬은 40년 동안 왕위에 있은 뒤 기원전 931년에 사망했다. 그 역시 아버지와 마찬가지로 다윗의 성 예루살렘에 장사되었다. 그의 뒤를 이은 것은 아들 르호보암(Rehoboam, 재위 931-934 기원전)이었다. 히브리어에서 '암'은 백성을 뜻한다. 그래서 그의 이름은 '백성을 많이 늘리다'를 뜻하며, 후일 북부 왕국의 초대 왕이 된 여로보암(Jeroboam, 재위 930-910 기원전)의 이름은 '백성을 편안케 하다'라는 뜻이다. 르호보암은 41세의 나이에 왕위에 올랐다.

그는 자신의 계승을 북방 주민들에게서도 인정받기 위해서 세겜으로 갔다. 세겜은 아브라함이 하란에서 왔을 때 처음 그곳에 여호와를 위하여 단을 쌓았던 곳이고, 여호수아가 이스라엘 민족을 이끌고 가나안 땅에 들어와 여리고와 아이를 정복한 직후에 그곳에 와서 제사를 드렸던 지점이기도 하다. 즉 다윗 왕조의 도읍인 예루살렘 못지않게 이스라엘 사람들에게는 종교적으로 큰 의미를 지닌 곳이었다.

당시 세겜에는 이집트로 도망갔다가 솔로몬이 사망했다는 소식을 듣고 다시 돌아온 여로보암도 있었다. 여로보암은 그곳에 모인 이스라엘의 온 회중들과 함께 르호보암에게 이렇게 고했다. "왕의 아버지가 우리의 멍에를 무겁게 했으나 왕은 이제 왕의 아버지가 우리에게 시킨 고역과 메운 무거운 멍에를 가볍게 하소서 그리하시면 우리가 왕을 섬기겠나이다"(왕상12:4). 르호보암은 대답을 위해서 사흘의 말미를 얻은 뒤 자기 주변에 있는 사람들에게 물어보았다. 그랬더니 솔로몬 생전에 그를 모셨던 '노인들'은 이스라엘 사람들을 좋은 말로 타이르면 왕의 종이 되어 잘 섬길 것이라고 대답했다. 그러나 그와 함께 자라난 '소년들'은 오히려 더 강경하게 대응해야 한다고 권고했다. 그는 젊은 강경파의 의견을 받아들이기로 결정했다. 그래서 르호보암은 사흘 뒤 백성들을 모아놓고는 이렇게 말했다. "내 아버지는 너희의 멍에를 무겁게 했으나 나는 너희의 멍에를 더욱 무겁게 할지라 내 아버지는 채찍으로 너희를 징계했으나 나는 전갈 채찍으로 너희를 징치하리라"(왕상12:14).

르호보암의 이 대답은 이스라엘 사람들이 솔로몬의 40년 통치 기간 동안 각종 징세와 노역으로 고통받으며 참아왔던 분노를 한순간에 터뜨리는 기폭제가 되고 말았다. 그들은 "우리가 다윗과 무슨 관계가 있느냐 이새의 아들에게서 받을 유산이 없도다"(왕상12:16)라고 하고, "너는 네 집이나 돌아보라"는 말을 내뱉고는 각자 자신들의 장막으로 돌아갔다. 르호보암은 이스라엘 지방에서 일꾼들을 징발하기 위해서 감독관을 보냈는데 사람들은 오히려 그를 돌로 쳐죽여버렸다. 이에 경악한 르호보암은 급히 수레를 타고 예루살렘으로 도망쳤다.

왕국의 분열

이렇게 해서 다윗이 창건하고 솔로몬이 계승했던 왕국은 남북으로 분열되었다. 르호보암은 여전히 남쪽의 유다 지방에서는 왕위를 유지했고, 그의 뒤를 이은 다윗의 후손들이 나라를 다스렸다. 역사상 유다 왕국이라는 이름으로 알려진 이 왕조에는 유다와 베냐민 두 지파가 속했다. 반면 르호보암에 반대하는 나머지 10개 지파는 여로보암을 자기들의 왕으로 추대했으니, 이것이 바로 이스라엘 왕국이다.

왕국의 분열은 기존의 영토가 남북으로 갈라진 것만으로 그치지 않았다. 그 과정에서 영토는 대폭 축소되고 말았다. 동북방의 아람인들은 이미 솔로몬 시대에 르손이라는 인물의 지도 아래 독립했다. 다마스쿠스를 근거지로 하던 그들은 오히려 이제는 약체화된 유다 왕국을 위협하는 세력이 되었다. 그런가 하면 서남부에 있던 블레셋 도시들도 독립하여 조공을 바치지 않았다. 또한 사해 동남쪽에 있던 에돔은 이미 솔로몬의 시대에 반란을 일으켜 독립했는데, 이제는 요르단 강 동쪽의 암몬과 모압까지 떨어져나갔다.

남부의 유다 왕국은 예루살렘 부근에서 시작하여 남쪽의 산간 지대와 네게브 사막 정도를 겨우 보유하게 되었다. 북부의 이스라엘 왕국은 벧엘 이북의 에브라임 산지와 이스르엘 계곡과 갈릴리 호수 주변의 지역을 지배했고, 요르단 강 동쪽의 길르앗과 바산 산지까지 차지했다. 남북 양국의 경계는 벧엘과 기브온 사이에 두어졌다.

이제 나라는 둘로 나뉘어졌지만, 언약궤가 모셔진 성전이 있는 예루살렘은 여전히 모든 이스라엘 사람들의 종교적 성지였고 중심이었다.

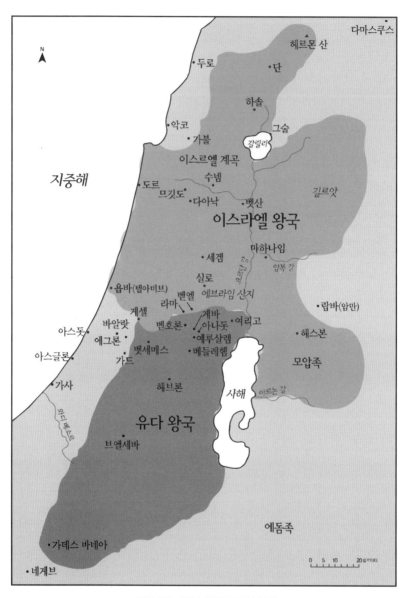

다마스쿠스

헤르몬 산

두로

단

하솔

악코

그술

가불

갈릴리

이스르엘 계곡

길르앗

수넴

지중해

도르

므깃도

다아낙

벳산

이스라엘 왕국

마하나임

세겜

얍복 강

실로

욥바(텔아비브)

에브라임 산지

랍바(암만)

벧엘

라마

게셀

게바

여리고

바알랏

벧호론

아나돗

아스돗

에그론

예루살렘

헤스본

아스글론

가드

벳세메스

베들레헴

모압족

가사

헤브론

사해

아르논 강

와디 베소르

유다 왕국

브엘세바

에돔족

가데스 바네아

0 5 10   20킬로미터

네게브

지도 23 남북 왕국으로의 분열

새로운 왕조를 시작한 여로보암은 바로 그 점을 우려했다. 그래서 그는 예루살렘의 종교적 권위에 대항하기 위해서 자신의 영토인 벧엘과 단에 제단을 쌓고, 금송아지를 하나씩 만들어서 세워두었다. 그리고 "이는 너희를 애굽 땅에서 인도하여 올린 너희 신들이라"(왕상12:28)고 하면서 예루살렘에 가지 못하도록 했다. 그리고 산당들을 짓고 레위 지파가 아닌 사람들을 제사장으로 삼았다. 뿐만 아니라 8월 15일을 절기로 정하여 벧엘의 산당으로 올라가 분향을 하며 제사를 지냈다. 그의 이 모든 행위는 여호와의 분노를 살 수밖에 없었다.

성경은 이때 벧엘의 단 앞에서 분향하던 여로보암에게 나타난 어떤 '하나님의 사람'에 관한 이야기를 기록하고 있다. 언뜻 이해하기 힘든 부분이 있는 일화인데, 간단히 소개하면 다음과 같다(왕상13:1-34). 그는 여호와의 말씀을 받아 "다윗의 집에 요시야라 이름하는 아들을 낳으리니 그가 네 위에 분향하는 산당 제사장을 네 위에서 제물로 바칠 것이요 또 사람의 뼈를 네 위에서 사르리라"(왕상13:2)고 경고했다. 그러자 단이 갈라지며 그 위의 재가 쏟아졌고 거기 서 있었던 여로보암의 손이 말라 비틀어져 버렸다. 여로보암의 간청을 받아 그 사람이 여호와께 은혜를 구하니 그의 손이 다시 펴지게 되었다. 여로보암은 그 사람을 집으로 초대하여 대접을 하려고 했으나, 그는 왕의 초청을 거절하고 자리를 떠나 제 갈길을 갔다.

마침 그때 벧엘에 어떤 늙은 선지자가 살았는데, 여로보암에게 생긴 일을 듣고는 그 사람을 찾아갔다. 노인은 길에서 그를 만나 자기 집에 가서 떡을 먹고 물도 마시고 가라고 초대했다. 그러나 그는 아무 것도 먹지도 마시지도 말고 그냥 집으로 돌아오라는 여호와의 말씀이 있었다고 하면서 거절했다. 이에 노인은 자기도 선지자인데 천사가 여호와의 말씀을 전하기를 당신을 집으로 데리고 가서 먹고 마시게 하라고 했다고 거짓말을 해서 그를 유인했다. 여로보암의 청은 거절했던 그였지만 이번에는 그 노인이 여호와를 운운하며 꼬이는 말에 넘어가고 말았다.

그래서 노인의 집으로 간 그는 노인이 내어놓은 떡과 물을 마신 뒤, 다시 짐을 챙겨서 길을 떠났다. 그러나 그는 도중에 나타난 사자로 인해서 죽임을 당했고, 그의 시체는 길가에 버려지게 되었다. 지나가던 행인들이 이를 보고 노인에게 고하자 그 노인은 그곳을 찾아갔다. 가보았더니 과연 사자 한 마리가 있는데, 옆에 있는 시체를 먹지도 않고 또 나귀를 잡아먹지도 않은 채 앉아 있는 것을 보았다. 노인은 시체를 거두어서 자기 성읍으로 돌아와 장사를 지냈다는 것이다.

이 일화는 여로보암의 벧엘 산당 제사에 관한 이야기 뒤에 바로 나온다. 이 두 이야기들이 상호간에 어떤 연결이 있는지 그 문맥이 쉽게 이해되지는 않는다. 추측컨대 여호와의 계시를 받아 여로보암의 우상 숭배를 경고하는 성스러운 임무를 수행했던 '하나님의 사람'일지라도, 자칫 한 순간의 유혹에 넘어가 여호와의 명령을 어겼기 때문에 참혹한 죽음을 맞았다는 것을 보여줌으로써, 여호와의 명령의 엄중함과 그 명령에 순종하는 것의 지엄함을 말하려는 것인지도 모르겠다. 여호와께서 누군가를 택했다고 해서 그것이 곧 그의 영원한 보장이 되지 못한다는 사실은 성경에 기록된 수많은 사례들을 통해서 알 수 있다.

이 점에서는 솔로몬에게 경고를 주기 위해서 여호와의 택하심을 받은 여로보암도 예외는 아니었다. 여로보암은 하나님의 경고를 받은 뒤에도 여전히 산당에서 제사를 지내고 보통 사람을 제사장으로 임명하면서 악한 길에서 떠나 회개하지 아니했다. 결국 이로 말미암아 그의 집이 "지면에서 끊어져 멸망"하는 운명을 맞게 되었다.

그에게는 아비야라는 아들이 있었는데 하루는 그가 병에 걸렸다. 여로보암은 아내에게 전에 자신이 왕 될 것을 예언했던 선지자 아히야를 찾아가서 물어보라고 했다. 그러나 여호와의 계시를 받은 아히야는 그녀에게 여로보암의 집에 재앙이 내릴 것이고, 그 집에 속하는 사내는 모두 끊어서 깨끗이 쓸어버릴 것이며, 그들이 "성읍에서 죽은즉 개가 먹고 그에게 속한 자가 들에서 죽은즉 공중의 새가 먹으리라"(왕상14:11)는 끔찍한 예언을 했다. 여로보암은 즉위한 지 20년 만에 사망했고, 그의 아들 나답이 왕위를 계승했다.

남북 왕국의 대립과 화해

한편 르호보암은 예루살렘에서 17년간을 다스렸다. 그가 사망한 뒤에는 그의 아들 아비야(Abijah, 일명 아비얌Abijam; 913-911)가 뒤를 이어 3년을 통치했다. '아비야'는 '나의 아버지는 여호와'라는 뜻인데, 여로보암의 아들도 아비야였던 것을 보면 당시 매우 흔했던 이름인 듯하다. 르호보암의 치세는 북방의 여로보암보다 3년 더 짧긴 했지만, 거의 겹치는 기간이 많았다고 할 수 있다. 르호보암 역시 여호와를 온전히 받들지 못하고, 산 위에 그리고 푸른 나무 아래에 산당과 우상과 아세라 목상을 세웠다. 여기서 우상은 영어 성경에 기둥들(pillars)이라고 되어 있는데, 실은 남근 모양의 상을 가리키는 것으로 풍요를 기원하기 위해서 세운 것이었다. 또한 그 땅에 "남색하는 자"가 있었다고 하는데, 이 역시 산당이나 사원에 소속된 남자 창기를 가리킨다.

성경은 유다 왕국이 '그 범한 죄로 여호와의 분노를 격발'시켰고, 르호보암 치세 제5년, 즉 기원전 927년에 이집트의 왕 시삭의 유다 침공도 그래서 일어난 것이라고 기록하고 있다(왕상12:22; 대하12:2). 그는 병거 1,200승, 마병 6만을 위시해서 헤아릴 수도 없을 정도로 많은 수의 군대를 이끌고 와서, 유다의 견고한 성들을 무너뜨려 점령하고 예루살렘으로 상경했다. 르호보암은 '더 이상 저항할 수 없어' 시삭에게 항복할 수밖에 없었고, 시삭은 예루살렘 안으로 들어와 성전과 왕궁에 있던 보물과 솔로몬의 금으로 된 방패까지 몰수해버렸다.

시삭의 침공 사건은 성경 이외의 자료를 통해서도 확인된다. 이집트의 카르낙 신전에는 시삭과 동일인으로 여겨지는 쇼셍크 1세의 가나안 원정을 기리는 비문이 있다. 여기에는 그가 정복한 도시들의 이름이 기록되어 있는데, 이를 보면 그의 원정이 유다 왕국 뿐만 아니라 북방의 이스라엘 왕국까지 미쳤던 사실을 확인할 수 있다. 이상하게도 예루살렘에 대한 언급은 보이지 않는데, 이에 관해서는 르호보암이 미리 투항하고 막대한 물자를 조공으로 바쳤기 때문이 아닐까 하는 추측이 있다.

유다와 이스라엘은 외적의 침입을 받기도 했지만, 쌍방 간에 전쟁도 치열하고 빈번하게 벌였다. 그것은 주로 양국의 접경 지역에서 벌어졌다. 그 가운데 대표적인 것이 에브라임 산지의 양국 접경 지역인 스마라임 산에서의 전투이다(대하13). 유다의 왕 아비야는 40만 명을, 이스라엘의 여로보암은 80만 명을 동원하여 전투를 벌였다. 그러나 유다는 수적인 열세와 적의 매복 공격에도 불구하고 승리를 거두었다. 이때 이스라엘측의 전사자만 50만 명에 이르렀다고 한다. 그 결과 아비야는 벧엘,

여사나, 에브론 등지를 빼앗았다.

양측의 전쟁은 그후로도 약 20년간 계속되었다. 여로보암의 뒤를 이은 이스라엘 왕국의 바아사(909-886 기원전)가 남진하여 예루살렘에서 불과 10킬로미터도 떨어지지 않은 라마까지 진격해왔다. 궁지에 몰린 유다 왕 아사(911-870 기원전)는 북방의 아람왕 벤하닷을 찾아가서 성전과 왕궁에서 걷어온 금은을 바치고 구원을 청했다. 이에 아람이 이스라엘 왕국의 북부 도시들을 공략하자, 바아사는 할 수 없이 군대를 돌려 돌아갔다. 그 결과 벧엘은 이스라엘이 차지하고, 남쪽의 미스바와 게바는 유다가 가지게 되었다. 이로써 확정된 양국의 국경선은 이스라엘 왕국이 멸망될 때까지 큰 변동 없이 지속되었다.

이렇게 해서 남북으로 분열된 두 왕국은 이후 서로 대립하면서 전쟁을 하기도 하고 때로는 협상을 통해서 화평을 유지하기도 하면서, 기원전 722년 이스라엘 왕국이 아시리아에 멸망할 때까지 200년의 세월을 보내게 되었다. 여호와는 일찍이 사울이 죽은 뒤에 다윗에게 선지자 나단의 입을 통하여 다음과 같은 언약을 세운 적이 있었다. "나는 그에게 아버지가 되고 그는 내게 아들이 되리니 그가 만일 죄를 범하면 내가 사람의 매와 인생의 채찍으로 징계하려니와 내가 네 앞에서 물러나게 한 사울에게서 내 은총을 빼앗은 것처럼 그에게서 빼앗지는 아니하리라 네 집과 네 나라가 내 앞에서 영원히 보전되고 네 왕위가 영원히 견고하리라"(삼하7:14-16).

이 여호와의 언약은 다윗과 그의 후손들이 언제까지나 강력하고 번영된 왕국을 다스리게 하겠다는 약속은 아니다. 그들이 범죄를 저지르면 막대기와 채찍으로 징계를 가할 것이라고 분명히 밝혀져 있다. 다만 그들에게 허락한 이스라엘의 왕위를 빼앗지는 않겠다고 한 것이다. 다윗이 밧세바를 범하여 죄를 지은 뒤에 "칼이 네 집에 영원토록 떠나지 아니하리라"고 분노했고, 다말 겁탈 사건을 통해서 그의 집안에 엄청난 피 바람이 불게 했지만, 밧세바의 아들 솔로몬에게 왕위를 주었고 이스라엘 역사상 전무후무한 번영을 이루게 하셨던 것이다.

여호와 하나님이 다윗에게 한 언약은 이스라엘이 어떠한 역사적 고난을 겪게 되더라도 여호와 하나님은 끝내 다윗 가문을 버리지 않을 것이며, 그의 가문을 통해서 궁극적인 구원을 이룰 것이라는 믿음을 뿌리내리게 했다. 북부 이스라엘 왕국은 다윗의 가문이 아니었기 때문에 아시리아에 의해서 붕괴되고 열 개의 지파가 니네베(바그다드 북쪽 350킬로미터, 티그리스 강 연안에 위치했던 고대 도시)로 끌려가는 엄청난 비극이 일어났지만, 이스라엘 왕국의 회복과 재건을 위한 정치적, 종교적 운동은 일어나지 않았다. 그러나 남부 유다 왕국이 바빌론에 의해서 멸망되고 그 백성들은 바빌론으로 끌려갔지만, 백성들은 언젠가 다윗의 후손 가운데 누군가가 나타나서 그들을 이끌고 이스라엘 왕국을 재건할 것이라는 믿음을 버리지 않았다. 다윗의 집안에서 메시아가 출현할 것이라는 희망은 그후에도 사라지지 않고 계속되었다.

제8장

우상과의 싸움 : 엘리야와 엘리사

왕들의 사적(史蹟)

엘리야는 어느 지파 출신인지는 알려져 있지 않지만, 북부 이스라엘 왕국에서 아합 왕이 다스리던 시기(874-853 기원전)에 활동했던 예언자이다. 솔로몬이 사망하고 왕국이 남북으로 분열된 이후로 이스라엘에는 수많은 선지자들이 출현했는데, 그중에서도 엘리야는 가장 먼저 두각을 나타낸 사람이었다. 성경에는 그가 마지막에는 죽지 않고 회오리 바람을 타고 승천했다고 기록되어 있다.

그래서 후대의 이스라엘 사람들에게는 그가 언젠가 다시 나타나서 고난에 처한 민족을 구원해줄 것이라는 믿음이 널리 퍼지게 되었다. 구약성경의 마지막 책인 「말라기」에 "보라 여호와의 크고 두려운 날이 이르기 전에 내가 선지자 엘리야를 너희에게 보내리니"(말4:5)라는 구절이 보이는 것도 그 때문이다. 이러한 믿음은 신약 시대에 들어와서도 변함이 없었다. 그래서 사람들은 세례 요한에 대해서 "네가 엘리야냐"(요1:21)라고 물었고, 예수님을 가리켜 "더러는 세례 요한, 더러는 엘리야, 어떤 이는 예레미야나 선지자 중의 하나"(마16:14)라고 했던 것이다.

엘리야는 그만큼 유명했고 구약 시대의 대표적인 선지자였다. 그가 활동한 시기는 아합 왕의 치세에 해당되며 대체로 20년 정도의 그다지 길지 않은 기간이었다. 그는 그동안 여러 가지 이적을 행했는데, 특히 여러 번 하늘에서 불을 내려서 징벌을 했고 마지막에 승천할 때에도 불병거와 불말들과 함께 하늘로 올라갔다. 정말로 불꽃처럼 살다간 '불의 선지자'였다.

그의 뒤를 이어 제자인 엘리사가 활동했고, 엘리사 이후로는 아모스, 호세아와 같은 선지자들이 출현했다. 이들은 거듭해서 이스라엘 왕국의 신앙적 타락과 그로 인한 여호와의 징벌을 경고했고, 마침내 722년 왕국은 아시리아 제국에 의해서 처참하게 짓밟히고 멸망을 당했다. 따라서 엘리야를 비롯한 이들 선지자들이 왜 나타났고 왜 그런 경고를 했는지를 이해하기 위해서는, 북부 이스라엘 왕국의 역사에 대해서 적어도 그 큰 줄거리는 이해할 필요가 있다.

북부 이스라엘 왕국의 역사는 솔로몬 사후 여로보암이 기원전 931년 북부 10개 지파의 세력의 지지를 얻어 왕으로 추대된 때부터 시작해서, 기원전 722년 아시리아의 왕 살만에셀의 공격으로 수도 사마리아가 함락되어 나라가 멸망할 때까지 약 200년 동안 지속되었다. 그동안 모두 19명의 왕들이 있었다. 이들에 관한 기록은 성경의 「열왕기(Kings)」와 「역대(Chronicles)」에서 찾아볼 수 있다. 그런데 이 두 책의 저자들의 관심은 그들이 정치적, 경제적으로 어떤 업적을 이루었고, 그 치세에 어떤 중요한 사건들이 벌어졌는지 하는 문제에 있지 않았다. 그들의 주된 관심은 이 왕들이 여호와께 얼마나 순종했는가 아니면 악을 행했는가 하는 점에 있었다.

통상적인 성경 분류법에 따르면 이 두 책은 '역사서'에 속한다. 그러나 유대인들은 구약에 속하는 책들을 율법서(Torah), 예언서(Nevi'im), 성문서(Ketubim)로 나누는데, 그 가운데 앞의 두 책을 예언서로 분류하고 있다. 그들이 이렇게 분류한 것도 따지고 보면, 「열왕기(列王記)」와 「역대(歷代)」가 그 제목이 시사하는 바와는 달리 통상적인 역사서라고 하기는 힘들기 때문이다.

또 한 가지 흥미로운 사실은 각 왕들에 대해서 이처럼 종교적인 관점에 입각하여 쓴 내용들도 독특한 형식에 따라 서술되어 있다는 점이다. 먼저 (1) 왕의 즉위년을 남부 유다 왕국의 어떤 왕 몇 년에 해당되는지 적고 그의 재위 기간을 햇수로 표시했다. 그리고 (2) 왕이 여호와의 눈에 어떻게 비쳤는지를 서술하고, 마지막으로 (3) 그의 사망과 후계자에 대한 언급으로 맺었다. 므나헴이라는 왕을 예로 들어보자.

  (1) 유다 왕 아사랴 삼십구년에 가디의 아들 므나헴이 이스라엘 왕이
      되어 사마리아에서 십년간 다스리며……
  (2) 여호와 보시기에 악을 행하여 이스라엘로 범죄하게 한 느밧의 아
      들 여로보암의 죄에서 평생 떠나지 아니하였더라
  (3) 므나헴이 그의 조상들과 함께 자고 그 아들 브가히야가 대신하여
      왕이 되니라(왕하15:17-22)

물론 위와 같이 간략한 내용만 있는 것은 아니다. 각 왕의 치세에서 종교적인 관점에서 볼 때 중요하다고 생각되는 일들에 관한 일화나 사건들도 기록되어 있다.

그리고 마지막에는 "남은 사적과 그가 행한 모든 일은 이스라엘 왕

역대지략에 기록되지 아니하였느냐"(왕하15:21)라는 구절을 덧붙였다. 다시 말해 「열왕기」에서 다루지 않은 부분, 즉 정치, 경제, 사회 등에 관한 왕의 치적은 「이스라엘 왕 역대지략」이라는 책에 이미 기록되어 있으니, 여기서는 적지 않겠다는 것이다. 남부 유다 왕국의 경우는 「유대 왕 역대지략」이라는 책을 언급했다. 이 두 책은 물론 현재 전해지지 않지만, 두 왕국의 사관들이 기록한 일종의 '실록'과 같은 것으로 추정된다.

이처럼 「열왕기」와 「역대」에는 개별 군주들의 정치적, 경제적 치적에 대한 체계적이고 자세한 설명은 없지만, 그래도 당대에 일어난 중요한 사건들에 대한 산발적인 언급이 보인다. 예를 들면 어떤 외적이 침입하여 어떤 일들이 벌어졌는지, 우상 숭배와 관련한 어떤 사건들이 있었는지, 왕과 왕비들의 종교적 행태와 도덕적 타락, 그들의 죽음을 둘러싼 일화 등이 기록되어 있다. 비록 단편적이기는 하지만, 이런 내용들을 근거로 이스라엘 왕국 200년 역사의 큰 흐름을 재구성해볼 수 있다.

혼란한 내정과 외세의 위협

앞에서도 언급했듯이 200년 역사의 이스라엘 왕국을 통치했던 왕들은 모두 19명이었다. 그러니까 이들의 평균 재위는 10년 정도밖에 되지 않는 셈이다. 그러나 이 가운데 8명은 피살되었거나 자살했다. 남쪽의 유다 왕국의 왕들이 모두 다윗의 후손들이었던 반면, 북부 이스라엘 왕국의 왕들 가운데 다윗의 후손은 하나도 없었다. 잦은 궁정 쿠데타와 시해사건으로 인해 왕가는 자주 교체되었고, 19명의 왕들은 9개의 다른 가

군주들	재위 기간(기원전)
1. 여보로암(Jeroboam)	931-910
2. 나답(Nadab)	910-909
3. 바아사(Baasha)	909-886
4. 엘라(Elah)	886-885
5. 시므리(Zimri)	885
6. 오므리(Omri)	885-874
7. 아합(Ahab)	874-853
8. 아하시야(Ahaziah)	853-852
9. 예호람(Jehoram)	852-841
10. 예후(Jehu)	841-814
11. 여호아하스(Jehoahaz)	814-798
12. 요아스(Joash)	798-782
13. 여로보암 2세(Jeroboam II)	782-753
14. 스가랴(Zechariah)	753
15. 살룸(Shallum)	752
16. 므나헴(Manahem)	752-742
17. 브가히야(Pekaiah)	742-740
18. 베가(Pekah)	740-732
19. 호세아(Hosea)	732-722

이스라엘 왕국 군주 계보도

문 출신이었다.

왜 이런 일이 벌어졌을까? 그것은 무엇보다도 초대 군주인 여로보암이 다윗과 같은 강력한 정치, 종교적 카리스마를 지닌 인물이 아니었기 때문이었다. 그래서 그가 사망한 뒤 그의 집안이 누리던 정치적 헤게모니는 금세 무너지고 말았다. 그뒤 왕위에 오른 인물들도 이 점에서는 크게 다르지 않았다. 심지어 오므리나 예후와 같은 인물은 어느 지파의 출신인지조차 불확실했다. 그들은 오직 자신이 장악하던 군대의 힘을 빌려 정권을 차지한 것에 불과했다. 북부 이스라엘 왕국의 정치적 불안정을 불러온 가장 중요한 요인은 바로 이처럼 취약한 왕권에 있었던 것이다.

여기에서 19명의 왕들에 대한 자세한 설명을 하기는 곤란하다. 따라서 개괄적으로 큰 줄거리만 정리하면, 이스라엘 왕국의 역사는 왕가의 교체라는 측면에서 보면 다음 다섯 시기로 나누어볼 수 있다.

(1) 여로보암 가문 : 기원전 931년에 즉위한 에브라임 지파의 여로보암이 20년을 통치하다가 죽은 뒤에 아들 나답이 뒤를 이었지만, 그는 곧 잇사갈 지파의 바아사에 의해서 피살되었다.

(2) 바아사 가문 : 기원전 909년 정권을 장악한 바아사 역시 20년 이상 다스리다가 죽었다. 그의 아들 엘라가 뒤를 이었지만, 그 역시 시므리에 의해서 죽음을 당했다.

(3) 오므리 가문 : 기원전 885년 오므리라는 인물이 시므리를 제거하고 정권을 잡으면서 시작되었다. 이를 오므리 왕조라고 부르기도 하는데, 오므리가 어떤 지파 출신인지는 명확히 기록되어 있지 않다. 그의 뒤를 이은 것이 아들 아합이었고, 이 아합의 아내가 악명 높은 이세벨이었다. 그러나 오므리 가문은 기원전 841년 예후의 쿠데타로 종말을 고한다.

(4) 예후 가문 : 예후 역시 어느 지파에 속한 인물인지 기록이 없다. 예후 가문의 지배는 스가랴까지 계속되었지만, 그는 기원전 752년 샬룸이라는 인물에게 살해되었다.

(5) 최후 혼란기 : 왕조는 아시리아의 위협에 직면하여 급격한 혼란에 빠

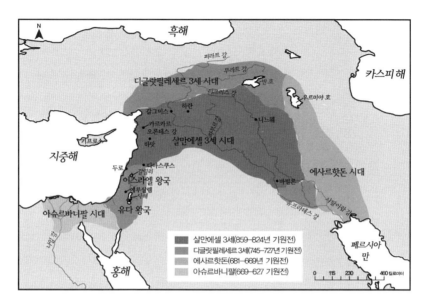

지도 24　아시리아 제국의 팽창

져들기 시작했고, 왕들이 빈번하게 교체되다가 마침내 722년 멸망하고 말았다.

　이스라엘 왕국이 정치적으로 안정되지 못했던 까닭은 대내적으로 지녔던 왕권의 취약성 이외에도, 대외적으로는 거듭된 외세의 위협과 침공 때문이기도 했다. 솔로몬 사후 통일 왕국이 분열되어 국경을 마주하게 된 남북의 두 왕국 사이에서는 오히려 큰 문제가 없었다. 물론 초기에는 분열의 후유증으로 인해서 전쟁을 하면서 영토를 다투기도 했으나, 양측이 협약을 맺은 이후로는 비교적 우호적인 관계를 유지했다. 심지어 이스라엘 왕국이 다른 나라와 전쟁을 할 때, 유다 왕국이 직접 군대를 동원하여 도와주기도 했다.

가장 가깝고 위협적인 세력은 북방의 아람인들이었다. 그들은 이스라엘 왕국의 바로 북쪽에 인접해 있었고, 다마스쿠스를 도읍으로 하여 현재의 시리아와 이라크 서북부 지방을 지배하고 있었다. 그들은 여러 차례 이스라엘 왕국을 침공했고 특히 그 북부의 도시들을 위협했다.

그들이 이처럼 군사적인 압력을 가한 가장 큰 이유는 남북으로 연결되는 국제 교역로를 확보하기 위해서였다. 당시 아프리카와 아라비아 지방에서 육로나 해로를 거쳐서 올라오는 교역로는 이스라엘 왕국의 영토를 통과하여 지중해 연안의 항구 도시로 연결되었고, 그것은 막대한 규모의 중개이익을 가져다주었다. 따라서 아람인들의 입장에서 볼 때 이스라엘 왕국이 중간에서 교역로를 가로막고 있는 셈이었고, 어떻게 해서든지 이스라엘을 장악하거나 자신들의 영향력 아래에 둘 필요가 있었던 것이다.

아람인들처럼 그렇게 위협적이지는 않았지만 그래도 종종 군사적 위협을 가해온 세력은 요르단 강 및 사해 동쪽에 있던 암몬과 모압이었다. 그들이 살던 지역은 모세와 여호수아가 가나안으로 진입할 때 갓 지파와 므낫세 반지파(半支派)에게 주어졌던 땅이었다. 그러나 그전부터 살던 원주민들이 그곳에 계속해서 살았기 때문에 새로 이주해온 이스라엘 사람들과 잦은 충돌을 벌일 수밖에 없었다. 그들은 다윗이나 솔로몬과 같이 이스라엘의 국력이 강고하고 안정되었을 때에는 복속했다. 그러나 통일 왕국이 분열된 뒤 북부 이스라엘 왕국의 정치적 상황이 불안정해지자 그들은 곧바로 반기를 들고 독립을 꾀하기 시작했다.

그런데 이스라엘인들에게는 북방의 아람이나 동쪽의 모압과 암몬보다도 더 무서운 대적이 있었다. 그것은 바로 과거 역사를 통해 줄곧 이스라엘에 위협했던 세력이었으니, 곧 남쪽의 이집트와 북쪽의 아시리아였다. 이집트는 이스라엘이 분열된 직후 침공을 감행했지만, 그뒤 내부적인 혼란으로 인하여 북방으로 진출할 여유를 가지지 못했다. 문제는 아시리아였다. 그들은 다윗과 솔로몬의 시대에는 아람인들의 압박을 받아 기를 펴지 못했는데, 기원전 10세기 후반부터 서서히 국세를 회복하기 시작하여 기원전 9세기 전반이 되면 본격적인 정복활동에 나섰다. 그들은 아람계 세력들을 하나씩 장악하며 남진했고, 이스라엘 역시 그 폭풍을 피할 수는 없었다.

이처럼 이스라엘 왕국은 내적으로는 왕권의 취약성, 외적으로는 외세의 위협 등을 받음으로써 정치적으로 매우 불안정했고, 이에 따라 왕국의 도읍도 자주 바뀌었다. 처음에 여로보암은 세겜에 도읍을 정했지만, 이집트가 침공하면서 그곳을 떠나 요르단 강 동쪽의 브누엘로 이주했다. 이후 수도는 다시 디르사로 옮겨졌으나, 오므리가 정권을 장악한 뒤 사마리아(Samaria)를 새로운 도읍으로 정했다. 그는 세멜(Semer)이라는 사람에게서 싼 값으로 산을 산 후에 그 산 위에 성을 세우고 그 사람의 이름을 따서 사마리아라고 이름했다고 한다. 사마리아는 그뒤 왕국이 멸망할 때까지 수도로 남아 있었다.

오므리가 사마리아에 새로운 도읍을 건설한 이유는 그곳이 서쪽 해안 지방과 비교적 가까웠기 때문이다. 앞에서도 언급했듯이 이스라엘은 국제교역을 중개함으로써 막대한 수입을 거두고 있었기 때문에 이 지방 도시들과 우호관계를 맺을 필요가 있었다. 그런 점에서 사마리아는 적절한 장소였던 것이다.

그러나 이 해안 도시들과의 긴밀한 관계는 바알이나 아세라와 같은 이방신들에 대한 숭배가 북부 왕국의 주민들 사이에 퍼지게 되는 좋은 환경을 제공하기도 했다. 사마리아에서 발견된 토기들의 파편에 적힌 사람들의 이름을 분석하면 '바알'이라는 단어가 들어간 것과 '여호와'라는 단어가 들어간 것의 숫자가 거의 비슷한 것으로 나타난다. 그만큼 바알 신앙이 북부 왕국의 주민들 사이에 광범위하게 퍼져 있었음을 알 수 있다.

오므리는 페니키아 도시들과 우호관계를 위해서 자기 아들 아합과 시돈의 왕녀 이세벨의 혼인을 추진했다. 그러나 이세벨은 사마리아에 바알의 사당을 세우고 그 사당에 바알을 위한 단을 세웠으며, 나아가 아세라의 목상까지 만들었다. 그녀의 이러한 활동은 이스라엘과 시돈 상호간의 우호관계를 고려하여 묵인되었고, 그녀는 여호와 신앙에 대해서 점점 더 가혹한 탄압을 가하기 시작했다. 바로 이와 같은 위기의 상황에서 엘리야 선지자가 출현하게 된 것이었다.

갈멜 산의 기적

엘리야라는 이름은 '나의 하나님은 여호와'를 뜻한다. 그만큼 그는 유일신 여호와 숭배를 공개적으로 천명한 사람이었다. 따라서 그런 그가 바알 숭배에 열을 올리던 왕비 이세벨, 또 그녀를 후원하며 이스라엘 민족의 여호와 숭배를 교묘하게 절충시키려고 하던 국왕 아합의 태도를 방관할 수는 없는 노릇이었다. 그는 먼저 아합을 찾아가서 장차 그의 땅에 비와 이슬이 내리지 않을 것이라고 경고했다.

그의 예언대로 실제로 지독한 가뭄이 찾아왔다. 아합과 이세벨의 입장에서 볼 때, 가뭄은 자연재해니까 어쩔 수 없다고 치더라도, 그것을 예언한 엘리야가 더욱 미웠다. 이세벨은 그를 죽이려고 했고, 엘리야는 보복을 피해서 요르단 강 동편의 그릿 시내[川]로 숨어 들어갔다. 그는 그 물을 마시고 까마귀들이 아침저녁으로 물어다주는 떡과 고기를 먹었다. 그러나 그도 가뭄을 피해갈 수는 없었다. 비가 오랫동안 오지 않아 그 시내도 말라버려 그곳에 머물 수조차 없게 된 것이다.

엘리야는 그곳을 떠나 시돈에서 남쪽으로 16킬로미터 떨어진 해안에 있는 사르밧이라는 곳으로 갔다. 거기서 그는 한 과부를 만나게 된다. 워낙 배가 고팠기 때문에 그녀에게 먹을 것을 좀 달라고 부탁했다. 그러나 혹심한 가뭄 때문에 그녀 역시 가진 것이 거의 없었다. 통에 든 곡식 가루 한 움큼과 병에 든 약간의 기름이 전부였다. 그녀는 대답하기를, 이제는 식량이 다 떨어져 자기도 집에 가서 고작 남은 그것으로 음식을 만들어 먹고는 죽을 작정이라고 했다. 그러자 엘리야는 만약 자기에게 먼저 떡을 만들어주면, 장차 비가 내릴 때까지 통의 가루도 병의 기름도 떨어지지 않을 것이라고 약속했다.

음식이 거의 다 떨어져 남은 것을 마저 먹고 죽을 작정이라는 사람에게 그것을 먼저 자기에게 달라는 엘리야의 태도는 정말 '뻔뻔하다'고 밖에 말할 수 없을 것이다. 그러나 오죽이나 급했으면 그랬을까 하는 생각도 든다. 그런데 더 놀라운 것은 이 '사르밧의 과부'가 그의 요구를 받아들여서 떡을 해주었다는 사실이다. 아무튼 그녀가 엘리야가 시키는 대로 했더니 과연 그의 말처럼 통의 가루도 병의 기름도 떨어지지 않고 그 식구들이 여러 날을 먹을 수 있었다고 한다.

그런데 이 일이 있은 뒤 그 과부의 아들이 심각한 병이 들어 죽고 말

앉다. 그러자 이번에는 엘리야가 그 아이를 안고 다락에 올라가서 침상에 누이고는 하나님께 부르짖으며 기도했다. 그리고 그는 아이 위에 세번 자기 몸을 펴서 엎드리고 그 아이의 혼이 몸속으로 돌아오게 해달라고 애원했다. 과연 아이의 혼이 되돌아와서 다시 살아나는 기적이 일어났고, 그는 아이를 안고 방으로 내려가 과부에게 건네면서 "네 아들이 살았느니라"(왕상17:23)라고 말했다.

이렇게 삼년 동안 가뭄과 기근이 계속되었을 때 마침내 여호와가 엘리야에게 나타났다. 가서 아합을 만나라는 것이었다. 그러면 땅에 비를 내리게 하겠노라고 했다. 그는 아합의 궁전을 찾아갔다. 그랬더니 아합은 그에게 "이스라엘을 괴롭게 하는 자여 너냐"(왕상18:16)라고 하면서 욕을 해댔다. 이에 엘리야는 이스라엘을 괴롭게 한 장본인은 자기가 아니라 바로 왕과 왕가의 사람들이라고 비판했다. 즉 그들이 여호와의 명령을 버리고 바알을 좇았기 때문에 이스라엘에 재앙이 찾아온 것이라는 지적이었다.

엘리야는 아합에게 바알의 선지자들을 갈멜 산으로 불러서 여호와의 선지자인 자신과 대결하게 해달라고 제안했다. 그가 이런 제안을 한 것은 바알 신이 블레셋과 같은 농경민들이 믿던 신이고, 그는 많은 비를 내려 풍년을 가져다주는 능력이 있는 존재로 여겨졌기 때문이다. 그래서 엘리야는 극심한 가뭄으로 고통받는 바로 이때에 과연 바알이 비를 불러올 수 있는지, 아니면 자신이 믿는 여호와가 더 큰 능력이 있는지를 대결해보자는 것이었다. 갈멜 산의 기적은 이렇게 해서 일어나게 된 것이다.

갈멜 산은 높이 525미터로서 그 자체로는 그리 높지 않지만, 해안에

서 10킬로미터 정도밖에 떨어져
있지 않고 그 주변에 그보다 더
높은 산이 없어서, 그 정상에 서
면 멀리 서쪽으로 지중해가 내려
다보인다. 그 해안선을 따라 북
쪽으로 바알과 이방신들을 숭배
하는 악코, 두로, 시돈 등의 도시
가 연이어져 있었다. 엘리야가
갈멜 산을 대결의 장소로 정한
이유는 바로 우상 숭배의 본거지
로 들어가서 여호와의 진정한 위

불병거를 타고 하늘로 올라가는 엘리야 (1290
년경 러시아 성화)

력을 보이려고 생각했기 때문이었다.

정해진 날에 갈멜 산 정상에 아합이 부른 바알의 선지자 450명이 모
였다. 엘리야는 송아지 두 마리를 잡아서 각을 떠서 각각 한 마리씩 장
작 위에 올려놓은 채 불은 지피지 말라고 했다. 그리고 바알 선지자들과
자기가 각자의 신의 이름을 불러서 어떤 신이 불로 응답하는지를 보자
고 했다.

그들은 아침부터 낮까지 바알의 이름을 열심히 불렀고, 이어 그들이
쌓은 단 주위에서 격렬한 동작으로 춤을 추었다. 그래도 아무런 응답이
없자 엘리야는 그들을 향해서 바알 신이 "묵상하고 있는지 혹은 그가
잠깐 나갔는지 혹은 그가 길을 행하는지 혹은 그가 잠이 들어서 깨워야
할 것인지"(왕상18:27)라고 하면서 조롱을 퍼부었다. 이에 그들은 바알
을 숭배하는 '규례'에 따라서 피가 흐를 때까지 자신들의 몸을 칼과 창

으로 상하게 했다. 이렇게 했음에도 불구하고 바알은 아무런 응답을 주지 않았다.

이에 엘리야는 그곳에 모인 사람들에게 12지파의 숫자에 따라 돌 12개를 가져와서 단을 쌓고, 단 주위에 작은 도랑을 파도록 했다. 장작 위에는 송아지 각 뜬 것을 올려놓고, 통 넷에 물을 채워서 번제물 위에 부으라고 했다. 그리고 똑같은 행동을 세 번 반복해서 하라고 했다. 물이 단에서 흘러 도랑에 가득하게 되었다. 엘리야는 하늘을 향해서 기도를 올렸다. 그러자 "여호와의 불이 내려서 번제물과 나무와 돌과 흙을 태우고 또 도랑의 물을 핥은지라"(왕상18:38), 거기 있던 모든 사람들이 "여호와 그는 하나님이시로다"라고 외쳤다. 엘리야의 이름 곧 '여호와는 나의 하나님'이심을 그들이 모두 받아들여 합창한 것이다.

엘리야는 사람들에게 바알의 선지자들을 하나도 빠짐없이 잡아놓으라고 했다. 그리고 나서 그들을 기손 시내로 끌고 가서 모두 죽여버렸다. 이어서 그는 곧 비가 올 것이라고 예언했다. 아니나 다를까 갈멜 산 위에서 보니 저 멀리 바다에서 처음에는 손바닥만 한 작은 구름이 생기더니, 잠시 뒤에는 구름과 바람이 일어나며 하늘이 캄캄해지고 큰 비가 내리기 시작했다. 이에 아합은 마차를 타고 돌아갔다. 여호와의 능력이 임한 엘리야는 허리를 동이고 어찌나 빨리 달렸는지, 달리는 아합의 마차보다 앞서서 뛰어갔다.

그러나 승리의 기쁨은 잠깐이었다. 갈멜 산에서 벌어진 일을 들은 이세벨은 그를 죽이지 않으면, 자기가 벌을 받을 것이라고 하면서 그를 잡아오라고 했다. 엘리야는 그 길로 도망쳐 남쪽으로 향했고 유다 땅에서 가장 남쪽에 위치한 브엘세바에 도착했다. 거기서 다시 광야로 들어가 하루쯤 가다가 로뎀 나무 아래에 앉아서 "여호와여 넉넉하오니 지금 내 생명을 거두시옵소서"(왕상19:4)라고 하면서 죽기를 구했다.

'로뎀(rotem) 나무'는 영어 성경에는 '빗자루 나무(broom tree)'라고 번역되어 있다. 우리말로는 '대싸리 나무'라고 불리는 것이며 싸리 빗자루를 만들 때 쓰는 것이기도 하다. 엘리야가 절망 가운데 로뎀 나무 아래에 누워 있을 때 천사가 그를 찾아왔다. 그리고 그의 머리맡에 숯불로 구운 떡과 한 병의 물을 놓고 갔던 것이다. 브엘세바 광야에서 헤매던 그가 하나님의 도움을 받는 장면은 일찍이 사라에게 쫓겨난 하갈이 이스마엘과 함께 그곳에서 헤매다가 물이 떨어지자, 아들을 떨기 나무 아래에 눕혀놓고 방성대곡했을 때, 하나님의 사자가 나타나 샘물이 있는 곳을 알려준 일화(창21:14-19)를 떠올리게 한다.

이렇게 해서 겨우 기운을 차린 엘리야는 40일 밤낮을 가서 마침내 하나님의 산 호렙에 도착하게 된다. 일찍이 여호와 하나님으로부터 모세가 십계명을 새긴 돌판을 받은 바로 그 산이었다. 거기서 엘리야는 여호와의 음성을 듣게 된다. 그는 이스라엘 자손이 언약을 버리고 주의 선지자들을 모두 죽여 오직 자기만 남았는데 자기 생명마저 빼앗으려 한다고 호소했다.

이에 여호와는 세 사람의 이름을 거명하면서 그들에게 기름을 부으라고 명했다. 한 사람은 다마스쿠스의 하사엘로서 그에게 기름을 부어 아람의 왕이 되게 하라고 했다. 또 한 사람은 예후라는 인물인데, 그에게 기름을 부어 이스라엘의 왕이 되게 하라고 했다. 마지막으로 엘리사에게 기름을 부어 엘리야 자신의 뒤를 잇는 선지자가 되게 하라고 했다. 사실 이 세 사람 가운데 엘리야가 직접 기름을 부어준 사람은 엘리사뿐이었다. 다른 두 사람은 엘리사가 기름을 부었다. 아무튼 이 세 사람이 장차 어떠한 역할을 맡게 될지는 뒤에서 곧 밝혀질 것이다.

하나님은 엘리야를 향해서 "내가 이스라엘 가운데 칠천 명을 남기리니 다 바알에게 무릎을 꿇지 아니하고 다 바알에게 입맞추지 아니한 자니라"(왕상19:19)고 하면서 달래주었다. 그 길로 엘리야는 이스라엘로 돌아갔다.

아합 왕의 최후

바로 그때 아람의 왕 벤하닷 2세(870-842 기원전)가 이스라엘 왕국을 침공한 사건이 벌어졌다. 그는 주변의 왕 30명을 규합하여 말과 병거를 이끌고 와서 사마리아를 포위했다. 위기에 처한 아합은 매우 과감한 전술로 이에 맞섰다. 그는 각 지방의 방백들 휘하에 있는 '소년들'을 소집하여 아람 진영에 대해서 기습 공격을 감행한 것이다. 그의 전술은 주효했고 아람 진영은 궤산되어 벤하닷 자신도 마병과 함께 도망쳤다. 그러나 그것으로 끝나지 않았다. 벤하닷은 다시 군대를 규합하여 두 번째로 쳐들어왔다. 양측은 7일간 대치하다가 마침내 결전을 벌였다. 결과는 놀랍게 이번에도 아합이 승리를 거두었다. 아람의 군사가 하루에 10만 명이 사망했다고 기록되어 있다.

그런데 「열왕기」의 저자가 이 전투를 기록한 것은 아합의 용맹과 지략에 주목해서 그런 것은 아니었다. 그것은 아합이 벤하닷을 주멸(誅滅)하라는 여호와의 뜻을 따르지 않았기 때문에 그것이 후일 그의 죽음을 부르는 원인이 되었다는 점을 밝히기 위해서였다. 즉 아벡이라는 성으

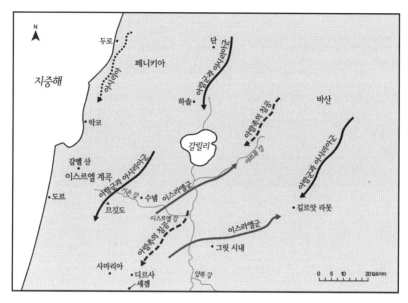

지도 25 외세의 침공

로 도망쳤던 벤하닷은 "굵은 베로 허리를 동이고 테두리를 머리에 쓰고"(왕상20:32) 밖으로 나와 아합에게 살려달라고 간청했다. 나아가 그는 아람이 과거에 탈취했던 이스라엘의 성읍도 돌려주겠다고 약속했고, 이로써 양측은 화평을 맺었다.

이 일이 있은 직후 이번에는 아시리아가 침략해왔다. 살만에셀 3세(859-825 기원전)는 즉위 초년에 유프라테스 강을 건너 서쪽으로 군대를 몰고 왔다. 그는 시리아 북부를 장악하고 군대를 남쪽으로 돌렸다. 이제까지 싸우던 이스라엘과 아람은 이 새로운 위협에 직면하여 서로 연합하기로 했다. 아람의 왕은 보병 2만 명을, 이스라엘의 왕 아합은 병거 2,000대와 보병 1만 명을 투입했다. 이들은 아시리아 군대와 오론테스 강변의 카르카르라는 곳에서 접전을 벌였다. 기원전 853년의 일이었다.

전투의 결과는 승자도 패자도 없는 무승부였다. 침공을 한 아시리아가 원래의 목표를 달성하지 못했으니 아시리아의 실패라고도 말할 수 있다. 연합군은 일단 성공을 거둔 셈이었다. 그러나 그것은 일시적인 성공에 불과했고, 궁극적으로 이스라엘은 메소포타미아 전역을 장악하여 공전의 대제국으로 발전한 아시리아의 먹잇감이 될 수밖에 없는 운명이었다.

성경에 기록된 나봇의 포도원 일화는 아합의 종말을 예시하는 사건이었다. 나봇이라는 사람이 이스르엘에 있던 아합의 여름 궁전 근처에 포도원을 하나 가지고 있었다. 아합은 그 포도밭을 자신의 채소밭으로 사용할 생각으로 팔라고 했으나, 나봇은 거절했다. 난감해진 아합에게 그 이야기를 들은 이세벨은 악당들을 시켜 나봇을 끌고 나가 돌로 쳐죽였다. 이에 엘리야가 아합을 찾아갔다. 그리고 개들이 나봇의 피를 핥은 곳에서 아합의 피도 핥을 것이며, 이스르엘의 성 곁에서 개들이 이세벨을 먹을 것이라는 여호와의 말씀을 전달했다(왕상21).

그의 경고는 곧 현실이 되어 나타났다. 아합은 유다의 왕 여호사밧과 연합하여, 과거에 아람에게 빼앗겼던 길르앗 라못을 되찾으러 군대를 이끌고 출정했다. 그가 무엇 때문에 군대를 일으켰는지 분명치는 않으나, 그 전에 전투에서 패배한 벤하닷이 그곳을 돌려주겠다고 한 약속을 시간만 끌면서 이행하지 않았기 때문에 직접 행동에 나선 것으로 추측된다. 그런데 이번에는 이스라엘-유다 연합군이 참패하고 말았다. 아람군이 전면전을 벌이지 않고 오직 이스라엘 왕을 집중적으로 추격하여 제거하려고 했기 때문이다.

병거를 타고 있던 아합은 우연히 날아온 화살을 맞고 중상을 당했지만, 맹렬한 전투로 인해 그의 병거는 그곳에서 빠져나올 수 없었다. 그는 현장에서 사망했다. 그가 흘린 피가 흥건했던 병거를 사마리아의 못에서 씻자 개들이 와서 그 피를 핥았다(왕상22). 엘리야의 예언이 실현된 것이다. 아합의 자리는 그의 아들 아하시야가 이었지만, 그 역시 곧 죽고 여호람이 뒤를 이었다.

하늘로 올라간 엘리야

이 일이 있은 뒤 엘리야는 사마리아를 떠나 제자 엘리사와 함께 벧엘로 갔다. 엘리사는 자기를 따라오지 말라는 엘리야의 말을 듣지 않고 끝까지 스승의 곁을 떠나지 않은 채 그를 뒤따랐다. 두 사람은 벧엘을 거쳐 여리고로 갔고, 거기서 다시 일어나 요르단 강으로 갔다. 그곳에서 엘리야의 제자들 오십 명이 멀리서 지켜보는 가운데 엘리야와 엘리사가 요르단 강으로 들어갔다. 엘리야가 겉옷을 말아서 물을 치자 물은 갈라졌고 두 사람은 맨 땅이 된 강을 건너갔다.

건너편에 이른 뒤에 엘리야가 제자에게 네가 원하는 것을 구하라고 말하자, 엘리사는 "당신의 성령이 하시는 역사가 갑절이나 내게 있게 하소서"(왕하2:9)라고 말했다. 이는 스승보다 두 배의 영감을 가지게 해달라는 그의 강렬한 희망으로도 이해될 수 있지만, 당시 장자가 다른 아들에 비해서 두 배의 유산을 받는 것처럼 자기에게도 다른 제자들보다 두 배 많은 축복을 달라는 말로 해석할 수도 있다.

그때 홀연히 하늘에서 불 수레와 불 말들이 두 사람 사이를 갈라놓았고, 엘리야는 회오리바람을 타고 승천했다. 엘리사는 이를 보고 "내 아

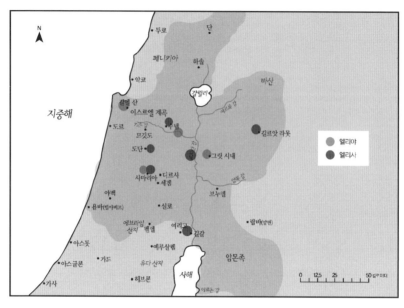

지도 26 엘리야와 엘리사의 활동 무대

버지여 내 아버지여 이스라엘의 병거와 그 마병이여"라고 소리쳤는데,
이미 스승의 모습은 보이지 않았다. 그는 엘리야의 몸에서 떨어진 겉옷
을 주워서 그것으로 물을 치니 물이 이리저리 갈라졌다. '홍해'를 가른
모세를 연상케 하는 그의 이 이적은 그가 엘리야의 영감을 받은 증거로
여겨졌고, 이를 본 다른 제자들은 엘리사를 새로운 지도자로 인정했다.

엘리사는 이후 여호람, 예후, 여호아하스, 요아스의 치세, 즉 기원전
9세기 후반의 약 50년간 선지자로 활동하며 수많은 이적을 행했다. 그
런데 그의 이적은 엘리야처럼 바알이나 그것을 옹호하는 왕과 왕비와의
힘겨운 싸움이라기보다는, 이스라엘 각지를 다니며 일반 백성들이 곤경
에 처했을 때 도움을 주거나, 아니면 외적이 침략했을 때 왕과 군대를
도와 이스라엘이 그 위험에서 빠져나오는 데에 도움을 주는 것이었다.

그의 시대는 분명히 스승 엘리야 시대와는 달랐다. 아합은 비록 하나님 보시기에 사악한 군주였지만, 아람을 위시하여 주변의 세력들을 규합하여 대제국 아시리아의 침공을 막아내기도 했다. 그러나 아합이 사망한 뒤에 사정은 완전히 바뀌어버렸다. 이제까지 이스라엘에 복속했던 주변의 소국들은 반란을 일으켰고, 아람과 아시리아가 다시 왕국의 북방을 크게 위협했기 때문이다.

새로운 지도자 엘리사

엘리사는 스승이 그러했던 것처럼 다수의 제자들을 데리고 다녔다. 성경에는 그들이 "선지자의 생도"라고 표현되었는데, 과거의 선지자들과는 달리 그들은 공동체 생활을 하면서 무리지어 다니며 활동했던 것 같다. 그들은 머리에 특이한 모양의 덮개를 쓰고, 노래와 춤을 통해 영적인 무아지경에 빠지곤 했다.

이와 같은 공동체의 실제 모습을 보여주는 흥미로운 일화가 성경에 소개되어 있다. 하루는 한 생도가 사망했는데 그 아내가 엘리사를 찾아와서 자기는 기름 한 병 밖에 가진 것이 없어 빚 갚을 돈이 없다고 하면서, 빚쟁이가 그녀의 두 아이를 종으로 삼으려 한다고 하소연했다. 엘리사는 그녀에게 이웃을 찾아가서 가능한 한 많은 빈 그릇을 빌려와서 그 병에 있는 기름을 부으라고 했다. 그녀가 시키는 대로 했더니 빌려온 그릇들이 다 차도록 병의 기름이 떨어지지 않았고, 그녀는 그 기름을 팔아서 빚을 갚게 되었다(왕하4:1-7). 이것은 물론 엘리사의 이적을 소개하기 위해서 기록된 것이지만, 당시 그러한 생도들의 공동체 생활까지 책임져야 했던 선지자의 역할을 시사하고 있다.

엘리사는 수넴이라는 곳에서 아들을 가지지 못한 귀부인의 집을 방문한 적이 있었다. 엘리사는 그 부인에게 1년 후에 아들을 안으리라고 예언했다. 과연 그가 말한 대로 일이 이루어졌다. 그런데 문제는 그 아이가 어느 정도 자란 뒤에 죽어버렸다는 것이다. 그 여인은 갈멜 산에 머무르고 있던 엘리사를 찾아가서 아기가 죽었다는 사실을 알리며, 왜 자기가 달라지도 않은 아이를 주어 이런 괴로움을 주느냐고 불평했다.

이에 엘리사는 수넴으로 가서 그 아이가 죽어 있는 방으로 들어가서 문을 닫고 여호와께 기도했다. 그리고 아이 위에 올라가 포개어 엎드려 입과 눈과 손을 대니 아이의 살이 차차 따뜻해졌고, 곧 아이는 일곱 번 재채기를 한 뒤 눈을 뜨게 되었다(왕하4:8-37). 그가 행한 이 이적은 스승 엘리야가 사르밧 과부의 아이를 살린 것, 예수께서 죽은 나사로를 살리신 것과 비견된다.

예수님이 떡 다섯 덩이와 물고기 두 마리로 수천 명을 배불리 먹게 한 소위 오병이어(五餠二魚)의 기적은 너무나 유명한 이야기이지만, 엘리사 역시 그와 유사한 이적을 행했다. 그가 길갈에 이르렀을 때 흉년이 한창 극성이었다. 사람들은 먹을 것이 다 떨어졌고, 엘리사를 따르던 무리들도 상황은 마찬가지였다. 하다못해 들판에서 들외(들호박)를 따서 솥에 넣고 끓였는데, 그것조차 독이 있어 먹지 못할 지경이었다. 마침 그때 어떤 사람이 보리떡 20개와 자루에 담은 채소를 엘리사에게 가져다주었다. 엘리사는 그것을 무리에게 나누어주라고 했는데, 그의 사환이 그것으로 어떻게 100명에게 베풀겠느냐고 말했다. 그러나 엘리사가 시키는 대로 했더니, 과연 거기 모인 사람들이 다 먹고도 오히려 남았다고 한다(왕하4:38-44).

　엘리사는 이처럼 백성들과 마주치면서 벌어지는 일상적인 생활 속에서 이적들을 행했지만, 이와는 대조적으로 이스라엘이 주변의 적들과 싸울 때에도 이적을 행했다. 이와 관련된 일화들은 당시 이스라엘이 처했던 국제적인 상황을 보여주는 좋은 자료이기도 하다. 그 최초의 사례가 모압과의 전쟁이었다. 당시 왕은 아합의 아들 여호람이었다. 그는 "여호와 보시기에 악을 행했으나 그 부모와 같이 하지는 아니했다"(왕하3:2)는 평가를 받았다. 왜냐하면 그는 아합이 만든 바알의 우상을 제거했기 때문이었다. 엘리사가 그를 도와 전쟁에서 승리를 거둘 수 있게 한 것도 여호람이 아버지에 비해 덜 악했기 때문이었다.

모압과 아람의 침공

모압은 그전까지 양털을 깎아서 이스라엘에 바치던 조공국이었다. 그런데 아합이 사망하자 더 이상 조공을 보내지 않았다. 모압의 새 왕은 메사라는 인물이었다. 이에 여호람은 유다의 왕 여호사밧 및 에돔의 왕과 연합하여 메사를 치러 나섰다. 그들은 요르단 강을 건너지 않고 남쪽으로 사해를 돌아 북상하는 전략을 세웠다. 아마 적의 후방을 기습하려는 의도였을 것이다. 그러나 행군의 시간이 길어지면서 물이 떨어졌다. 엘리사는 여호와의 말씀에 따라 골짜기에 개천을 파라고 하고, 곧 여호와께서 모압을 그들의 손에 맡겨 파멸시키리라고 예언했다. 과연 다음 날 아침에 상류에서 물이 흘러내려와 그 땅에 가득 차게 되었다. 마침 그때 모압 사람들이 그곳에 도착했는데 멀리서 보니 그 물이 아침 햇살에 비쳐

메사 비문 (루브르 박물관)

붉은 피처럼 보였다. 필시 적들이 서로 싸워 죽인 것이라고 오인한 그들은 마음 놓고 노략질하러 왔다가, 오히려 이스라엘 사람들의 공격을 받아 패배하고 말았다(왕하3).

그런데 흥미롭게도 이 전투에 대해서는 모압의 왕 메사가 남긴 비문이 발견되었다. '메사 비문' 혹은 '모압 비문'이라는 이름으로도 유명하다. 기원전 840년경에 새겨진 이 비문에는 모압의 신 케모시가 모압 사람들에게 분노하여 이스라엘에 복속하도록 만들었으나, 다시 마음을 돌려 메사를 지원하여 잃어버린 모압 땅을 찾게 해주었다는 내용이 새겨져 있다. 즉 전투에서 승리를 거둔 것은 이스라엘이 아니라 모압이었다는 것이다. 그래서 그것을 기념하기 위한 비석까지 만들어진 것이다.

사실 「열왕기」의 기록을 자세히 보면 전세가 나중에 뒤바뀌었음을 시사하는 내용을 찾을 수 있다. 즉 궁지에 몰린 모압 왕이 "자기 왕위를 이어 왕이 될 맏아들을 데려와 성 위에서 번제를 드린지라 이스라엘에게 크게 격노함이 임하매 그들이 떠나 각기 고국으로 돌아갔더라"(왕하 3:27)는 내용이다. 메사는 자신의 장자를 번제물로 바침으로써 군사들에게 결연한 모습을 보였고, 그래서 전투에 임한 결과 이스라엘이 "크게 통분함" 즉 패전을 당하고 각자 돌아갔다는 것이다. 또 하나, 이 비문에는 "다윗의 가문"이라는 말이 보이는데, 그것은 성경 이외의 자료 가운데 처음으로 다윗에 대한 언급이 기록된 사례로서 특기할 만하다.

한편 북방 아람과의 관계에서도 여전히 긴장이 지속되었다. 엘리사가 아람 왕의 군대장관인 나아만이라는 사람의 문둥병을 고쳐준 일화는 당시 양국 관계의 한 단면을 잘 보여주고 있다. 성경에 소개된 내용에 따르면 엘리사의 명성을 들은 나아만이 이스라엘을 찾아와 자기의 병을 고쳐달라고 요구했다. 물론 그것은 아람의 강력한 힘을 믿고 내세운 일종의 협박이었다. 만약 고치지 못하면 그것을 구실로 전쟁을 하겠다는 것이었다. 이런 의도를 간파한 이스라엘의 왕은 자기 옷을 찢으며 "나와 더불어 시비하려 함"이라고 하면서 전전긍긍했다. 그러나 엘리사는 나아만에게 요르단 강에서 일곱 번 몸을 담그면 나을 것이라고 말했고, 그가 그렇게 하니 과연 그대로 나았다. 물론 아람측도 더 이상 침략의 구실을 대지는 못했다.

엘리야가 바알 숭배와의 투쟁에 혼신의 힘을 기울이며 자신의 활동을 당시의 종교적인 문제에 초점을 맞춘 사람이었다면, 엘리사는 그보다는 가뭄, 기근, 역병, 빈곤 등의 사회적인 문제에 더 많은 관심을 나타냈고, 나아가 정치적인 문제에 대해서도 적극적으로 개입한 인물이었다. 일찍이 엘리야는 호렙 산에서 아람의 하사엘과 이스라엘의 예후, 이 두 사람에게 기름을 부으라는 여호와의 음성을 들었지만, 정작 실천에 옮기지는 못했다. 그것을 실현한 사람은 바로 엘리사였다. 이스라엘뿐만 아니라 이웃 나라인 아람의 군 실력자들을 찾아가서 기름을 붓고 장차 왕위에 오르리라고 예언한다는 것 자체가 대단히 정치적인 행위였다.

아합의 시대에 이스라엘을 침략했다가 실패했던 아람의 왕 벤하닷 2

세가 다시 한번 나라의 군대를 모두 이끌고 와서 사마리아를 포위했다. 성 안에는 식량이 모두 떨어졌고 나귀 머리 하나에 은 80세겔(900그램)을 호가할 정도였다. 심지어 굶주린 두 여인이 자기 아들들을 차례로 잡아먹기로 하고 한 여인의 아이를 먹었는데, 다른 여인이 자기 아이를 내놓지 않으려고 하자 왕을 찾아가 고소하는 일까지 벌어질 정도였다. 이때 엘리사가 왕에게 하루만 지나면 사마리아 성안에는 식량이 넘쳐나게 될 것이라고 예언했다.

그때 마침 몇 명의 나병 환자들이 배고픔을 이기지 못하고, 차라리 잡혀 죽는 일이 있더라도 아람 군대의 진영으로 가서 뭘 훔쳐 먹자고 했다. 그런데 그들이 막상 그곳에 가자 아람 군인들이 옷과 장비들을 모두 버리고 도망가서 진영이 텅 비어 있는 것을 발견했다. 그들이 돌아와서 이 말을 전하자 성 안의 백성들은 아람군의 진영을 노략질해서 식량을 가지고 왔다. 엘리사의 예언이 적중한 셈이다. 그런데 아람 군인들은 왜 갑자기 도망쳐버린 것일까? 「열왕기」의 저자는 이렇게 설명하고 있다. 여호와께서 그들에게 갑자기 병거 소리와 말 소리와 큰 군대의 소리를 듣게 했고, 그들은 이스라엘 왕이 헷과 이집트의 군대를 사서 불러들인 것으로 착각한 것이다(왕하6-7).

이 일이 있은 후 엘리사는 다마스쿠스로 갔다. 당시 아람 왕 벤하닷은 병중이었고 그를 대신하여 군대 장관 하사엘이 그를 영접하러 나왔다. 그가 갖은 예물을 준비하여 엘리사를 맞이하자, 엘리사는 그가 장차 아람의 왕이 될 것이라는 여호와의 말씀을 전해주었다. 이 말을 들은 하사엘은 그 다음 날 이불을 물에 적셔 벤하닷의 얼굴을 눌러 죽여버렸다(왕하8:7-15). 하사엘은 기원전 842년에 즉위하여 기원전 806년까지 통치했다.

예후의 쿠데타

이스라엘의 왕 여호람이 사망한 뒤, 그의 아들 아하시아와 요람이 차례로 왕위에 올랐다. 요람의 치세에 아람에서 왕이 된 하사엘이 침공했고, 양측은 길르앗 라못에서 전투를 벌였다. 그러나 라못에서 요람이 부상을 입게 되었고, 그는 이스르엘의 겨울 궁전으로 돌아가서 요양을 하게 되었다. 이스라엘 군은 장군 예후가 지휘하고 있었다. 그때 엘리사는 자신의 생도 하나를 불러 기름병을 들고 전투가 벌어지고 있는 길르앗 라못으로 가게 했다. 그리고 거기서 예후를 찾아가 그 머리에 기름을 붓고 그를 이스라엘의 왕으로 삼겠노라는 여호와의 말씀을 전하라고 지시했다.

엘리사의 지시에 따라 기름부음을 받은 예후는 그 길로 병거를 타고 이스르엘로 가서 요양 중이던 요람을 찾아갔다. 마침 그곳에는 유다의 왕 아하시아가 요람과 함께 있었다. 예후는 마중 나온 요람을 활로 쏘아 죽이고 그 시체를 과거 아합과 이세벨에게 포도원을 빼앗긴 나봇의 밭에 던져버렸다. 요람과 함께 있던 유다의 왕도 죽임을 당했다. 예후는 곧바로 이스르엘의 왕궁으로 갔다. 이세벨은 그때 왕궁의 창문에서 예후가 오는 것을 보고 있었는데, 쿠데타가 벌어진 것을 눈치챈 궁 안의 사람이 그녀를 창문 밖으로 던져서 죽여버렸다. 장사를 지내려고 했으나 그 두개골과 발과 손바닥 외에는 찾지 못했다. 나머지는 개들이 먹었기 때문이었다. 과거 엘리야가 "이스르엘의 성 곁에서 개들이 이세벨을 먹을 것"이라고 한 예언이 실현되었다. 사마리아에 있던 아합의 아들 70인 역시 모두 죽임을 당하고 그 머리는 광주리에 담겨 예후에게 보내졌다.

예후는 이처럼 아합 일족을 모두 죽여서 한 사람도 남기지 않았다. 그는 이어서 백성들을 모아놓고 자신은 아합보다도 바알을 더 많이 섬기겠다고 선언하면서 바알을 섬기는 사람은 모두 자기에게로 오라고 청했다. 그러나 그것은 술책이었다. 바알을 섬기는 사람들이 바알의 당에 가득찰 정도로 모이자, 예후는 한 사람도 남기지 않고 모두 칼로 쳐서 죽이라고 했다. 그리고 바알의 목상을 헐고 당을 파괴하여 변소로 만들었다.

그러나 「열왕기」의 저자는 그가 이처럼 이스라엘 안에서 바알은 멸했지만, "여로보암의 죄, 곧 벧엘과 단에 있는 금송아지를 섬기는 죄에서는 떠나지 아니하였더라"(왕하10:29)고 평했다. 그래서 여호와는 예후의 자손에게 이스라엘의 왕위를 4대, 즉 여호아하스, 요아스, 여로보암, 스가랴에 이르기까지는 지나가게 허락하셨다. 다만 아람의 하사엘로 하여금 왕국의 동부 지역을 쳐서 남방의 아르논 골짜기에서부터 북방의 길르앗과 바산에 이르는 지역을 빼앗게 했다.

임박한 재앙 : 아모스와 호세아

엘리사는 요아스의 치세(806-791 기원전)에 사망했다. 그런데 요아스와 그의 후계자 여로보암 2세(791-750 기원전)가 통치하던 8세기 전반의 약 50년은 이스라엘 왕국으로서는 드물게 평온하고 번영했던 시기였다. 이러한 평화가 찾아온 까닭은 무엇보다도 가장 위협적인 세력이었던 아시리아가 내정의 혼란으로 약화되었기 때문이다. 아시리아는 우라르투라는 신흥세력의 압박을 받아 대외적인 팽창을 하지 못한 채 주로 유프라테스 강 동쪽에 발이 묶여 있었다.

그러나 「열왕기」에는 이러한 정치적인 안정과 경제적인 번영에 대해서는 아무런 언급도 없다. 다만 "여로보암의 남은 사적과 모든 행한 일과 싸운 업적과 다메섹[다마스쿠스]을 회복한 일과 이전에 유다에 속하였던 하맛을 이스라엘에 돌린 일은 이스라엘 왕 역대지략에 기록되지 아니하였느냐"(왕하14:28)라고 했을 뿐이다. 우리는 짧은 이 한 문장을 통해서 그가 상당한 세력을 유지했으며, 여러 차례의 전투를 통해서 과거에 상실했던 다마스쿠스와 하맛 등지를 다시 회복했다는 사실을 추측할 수 있을 것이다.

성경이 아니라 통상적인 역사서라면 이러한 그의 '치적'에 대해서 자세히 서술했을 것이다. 그러나 성경의 평가는 "유다의 왕 요아스의 아들 아마샤 제십오년에 이스라엘의 왕 요아스의 아들 여로보암[2세]이 사마리아에서 왕이 되어 사십일 년간 다스렸으며 여호와 보시기에 악을 행하여 이스라엘에게 범죄하게 한 느밧의 아들 여로보암의 모든 죄에서 떠나지 아니하였더라"(왕하14:24)는 것이었다.

사실 외면적으로는 안정과 번영이 지속되었지만, 겉으로 드러나지 않는 이면에서는 사회적 해체, 종교적 타락, 도덕적 문란이라는 현상이 심화되고 있었다. 그리고 그것은 왕국의 운명을 파멸로 몰아가고 있었다. 빈부의 격차가 심해지고 권력자와 관리들의 횡포가 날로 도를 더해갔다. 빈곤한 농민들은 생존을 위해서 고리대금을 빌려야 했고, 거듭된 가뭄과 흉작은 그들의 생활을 파탄에 이르게 했다. 과거 이스라엘 백성들을 묶어주던 부족적인 연대는 이미 사라진 지 오래되었다. 어느 누구도

빈곤에서 허덕이는 동족을 돌아보지 않았고, 부자와 귀족들은 여호와의 신앙에서 멀어져 우상 숭배에 열심이었다.

이스라엘 왕국의 이러한 말기적 현상을 목도하고 여호와의 말씀을 전하는 선지자들이 출현했다. 아모스와 호세아가 그들이다. 이 두 사람 모두 여로보암 2세의 말기에 등장하여 이스라엘 왕국의 비극적인 최후를 예언한 사람들이었다. 아모스는 특히 왕국 안에서 벌어지는 사회적, 경제적 불평등에 대해서 비판의 목소리를 높였다. "여로보암은 칼에 죽겠고 이스라엘은 반드시 사로잡혀 그 땅에서 떠나겠다 하나이다"(암7:11)고 경고했는데, 그의 예언은 후일 그대로 실현되었다. 여로보암은 스가랴의 손에 피살되었고 이스라엘은 아시리아에 멸망당하고 말았기 때문이다. 아모스는 "내 백성 이스라엘의 끝이 이르렀은즉 내가 다시는 그를 용서하지 아니하리니"(암8:2)라는 여호와의 단호한 마음을 전달하기도 했다.

그러나 아모스는 이스라엘의 완전하고 영원한 멸망을 예언하지는 않았다. 여호와는 아모스의 입을 통해서 "그 원수 앞에 사로잡혀 갈지라도 내가 거기에서 칼을 명령하여 죽이게 할 것이라"(암9:4)라고 하면서도, "내가 내 백성 이스라엘이 사로잡힌 것을 돌이키리니 그들이 황폐한 성읍을 건축하여 거주하며……그들을 그들의 땅에 심으리니 그들이 내가 준 땅에서 다시 뽑히지 아니하리라 네 하나님 여호와의 말씀이니라"(암9:14-15)고 약속했던 것이다. 이것은 북부 이스라엘이나 남부 유다 이 두 왕국의 멸망을 예언했던 성경의 선지자들에게 공통적으로 보이는 점이다. 즉 그들은 여호와가 이스라엘 백성의 영적인 타락에 분노하여 엄청난 징계를 내리시겠지만, 끝내 자신이 선택한 백성을 버리지 않고 다시 회복시키시리라는 신념을 버리지 않았다.

여호와의 분노를 가장 충격적이고 극적인 형태로 표현했던 선지자는 호세아였다. 그는 음란한 여자, 즉 창녀를 아내로 맞이하여 음란한 자식들을 낳으라는 여호와의 명을 받았다. 그래서 그는 고멜이라는 이름의 여자를 아내로 맞아들여 아들을 낳았다. 여호와는 호세아에게 그 이름을 이스르엘이라고 지으라고 했는데, 이는 "이스르엘의 피를 예후의 집에 갚으며 이스라엘 족속의 나라를 폐할 것"을 예표하는 것이었다. 과거 예후가 이스르엘 계곡에서 여호람을 살해하고 아합의 일족을 몰살시킨 것과 마찬가지로, 이제 여로보암 2세를 포함해서 예후의 일족도 모두 죽음을 맞고 왕국은 멸망할 것이라는 예언이었다.

호세아는 고멜에게서 또 딸과 아들을 낳았는데, 그 이름을 하나는 로루하마, 또 하나는 로암미라고 지었다. 히브리어에서 '로(lo)'는 부정을 뜻하는 단어이며, 루하마(ruhamah)는 '긍휼히 여김을 받다', 암미(ammi)는 '나의 백성'을 뜻한다. 그래서 성경은 로루하마를 "다시는 이스라엘 족속을 긍휼히 여겨서 용서하지 않을 것"이라고 했고, 로암미를 "내 백성이 아니요 나는 너희 하나님이 되지 아니할 것"(호1:3-9)이라고 한 것이다.

이것은 이스라엘 백성들이 우상을 숭배하며 행음했던 것에 대한 강력한 비유이다. "에브라임은 내가 알고 이스라엘은 내게 숨기지 못하나니 에브라임아 이제 네가 행음했고 이스라엘이 이미 더러워졌느니라"(호 5:3)는 구절이 이를 잘 말해준다. 에브라임은 이스라엘 왕국에서 가장 강력한 부족의 이름이며, 호세아는 이스라엘 왕국을 에브라임이나 사마리아라는 말로 자주 표현했다. 즉 그들의 행음으로 인하여 태어난 자식들을 내 백성이라고 여기지도 않고 긍휼히 여기지도 않겠다는 것이다.

그러나 아모스와 마찬가지로 호세아 역시 여호와가 끝내 이스라엘을 버리지 않을 것이라고 믿었다. 호세아의 음란한 아내는 다른 남자를 따라가서 다시 행음하고 부끄러운 일을 했지만, 여호와는 호세아에게 그녀를 다시 찾아와 아내로 받아들이라고 했다. 그것은 결국에는 이스라엘 백성들을 다시 자신의 아내로, 자식으로 받아들이겠다는 상징적인 약속인 것이다. 그래서 "여호와께서 이르시되 그 날에 네가 나를 내 남편이라 일컫고 다시는 내 바알이라 일컫지 아니하리라"(호2:16)고 한 것이다.

아시리아의 침공

이스라엘 왕국은 여호와가 예정한 종말을 맞이할 수밖에 없었다. 기원전 750년 여로보암 2세가 사망한 뒤 왕국은 내정의 혼란으로 인하여 빠른 속도로 약화되어갔다. 여로보암의 뒤를 이은 스가랴는 반년 만에 샬룸이라는 인물에게 피살되었고, 샬룸은 다시 한 달 만에 므나헴에게 살해되었다. 이와는 대조적으로 그동안 침체 국면에 빠져 있던 아시리아가 다시 흥기하기 시작했다. 특히 티글랏필레세르 3세(재위 745-727 기원전)는 남쪽으로 바빌로니아 지방을 점령하고, 북쪽으로는 우라르투 왕국을 공격하여 그 수도를 포위했다.

이스라엘은 이처럼 맹렬한 기세로 팽창하는 아시리아를 막을 아무런 방법도 없었다. 샬룸을 살해하고 집권한 므나헴(재위 749-739 기원전)은 아시리아에 엄청난 조공을 바치고 그 후원을 받아 자신의 왕위를 유지하려고 했다. 그러나 이는 내부의 반발을 초래했다. 그의 뒤를 이은 아들 브가히야는 1년도 채 못 되어 베가라는 인물에 의해서 살해되었고, 베가 역시 집권 1년 만에 피살되었다.

메소포타미아 전 지역을 장악하는 데에 성공한 아시리아는 기원전 743년경부터 유프라테스 강을 건너 시리아 방면으로 진출했고, 기원전 738년까지는 시리아 지방의 도시국가들인 하맛, 두로, 비블로스, 다마스쿠스는 물론 이스라엘까지 속국으로 만들었다. 아시리아는 어떤 지역을 정복하면 그저 조공을 받는 것만으로 만족하지 않고 그 주민들을 대대적으로 이주시켜버리는 새로운 정책을 시행했다.

이와 같은 아시리아의 위협에 직면한 베가는 종래 조공을 바치던 소극적인 자세에서 적극적인 대결 노선으로 바꾸고 이를 위해서 북쪽의 이웃인 아람의 왕 르신(Rezin)과 연합했다. 이 두 사람은 여기서 한 걸음 더 나아가 남쪽 유다의 왕 아하스에게도 공동 전선을 펼 것을 제의했다. 그러나 아하스가 거절하자 양국은 합세하여 유다를 침공했다. 궁지에 몰린 아하스는 아시리아에 도움을 요청했다. 이에 아시리아는 신속하게 군대를 동원하여 기원전 733년에는 이스라엘에 대한 전면적인 침공을 단행했다. 그 결과 이스라엘 북방의 도시들은 점령되고 왕국의 붕괴는 임박했다. 그런데 그때 베가를 살해하고 왕위에 오른 호세아라는 인물이 항복을 청함으로써 아시리아는 일단 철군을 결정했다.

급한 위기를 넘긴 호세아는 정책을 바꾸어 이제는 이집트와 손을 잡고 아시리아에 대항하려고 했다. 그러나 그것은 결정적인 실책이었다. 아시리아의 새로운 군주가 된 살만에셀 5세는 기원전 722년 다시 이스라엘을 침공했다. 수도 사마리아는 힘없이 무너졌고 이로써 이스라엘 왕국도 멸망되었다. 살만에셀은 그 직후에 사망했고 그를 이은 사르곤 2세(재위 721-705 기원전)는 사마리아 지역의 주민들을 아시리아 영내로 끌고 가버렸다. 아시리아 기록에 의하면 사르곤이 끌고 간 이스라엘 사람들의 숫자는 27,290명이었다. 그것은 성인 남자만의 숫자이기 때문에 전체 숫자는 10만 명 내외일 것으로 추정된다.

"앗수르 왕이 이스라엘을 사로잡아 앗수르에 이르러 고산 강가에 있는 할라와 하볼과 메대 사람의 여러 성읍에 두었(다)"(왕하18:11)이라고 한 것처럼, 이스라엘 사람들은 어느 한 도시가 아니라 제국 내 여러 지역으로 흩어지게 되었다. 이들이 바로 역사적으로 유명한 '사라진 열 부족(The Lost Ten Tribes)'이다. 사마리아 지방에는 그들 대신 바빌로니아, 쿠타, 아바, 하맛, 세파르바임 등지에서 이주된 주민들이 살게 되었다. 이렇게 해서 사마리아는 이스라엘이 아니라 전혀 다른 문화와 종교와 관습을 가진 사람들의 땅으로 바뀌어버렸다.

제9장

망국의 예언자들 : 이사야와 예레미야

남부 유다 왕국

이사야(Isaiah)는 기원전 8세기 중반경 유다 왕국에서 예언자로 활동을 시작한 인물이다. 그로부터 1세기가 지난 7세기 중반에는 예레미야(Jeremiah)라는 선지자가 태어나서 유다 왕국의 멸망을 경고했다. 두 사람의 이름은 모두 '야(yah)'로 끝나는데, 곧 여호와(Yahweh)를 가리킨다. 그래서 그것은 각각 '여호와는 구원이시다'와 '여호와께서 높이신다'를 뜻한다. 이 두 사람의 예언과 경고는 「예레미야」와 「이사야」라는 책에 잘 남아 있다.

물론 이 두 예언서는 역사적 사건들을 쓴 연대기가 아니기 때문에 그 책들을 통해서 유다 왕국의 역사를 재구성하기는 어렵다. 우리는 이 두 사람의 활동을 보다 정확하게 이해하기 위해서 그들이 처했던 시대적인 상황을 알 필요가 있다. 즉 이들이 출현하기까지 유다 왕국은 역사적으로 어떤 과정을 겪었는가, 또 이 두 사람이 살았던 시대적 환경은 어떠했고, 그들은 어떤 일들을 했는가 등의 문제를 먼저 생각해보도록 하자.

기원전 931년 솔로몬이 사망하고 왕국이 남북으로 분열된 뒤에 그의 아들 르호보암이 남부 유다 왕국 최초의 군주가 되었다. 유다 왕국은 그때부터 시작해서 기원전 586년 바빌론 제국이 예루살렘을 정복하여 멸망당할 때까지 무려 350년간 지속되었다. 북부 이스라엘 왕국에 비해 1세기 반을 더 버틴 셈이다. 그 동안 왕위에 오른 사람은 20명이었다. 왕들의 숫자로만 보면 북부와 비슷하지만, 왕조가 존속한 기간이 훨씬 더 길었기 때문에 왕들의 평균 재위 기간도 15년 정도로서 더 길었다. 평균이 그러하니 실제로 단명한 왕들을 제외한다면, 30년 혹은 40년 정도의 치세를 누렸던 왕들도 제법 여럿이다. 이러한 사실은 유다 왕국이 상당히 안정적인 체제를 유지했다는 것을 반증하고 있다.

북부에 있던 이스라엘 왕국과 달리 유다 왕국은 어떻게 해서 이처럼 안정된 체제를 유지할 수 있었을까? 먼저 다윗 왕가의 확고한 정통성을 꼽을 수 있다. 북부 왕국을 건설한 여로보암이 왕가로서의 카리스마를 결여했던 에브라임 지파였고, 심지어 그뒤로 찬탈, 살해 등의 방법으로 왕위에 오른 인물들 다수는 출신 지파조차 알려지지 않았던 것에 비해서, 남부의 르호보암과 그의 후계자들은 다윗과 솔로몬 이래 왕족으로서의 권위를 확실히 인정받고 있었다. 특히 다윗과 그의 후손들에게 왕위를 보장한 여호와 하나님의 언약에 대한 진실성은 주민들에게 광범위하게 받아들여지고 있었다.

유다 왕국에게 안정을 가져다준 또다른 요인은 예루살렘과 그 성전이 지닌 종교적 카리스마, 그리고 그것을 통해서 각종 제사와 숭배가 중앙으로 통일되었다는 점이다. 북부 왕국을 세운 여로보암이 예루살렘의 권위에 대항하기 위해서 벧엘과 단에 제단을 세우고 높은 산에 산당을 세움으로써 분권적이고 혼란한 상황을 초래한 것과는 아주 대조적이다. 북부에서는 바알을 비롯하여 이방의 신들에 대한 숭배가 왕궁은 물론

군주들	재위 기간(기원전)
1. 르호보암(Rehoboam)	931-913
2. 아비야(Abijah, Abijam)	913-911
3. 아사(Asa)	911-870
4. 여호사밧(Jehoshaphat)	870-848
5. 여호람(Jehoram)	848-841
6. 아하시야(Ahaziah)	841
7. 아달랴(Athaliah)	841-835
8. 요아스(Joash)	835-796
9. 아마샤(Amaziah)	796-767
10. 웃시야(Uzziah, 아사랴Azariah)	767-740
11. 요담(Jotham)	740-732
12. 아하스(Ahaz)	732-716
13. 히스기야(Hezekiah)	716-687
14. 므낫세(Manasseh)	687-643
15. 아몬(Amon)	643-641
16. 요시야(Josiah)	641-609
17. 여호아하스(Jehoahaz)	609
18. 여호야김(Jehoiakim)	609-598
19. 여호야긴(Jehoiachin)	598
20. 시드기야(Zedekiah)	597-586

유다 왕국 군주 계보도

일반인들에게까지 널리 만연해 있었다. 반면 남부 유다에서는 비록 부분적으로 이방 신앙이 왕궁에 침투하기는 했지만 그것은 일시적이거나 제한적이었지 사회 전반에 걸쳐 확산된 그런 현상은 아니었다. 따라서 이러한 종교적 안정성이 체제의 안정성을 가져오는 중요한 요인이 되었다.

마지막으로 유다 왕국을 둘러싼 국제적인 환경을 꼽을 수 있다. 팔레스타인 지방에 대한 강력한 외부적 위협은 보통 남쪽의 이집트 방면과 북방의 시리아, 메소포타미아 방면에서 출현했다. 그런데 이집트의 경우 기원전 925년 시삭이 북방 원정을 감행한 이후 내적인 혼란으로 말미암아 북방 문제에 거의 간여하지 못했다. 또한 유다 왕국은 북쪽으로 형제 국가인 이스라엘과 접경하고 있었는데, 앞 장에서도 설명했듯이 초기에는 서로 격렬한 무력 충돌을 벌였고 그런 상황은 9세기 전반 제3대 유다의 왕 아사(재위 911-870 기원전)의 치세까지 계속되었다. 그러나 양측이 상호 평화협정을 맺은 뒤로는 줄곧 비교적 우호적인 관계를 유지했다.

따라서 유다 왕국은 남북 양쪽으로 모두 안정된 국제관계를 유지할 수 있었다. 그것은 북방의 아람과 아시리아로부터 끊임없이 위협과 공격을 받았던 이스라엘 왕국의 경우와는 매우 대조적이라고 할 수밖에 없다. 말하자면 북부 이스라엘 왕국이 북방에서 내려오는 강력한 세력에 대해서 일종의 완충 역할을 해주었기 때문에, 남부 유다 왕국은 비교적 안정적으로 지낼 수 있었던 것이다.

여호사밧

유다 왕국의 제3대 왕인 아사의 뒤를 이은 인물이 그의 아들 여호사밧(재위 870-848 기원전)이었다. 그는 아버지 때에 점령한 북방 에브라임 산지의 성읍들에 군대를 주둔시키는 한편, 왕국의 여러 도시들의 방어 태세도 강화했다. 즉 그는 스스로 국력을 강화하는 한편 북방에 대해서도 적극적인 정책을 취했다. 「역대」의 저자는 그가 이처럼 강력한 임금이 될 수 있었던 이유에 대해서 그가 "그 조상 다윗의 처음 길을 행하여 바알들에게 구하지 아니하고" 나아가 "전심으로 여호와의 도를 행하여 산당과 아세라 목상들도 유다에서 제하였(기)" 때문이라고 설명했다(대하17:3-4).

아울러 여호사밧은 종교적인 개혁 정책도 단행했다. 그는 재위 3년째 되던 해(기원전 868)에 방백들과 레위 지파의 제사장들을 각지로 파견하여 성읍들을 순행하며 '여호와의 율법책'을 사용하여 백성들을 가르치게 했다. 다만 율법을 근거로 교화를 하는 데에 그치지 않았다. 여호사밧은 보다 적극적으로 남쪽의 브엘세바에서부터 북쪽의 에브라임 산지에 이르기까지 중요한 성에는 재판관을 두고 "불의함도 없으시고 치우침도 없으시고 뇌물을 받는 일도 없(는)"(대하19:7) 여호와를 본받아 재판에 임하도록 했다(대하19:4-11). 이는 그전까지 성읍이나 촌락의 수령들이 재판을 담당하면서 불공정하고 부당한 방법으로 판결을 내렸던 관행을 제거하기 위한 조치였다.

그러나 여호사밧은 치세 후반기가 되어 북부 이스라엘 왕국과 긴밀한 관계를 맺으면서 문제가 발생하기 시작했다. 당시 북부에는 아합이 통치하고 있었다. 아합이 과거 아람에게 빼앗겼던 길르앗 라못을 되찾기 위해서 군대를 동원했는데, 그때 여호사밧에게 지원을 요청했다. 이에 대해서 여호사밧은 "나는 당신과 다름이 없고 내 백성은 당신의 백성과 다름이 없으니 당신과 함께 싸우리이다"(대하18:3)라고 하면서 적극적인 동참을 약속했다.

양측이 군대를 모아 출정하기에 앞서 아합은 선지자 400명을 불러서 전쟁의 결과를 미리 말해보라고 했다. 모두 다 한 입으로 성공을 예언했다. 그러나 미가야라는 이름의 선지자만이 그들의 예언은 '거짓말하는 영'이 시킨 것에 불과하며 전쟁은 결국 실패로 끝나고 말 것이라고 말했다. 그의 예언은 적중했고, 앞 장에서 설명한대로 아합은 그 전투에서 화살에 맞아 병거 위에서 피를 흘리며 죽었고, 엘리야가 예언한 것처럼 개들이 와서 죽은 그의 피를 핥았다. 그러나 그를 도우러 갔던 여호사밧은 요행히 목숨을 건져서 예루살렘으로 돌아갔다.

이 일이 있은 후로도 여호사밧은 친이스라엘 노선을 바꾸지 않았다. 그는 아합의 뒤를 이어 왕이 된 아하시야와 손을 잡고 해상 교역을 추진하고자 했다. 그래서 두 사람은 다시스라는 곳으로 보낼 무역선을 건조했다. 그러나 그가 "심히 악을 행하는 자"인 이스라엘의 왕 아하시야와 손을 잡았기 때문에 여호와는 그 배를 난파케 하여 다시스에 이르지 못하게 했다. 다시스라는 곳이 어디인지에 대해서는 여러 가지 설이 분분한데, 지중해에 위치한 한 섬으로 추정된다.

우상 숭배의 폐해

여호사밧의 친이스라엘 노선은 장차 유다 왕국에 큰 재앙을 가져오는 계기가 되었다. 특히 불행의 씨앗이 된 것은 자기 아들 여호람을 이세벨의 딸인 아달랴와 혼인시킨 것이었다. 이세벨이 아합 왕에게 시집와서 북부 이스라엘 왕국의 궁정 안에 바알 숭배로 얼마나 큰 물의를 일으켰는가에 대해서는 이미 앞에서 설명했다. 여호람(재위 848-841 기원전)은 부친의 뒤를 이어 8년을 통치하는 동안 자신의 모든 아우들과 지방의 방백들 일부를 무고하게 죽였다.

뿐만 아니라 그는 아내 아달랴의 영향을 받아 유다 지방의 여러 산에 산당을 짓고 우상을 섬기게 하여 종교적으로도 큰 혼란을 일으켰다. 북부 왕국의 선지자 엘리야는 그를 견책하고 장차 그의 가족에 큰 재앙이 내릴 것이며, "너는 창자에 중병이 들고 그 병이 날로 중하여 창자가 빠져나오리라"(대하21:15)고 예언했던 것이다. 얼마 지나지 않아 블레셋과 아라비아 사람들이 침략해와서 그의 일족을 몰살시키고, 재물과 아내들도 빼앗아갔다. 여호람은 엘리야의 예언대로 창자에 불치의 병이 들어 사망하고 말았다.

여호람이 사망한 뒤 유일하게 살아남은 막내아들 아하시야(재위 기원전 841)가 뒤를 이었다. 그러나 앞 장에서 언급했듯이 그는 북부의 왕 요람과 함께 전쟁에 나갔다가 패배했고, 그때 예후라는 장군이 쿠데타를 일으켜 요람과 함께 있던 그를 살해했다. 아하시야가 죽자 그의 모친이자 아합의 딸인 아달라(재위 841-835기원전)가 스스로 왕위에 올랐다. 이스라엘 역사상 전무후무하게 여자가 왕이 된 것이다. 그녀는 바알 숭배자였기 때문에 예루살렘에서 여호와께 드리는 제사와 함께 바알을 모시는 제의도 행했다.

북부 왕국에서 시집온 그녀는 권력 기반이 취약했으므로 다윗 왕가의 후손들을 모두 찾아내어 그 씨를 말리려고 했다. 그러나 다행히 여호야다라는 이름의 제사장이 아하시야의 갓난아들 하나를 성전 안에 숨겨서 6년 동안 돌보았다. 그가 커서 7살 되던 해에 여호야다는 그 아이를 성전으로 인도하여 그 머리에 면류관을 씌우고 율법책을 주고 기름을 부어서 왕으로 삼았다. 이를 막으려던 아달라는 성전 밖으로 끌려나와 왕궁에서 죽음을 당하고 말았다. 동시에 사람들은 바알의 사당을 훼파(毀破)하고 그곳에 있던 제단과 우상들도 파괴했으며, 바알의 제사장도 죽여버렸다.

이렇게 해서 7세의 나이에 즉위한 요아스(재위 835-796기원전)는 거의 40년에 가까운 긴 기간을 왕위에 있었지만, 성경은 그의 치적에 대해서 자세히 언급하지 않았다. 그것은 그를 그다지 긍정적인 평가를 하지 않았다는 의미이다. 물론 그가 어렸을 때에는 제사장 여호야다가 섭정을 했고, 각 지방에서 모금한 돈으로 성전을 중수하고 정화했다. 이 사실을 기록한 것으로 보아 그의 초기 통치는 자신의 정신적 지주에 이끌려 그런 대로 문제가 없이 지나갔던 것 같다.

그런데 요아스의 나이가 30세 쯤 되었을 때 연로한 여호야다가 사망했다. 그러자 그는 다시 아세라 목상과 우상을 섬기기 시작했고 선지자들을 처형했다. 이에 대한 반발도 거세게 일어났다. 마침내 북방의 아람 왕 하사엘이 군대를 보내 유다 왕국을 공격했고, 그로 인해 지방의 수많은 방백들이 죽음을 당하고 재물들은 노략질당하게 되었다. 요아스는 하사엘에게 많은 조공을 바치고 평화를 얻었으나, 이로 인해 요아스에 대한 불만이 폭발하여 그의 신하들은 궁 안에 있던 그를 급습하여 죽여버렸다.

아마샤와 웃시야

그뒤를 아마샤(재위 796-767 기원전)와 웃시야(일명 아사랴, 재위 767-740 기원전)가 차례로 왕위에 올랐다. 성경은 아마샤에 대해서 "여호와께서 보시기에 정직하게 행하기는 했으나 온전한 마음으로 행하지 아니하였더라"(대하25:2)고 했고, 웃시야에 대해서도 "여호와 보시기에 정직히 행했으나 오직 산당은 제거하지 아니하였으므로"(왕하15:3-4)라고 했다. 모두 긍정과 부정이 반씩 섞인 유보적인 평가라고 할 수 있다. 그 결과 아마샤는 북부 이스라엘의 공격을 받고 예루살렘에서 빠져나와 도 망치다가 라기스라는 곳에서 피살되는 운명을 맞았고, 웃시야는 죽는 날까지 나병에 걸려서 별궁에 갇히는 신세가 되었다.

종교적인 관점에서 성경이 내린 이러한 유보적인 평가와는 대조적으로 학자들은 대체로 이 두 사람이 재위에 있던 시기에 유다 왕국이 상당한 안정과 번영을 이루었던 것으로 보고 있다. 아마샤는 20세 이상의 남자들을 조사하여 30만 명의 병력을 만들었고, 여기에 다시 북부 이스라엘 왕국에 은 100달란트(3,400킬로그램)를 주고 10만 명의 용병을 고용했다. 그는 에돔 사람들이 살던 사해 남쪽의 염곡과 세일 지방을 공략하여 승리를 거두었다.

그러나 그는 세일 지방의 주민들이 섬기던 우상을 신으로 모셔놓고 그 앞에 경배하며 분향을 올리는 잘못을 범했다. 그 결과 북부 왕국이 침공했을 때 아마샤는 군대를 이끌고 나가서 맞섰지만, 패배하고 오히려 포로가 되고 말았다. 이스라엘군은 아마샤를 앞세우고 예루살렘에 입성하여 성벽을 허물고 성전과 왕궁에 있던 금은과 재물들을 가지고 돌아갔다.

아마샤가 살해된 뒤 웃시야는 먼저 예루살렘의 성벽과 망대를 수축하여 방어태세를 견고히 했다. 그리고 남쪽의 광야에 망대를 세우고 수로를 파서 평야와 산지에서 많은 가축을 기르고 농사를 지을 수 있도록 했다. 또한 전쟁에 나가 싸울 만한 사람들의 수효를 다시 헤아리고 군대를 정비하도록 했는데, 그 숫자가 모두 307,500명이었다고 한다. 그는 그들에게 무기를 준비하게 했다.

웃시야는 아라비아 반도 서북부를 공략하고 그곳의 부족들을 복속시켜, 남북으로 연결되는 교역로를 확보하려고 노력했다. 뿐만 아니라 성경에는 그가 엘랏이라는 요새를 건축했다는 기록이 보이는데, 그곳은 시나이 반도 동남쪽의 아카바 만 부근에 있었던 것으로 추정된다. 성경의 다른 곳에 '에시온게벨'이라는 이름으로도 등장하는 곳이다. 1938-1940년 아카바 만 부근의 텔 엘헬레이페(Tell el-Kheleifeh)라는 곳에서 고고 발굴이 이루어졌고, 학자들은 그곳이 바로 엘랏, 즉 에시온게벨이었을 것으로 추정했다. 웃시야가 이곳에 전략적 거점을 세운 까닭은 사해 동쪽의 에돔 지방을 거쳐서 홍해로 연결되는 소위 '왕의 대로'와 그 교역로를 장악하려는 의도였음은 의심할 나위가 없다.

이렇게 해서 그의 치세에 유다 왕국의 영역은 서로는 평야와 해안으로 확대되어 가드, 야브네, 아스돗 등을 점령했고, 남으로는 에돔과 아랍인들을 밀어냈으며, 동으로는 암몬 세력을 구축했다. 그래서 성경은 그의 이름이 원방까지 널리 퍼지게 되었다고 기록했다.

그러나 그의 강성함은 오히려 마음의 교만함을 불러일으켜 악을 행하고 여호와께 범죄를 저지르는 원인이 되었다. 그는 성전에 들어가서 자신이 직접 분향하려고 했다. 제사장들이 들어가 이를 만류했지만 뿌리치고 향로를 잡았다가, 결국 그것이 여호와의 분노를 사서 그의 이마에 나병이 생기고 말았다. 그뒤로 그는 별궁에 갇혀 지내는 신세가 되었고, 대신에 기원전 751년 그의 아들 요담이 실제로 통치를 하게 되었다. 기원전 732년 요담(재위 740-732 기원전)이 사망한 뒤에는 아하스(재위 732-716 기원전)가 그뒤를 이었다.

이사야의 출현과 경고

바로 이때 등장한 인물이 선지자 이사야였다. "유다 왕 웃시야와 요담과 아하스와 히스기야 시대에 아모스의 아들 이사야가 유다와 예루살렘에 대하여 본 이상이라"라고 하며 시작되는 「이사야」는 그가 이 네 왕의 시대에 왕과 백성들에게 선포한 강력한 예언과 경고의 내용을 담고 있다. 흔히 이사야, 예레미야, 에스겔 이 세 사람은 '대선지자(Major Prophets)'라고 불리는데, 그것은 그들이 다른 선지자들에 비해 더 위대해서 그렇게 불린 것이 아니라 그들이 남긴 예언서의 분량이 길었기 때문이다. 이 셋 중에서도 이사야의 글은 모두 66장으로 이루어져 가장 길다. 이들 세 사람을 제외한 나머지 12명을 '소선지자(Minor Prophets)'라고 부르는 것 역시 그들의 글이 짧기 때문이다. 옛날에 성경을 두루마리에 기록했을 때 위의 세 사람의 글은 각각 별도의 두루마리에 적혔지만, 12 선지자의 글들은 모두 합쳐져서 하나의 두루마리에 기록되었다.

이사야는 앞에서 설명했던 웃시야 왕의 치세 말기부터 시작해서 북방의 이스라엘이 아시리아에 멸망하게 되는 기원전 722년 직후까지 활동했다. 그는 유다 왕국이 대내적으로 사회, 경제, 종교 각 방면에서 안고 있었던 여러 가지 문제점들을 신랄하게 고발하는 한편, 왕국을 둘러싼 여러 외세들 특히 가까운 북방의 아람, 이스라엘을 비롯하여, 그 너머의 아시리아, 바빌론, 그리고 남쪽의 이집트에 대해서 유다 왕국이 어떤 입장을 취해야 할지에 대해서 자기가 받은 여호와의 계시를 선포했다.

초기에 그의 예언은 유다 왕국이 도덕적 문란과 사회적, 경제적 폐해로 인해서 얼마나 황폐화되었는가에 대한 격정적인 고발, 그리고 그로

이사야 (시스티나 성당, 미켈란젤로 그림)

인한 하나님의 임박한 징벌에 대한 경고로 가득 차 있다. 즉 "너희가 어찌하여 매를 더 맞으려고 패역을 거듭하느냐 온 머리는 병들었고 온 마음은 피곤하였으며 발바닥에서 머리까지 성한 곳이 없이 상한 것과 터진 것과 새로 맞은 흔적뿐이거늘 그것을 짜며 싸매며 기름으로 부드 럽게 함을 받지 못하였도다"(사1:5-6)라든가, "네 고관들은 패역하여 도 둑과 짝하며 다 뇌물을 사랑하며 예물을 구하며 고아를 위하여 신원하 지 아니하며 과부의 송사를 수리하지 아니하는도다"(사1:23)와 같은 구 절도 좋은 예이다.

아하스의 치세(732-716 기원전)에 들어가면서 이사야는 급변하는 국제 정세 속에서 풍전등화와 같은 유다 왕국의 장래에 대한 예언을 쏟아내기 시작했다. 그 당시 태풍의 눈은 강력한 세력으로 등장하기 시작한 아시리아였다. 앞에서도 설명했듯이 아람의 왕 르신과 이스라엘의 왕 베가가 연합하여 공동으로 아시리아에 대항하면서 유다 왕국에 대해서도 동참할 것을 요구했다. 아하스가 이를 거절하자 북방의 두 왕은 기원전 732년에 군대를 몰아 예루살렘을 공격했고, 아하스는 아시리아와 손을 잡고 구원을 청하려고 했다.

선지자 이사야가 목소리를 높이며 반대한 것이 바로 그것이었다. 그는 자기 아들 스알야숩과 함께 왕을 찾아가서 여호와께서 아람과 이스라엘을 모두 징벌할 것이니 아시리아에 구원을 청하지 말라고 말했다. 아시리아와 손을 잡는다면, 그것은 오히려 유다에 엄청난 재앙을 가져오고 말 것이라고 경고했다. 흥미로운 사실은 그가 스알야숩이라는 이름을 가진 아들을 데리고 간 것이다. 그 이름의 뜻은 '남은 자가 돌아온다'는 것인데, 장차 벌어진 재난으로 인하여 많은 사람들이 죽음을 당하고 포로로 끌려갈 것을 경고하면서, 동시에 그럼에도 불구하고 소수의 '남은 자들'은 구원을 받고 돌아올 것이라는 여호와의 약속을 보여주려는 것이 이사야의 의도였다. 그러나 그의 경고에도 불구하고 아하스는 아시리아에 구원을 청했고, 아시리아 군대가 아람과 이스라엘을 치자 그들은 예루살렘에서 급히 철수할 수밖에 없었다. 물론 유다는 그 대가로 아시리아에 조공을 바쳐야 했다.

이사야가 경고한 재앙이 곧 불어닥치기 시작했다. 유다 왕국이 아시리아에 조공을 바치는 복속국으로 전락한 것은 그 서막에 불과했다. 아시리아 군대는 유프라테스 강을 건너 서남쪽으로 내려오면서 아람을 격파했고, 마침내 기원전 722년 이스라엘을 멸망시켰다. 이사야는 북부 왕국의 멸망을 직접 눈으로 목도했고, 그와 비슷한 운명이 남부 유다 왕국에게도 오고야 말 것이라고 경고했다.

「이사야」는 여호와 하나님이 아시리아라는 채찍을 사용하여 어떻게 여러 왕국들을 파멸로 몰아넣을지, 그리고 그 아시리아가 하나님이 부르시는 또다른 세력에 의해서 어떻게 무너질지에 대해서, 선지자 이사야가 보고 들은 환상과 계시들을 통해서 놀랍고 충격적인 언어로 기록하고 있다. 예를 들면 "내가 본즉 주께서 높이 들린 보좌에 앉으셨는데 그의 옷자락은 성전에 가득했고 스랍들이 모시고 섰는데 각기 여섯 날개가 있어 그 둘로는 자기의 얼굴을 가리었고 그 둘로는 자기의 발을 가리었고 그 둘로는 날며 서로 불러 이르되 거룩하다 거룩하다 거룩하다 만군의 여호와여 그의 영광이 온 땅에 충만하도다"(사6:1-3)라고 했는데, 그것은 그가 웃시야 왕이 죽던 해(기원전 740)에 본 환상이었다.

이사야는 여러 나라들에 대해서 자신이 하나님께로 받은 경고들을 기록했다(사13-19). 먼저 바벨론에 대해서 경고하고, 이어서 블레셋, 모압, 아람(다마스쿠스), 이집트 등이 장차 당하게 될 패망의 운명에 대해서 예언했다. 뿐만 아니라 '해변 광야', '환상의 골짜기', 두로 등에 대해서도 어떻게 멸망이 임하게 될지에 대해서 말했다. 예를 들면 블레셋에 대해서는 "내가 네 뿌리를 기근으로 죽일 것이요 네게 남은 자는 살륙을 당하리라 성문이여 슬피 울지어다 성읍이여 부르짖을지어다 너 블레셋이여 다 소멸되리로다"(사14:30-31)라고 했고, 다마스쿠스에 대해서는 "장차 성읍을 이루지 못하고 무너진 무더기가 될 것이라"(사17:1)고 했다. 그런가 하면 이집트에 대해서는 "보라 여호와께서 빠른 구름을 타고 애굽에 임하시리니 애굽의 우상들이 그 앞에서 떨겠고 애굽인의 마음이 그 속에서 녹으리로다"(사19:1)라고 했다.

그러나 이사야는 이 모든 재앙이 끝난 뒤에 하나님은 여러 곳으로 흩어졌던 사람들 가운데 '남은 사람들'을 불러오게 하고, 예루살렘의 시온성 위에 새로운 왕이 다스리는 왕국을 세우실 것이라고 확신했다. 그는 이를 위해서 여러 가지 은유를 사용했는데, 그 가운데 일부는 신약 시대의 성경 작가들에 의해서 예수님을 예표(豫表)하는 것으로 받아들여져 자주 인용되기도 했다. 예를 들면 "보라 처녀가 잉태하여 아들을 낳을 것이요 그의 이름을 임마누엘이라 하리라 그가 악을 버리며 선을 택할 줄 알 때가 되면 엉긴 젖과 꿀을 먹을 것이라"(사7:14-15), 혹은 "한 아기가 우리에게 났고 한 아들을 우리에게 주신 바 되었는데 그의 어깨에는 정사를 메었고 그의 이름은 기묘자라, 모사라, 전능하신 하나님이라, 영존하시는 아버지라, 평강의 왕이라"(사9:6)와 같은 구절들이 가장 잘 알려진 것들이다.

히스기야의 항전

아하스의 뒤를 이어 왕위에 오른 히스기야(재위 716-687 기원전)의 시대에 우리는 또다른 선지자의 활동을 보게 되는데, 그는 예루살렘에서 서남쪽으로 37킬로미터 떨어진 곳에 있는 모레셋 출신의 미가이다. 그는 이사야 보다는 대내적인 문제에 더 초점을 맞추는 선지자였다. 그가 비판한 것은 크게 두 가지인데, 하나는 여호와를 멀리하고 우상을 숭배하는 것이요, 또다른 하나는 가난하고 힘없는 백성을 괴롭히는 권세자들의 행태였다.

그래서 그는 여호아가 "내가 네가 새긴 우상과 주상을 너희 가운데에서 멸절하리니 네가 네 손으로 만든 것을 다시는 섬기지 아니하리라 내가 또 네 아세라 목상을 너희 가운데에서 빼버리고 네 성읍들을 멸할 것"(미 5:13-14)이라고 경고했다. 그뿐만이 아니라 "야곱의 두령들과 이스라엘 족속의 치리자(治理者)들"을 향하여 "너희가 선을 미워하고 악을 기뻐하여 내 백성의 가죽을 벗기고 그 뼈에서 살을 뜯어 그들의 살을 먹으며 그 가죽을 벗기며 그 뼈를 꺾어 다지기를 냄비와 솥 가운데에 담을 고기처럼 하는도다"(미3:2-3)라고 했다. 미가는 권세자들의 비리를 좀더 구체적으로 지적하면서 "그 두령은 뇌물을 위하여 재판하며 그 제사장은 삯을 위하여 교훈하며 그 선지자는 돈을 위하여 점친다"(미3:11)고 말했다.

그런데 대외적으로 볼 때 당시의 국제정세도 매우 급박하게 돌아가고 있었다. 아시리아는 기원전 722년 북부 이스라엘을 멸망시켰지만, 그다음 해인 기원전 721년에 사르곤 2세가 즉위할 무렵에 근동의 여러 나라들은 아시리아에 대해서 반기를 들기 시작했다. 예를 들면, 기원전 714년에 팔레스타인 지방의 도시국가인 아스돗이 반란을 일으켰고, 곧 에돔과 모압도 반아시리아 전선에 가담했다. 여기에 결정적으로 이집트가 개입하기 시작했다. 그동안 내적으로 분열되어 혼란을 겪던 이집트에 제25왕조가 들어서면서 전국적인 통일을 이루고 이를 바탕으로 보다 적극적으로 북방 문제에 개입하려고 했다. 이집트는 유다의 히스기야에게 사신을 보내어 반아시리아 전선에 가담할 것을 종용했다.

아시리아의 침공

히스기야의 시대 초기까지 활동했던 선지자 이사야는 이 소식을 듣고 히스기야를 찾아가 결코 이집트와 손을 잡고 아시리아와 맞서면 안 된다고 역설했다. 「이사야」 20:3-4에 의하면 그는 여호와의 계시에 따라 "삼년 동안 벗은 몸과 벗은 발로" 돌아다녔는데, 그것은 아시리아의 지배에서 벗어나기 위해서 그들이 도움을 청하려고 하는 이집트와 에티오피아의 주민들이 "다 벗은 몸, 벗은 발로 볼기까지 드러내어" 포로가 되어서 아시리아로 끌려갈 것이라는 것을 예표하기 위해서였다.

이사야의 이러한 경고에 대해서 히스기야가 어떻게 했는지는 명시적인 기록이 없으나, 일단 그의 주장을 받아들인 것으로 보인다. 기원전 712년 사르곤은 군대를 몰아 팔레스타인 지방으로 남진하여 아스돗을 정복하고 제국의 영토로 편입해버렸다. 유다 역시 아시리아에 충성과 조공을 바치게 되긴 했지만, 그래도 최악의 사태는 면했다. 그런데 사르곤이 원정 도중에 사망하면서 상황은 다시 한번 돌변했다. 아시리아의 위세는 갑자기 흔들리기 시작했고, 그 지배를 받던 바빌론이 먼저 반기를 들었다.

히스기야는 그동안 아시리아의 눈치를 보면서 조공을 바치는 것에 대해서 불만을 느끼던 차에 이 기회에 아예 공개적으로 반기를 들었다. 물론 이사야는 이번에도 극력 반대했지만, 왕의 뜻을 꺾지는 못했다. 이집트 역시 뒤에서 그를 부추겼다. 물론 히스기야도 아시리아가 조만간 침공해오리라는 것을 예상했다. 그래서 그는 예루살렘 성벽을 견고히 수축(修築)했다. 고고 발굴의 결과 오늘날 유대인 거주 구역의 부근에

실로암 비문

두께 7미터의 상당한 규모의 성벽이 발견되었다.

　그뿐만 아니라 적군의 포위가 오래 갈 것에 대비하여 성 안에서 필요한 물을 확보하는 방안을 강구했다. 「역대」에 의하면 "히스기야가 또 기혼의 윗 샘물을 막아 그 아래로부터 다윗 성 서쪽으로 곧게 끌어들였"(대하32:30)다고 했는데, 흥미롭게도 19세기 후반 예루살렘 성 안에 있는 실로암 연못으로 연결된 터널과 거기에 새겨진 비문이 발견되었다. '실로암 비문'이라는 이름으로 알려지게 된 이 글에 의하면, 기혼 샘의 수원이 있는 성 밖과 실로암 연못이 있는 성 안 양쪽에서 동시에 지하 암반을 쇠로 된 끌과 도끼로 파기 시작했고, 서로 3규빗(138센티미터) 거리까지 가까이 왔을 때 상대방이 소리치는 것을 들을 수 있었다. 그래서 마지막 구간을 깨서 연결하니 샘에서부터 물이 흘러들었고, 그 수로의 총 길이는 1,200규빗(약 55미터)이었다고 한다.

아시리아에서 사르곤의 뒤를 이은 인물은 그의 아들 산헤립(재위 704-681 기원전)이었다. 그는 먼저 메소포타미아 중하류 지역에 있던 바빌론을 굴복시킨 뒤, 기원전 701년 군대를 몰아 시리아와 팔레스타인 지방으로 쇄도했다. 먼저 두로가 부서졌다. 그러자 반아시리아 전선에 가담했던 여러 도시와 지역들이 앞다투어 먼저 조공을 바치면서 종속을 표시했다. 그러나 아스글론과 에그론과 같은 해안의 도시국가와 유다 왕국은 항전을 선택했다.

산헤립은 먼저 아스글론을 쳐서 정복한 뒤 에그론으로 내려가서 그곳도 손에 넣었다. 그의 공격을 막을 세력은 어디에도 없었다. 기대했던 이집트로부터는 아무런 소식도 없었다. 그는 이제 유다로 향했다. 이 원정을 묘사한 아시리아측 비문에는 그가 46개의 성읍을 함락하여 그 주민들을 강제로 끌고 갔다는 기록이 보인다. 특히 아시리아군이 라기스라는 도시를 포위 공격하는 장면은 산헤립의 수도가 있던 니네베의 궁전 벽면에 새겨져 장식되었다. 그 부분은 현재 대영박물관에 보관되어 있다.

산헤립은 라기스를 포위하면서 예루살렘의 히스기야에게 사신을 보내서 여호와가 과연 그를 능히 구해낼 수 있겠느냐고 조롱하면서 속히 항복하라고 강박했다. 심지어 성 안에 피신하여 겁에 질려 있던 사람들이 모두 들을 수 있도록 유다 방언으로 큰 소리를 쳤다고 한다. 그리고 도성의 파괴를 면해주는 대신에 은 300 달란트와 금 30 달란트를 내라

산헤립의 라기스 공략전 부조 (대영박물관)

고 요구했다. 1달란트가 43킬로그램이므로 금 1,290킬로그램에다가 은
은 그 열 배를 달라는 말이었다. 결국 히스기야는 성전과 왕궁 창고에
있던 은을 다 내놓고, 그것으로도 모자라 그 문과 기둥에 입힌 금까지
모두 벗겨내어 바쳤다고 한다.

그런데 「열왕기」에는 이에 뒤이어 산헤립이 예루살렘을 공격한 또다
른 원정에 관한 이야기가 나온다. 놀랍게도 이번에는 여호와의 사자가
나타나 아시리아 진영을 쳐서 군사 18만5,000명이 하루아침에 송장이
되어버렸고, 산헤립은 아무 성과도 거두지 못한 채 니네베로 돌아가버
렸다고 한다.

이 두 차례의 원정에 대한 성경의 묘사에는 서로 흡사한 점이 아주

많아서 많은 학자들은 실제로 한 차례의 원정밖에 없었다고 생각하고 있다. 아시리아측 자료에도 기원전 701년 원정에 관해서는 분명히 기록이 보이지만, 그후에 또다른 원정이 있었음을 입증하는 자료는 없다. 그러나 '증거의 부재가 부재의 증거는 아니다'라는 명제를 인정한다면, 성경에 기록된 산헤립의 제2차 원정에 대한 다른 자료가 발견되지 않는다고 해서 그 원정 자체가 없었다고 단언하기는 어렵다.

선지자 이사야의 활동은 히스기야의 시대와 함께 끝났다. 히스기야의 뒤를 이어 므낫세의 긴 치세(687-643 기원전)가 이어졌다. 므낫세의 시대에 아시리아 왕국의 세력은 그 절정에 이르렀다. 므낫세는 아시리아에 종속되어 그 요구하는 바에 따라 움직일 수밖에 없었고, 그래서 그는 아시리아가 이집트를 원정할 때 함께 군대를 보내어 지원을 할 수밖에 없었다. 그러나 그의 충성심에 대해서 의심을 품은 아시리아의 왕은 그를 쇠사슬로 결박하여 바빌론으로 끌고 갔다. 그는 후에 풀려나 고향으로 돌아오기는 했지만, 그 당시 유다 왕국의 정치적 지위가 어떠했는가를 단적으로 보여주는 일화이다.

므낫세에 대한 성경의 평가는 "여호와 보시기에 악을 행하(였다)"고 하여 매우 부정적이다. 왜냐하면 그는 부친 히스기야가 헐어버린 산당을 다시 세웠고, 바알들을 위하여 단을 쌓았으며, 아세라 목상을 만들었다. 그리고 성전 마당에 하늘의 일월성신을 숭배하는 단을 쌓고, 자기 아들들에게는 불 가운데를 지나가게 했다. 점치는 자, 사술과 요술을 부리는 자, 신접하는 자와 박수들을 신임하기도 했다. 이로 인해서 유다 왕국 안의 종교적 문란은 극심해지게 되었다. 그의 뒤를 이은 암몬은 불과 2년밖에 재위하지(642-640 기원전) 않았지만, 우상을 섬기기는 마찬가지였다.

요시아의 종교 개혁

이들 다음에 즉위한 요시아(재위 640-609 기원전)의 종교개혁은 바로
이런 분위기에 대한 반동으로서 시작된 것이었다. 요시아는 유다의 왕
들 가운데 종교적으로 가장 긍정적인 평가를 받은 인물이다. 그는 8세
에 즉위했는데, 16세 되던 해에 '다윗의 하나님'을 구하기 시작했고, 20
세 되던 해에는 유다와 예루살렘을 정결하게 하여 그 산당과 아세라 목
상들과 조각한 우상들과 주조한 우상들을 제거했다(대하34:3). 그의 우
상타파 정책은 유다 지역에만 국한되지 않고 과거 이스라엘 왕국에 속
했던 므낫세, 에브라임, 시므온, 납달리의 땅에까지 미쳤다. 그는 각지
에 세워져 있던 우상들을 "빻아 가루를 만들며 온 이스라엘 땅에 있는
모든 태양상을 찍고" 예루살렘으로 돌아왔다고 한다.

그가 즉위한 지 18년째 되던 해, 즉 기원전 622년에 예루살렘 성전을
수리하기 위해서 헌금을 각지에서 거두었다. 이 역시 남부 왕국의 유다
와 베냐민뿐만 아니라 북부 왕국에서 므낫세와 에브라임 등 '남아 있는
이스라엘 사람'으로부터도 거두었다. 그런데 공사가 시작되고 나서 얼
마 지나지 않아 성전 건물 안에서 '모세가 전한 여호와의 율법책'이 발
견되었다. 대부분의 학자들은 요시아 시대에 발견된 이 율법책이 「신명
기」 혹은 그 안에 포함된 내용을 기록한 것으로 추정하고 있다. 이 추정
의 근거는 요시아의 종교개혁의 핵심 가운데 하나가 여호와에 대한 제
사를 예루살렘의 성전 한 곳으로 통합시키자는 것이었고, 그러한 주장

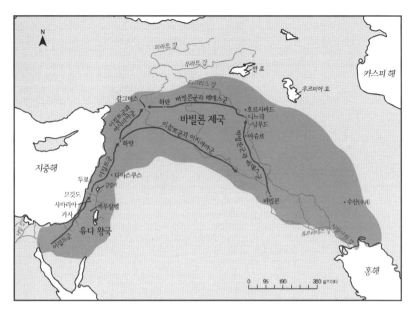

지도 27 　아시리아 제국의 붕괴와 바빌론 제국의 등장

은 오로지 「신명기」에서만 발견되기 때문이다.

사람들이 이 율법책을 요시아에게 가져가서 낭독하자 왕은 자기 옷을 찢으며 "우리 조상들이 여호와의 말씀을 지키지 아니하고 이 책에 기록된 모든 것을 준행하지 아니하였으므로 여호와께서 우리에게 쏟으신 진노가 크도다"(대하34:21)라고 소리쳤다. 그가 이토록 통회의 마음을 금치 못했던 것은 과거에 모세가 이끄는 이스라엘 백성이 이집트에서 나와 시나이 광야를 헤맬 때에 여호와 하나님으로부터 받은 계명과 규례들을 다시 발견하고, 그동안 자신들이 그러한 경건한 생활에서 멀어져서 얼마나 타락했는가에 대한 깊은 인식이 있었기 때문이었다.

이때 훌다라는 이름의 여선지자가 발견된 율법책에 관해서 자신이 계시받은 여호와의 말씀을 전달했다. 즉 여호와를 버리고 다른 신들을 숭배했기 때문에 책에 기록된 대로 유다와 그 주민들에게 재앙이 내릴 것이다. 다만 요시아 왕은 스스로 회개하며 옷을 찢고 통곡했으므로 그자신은 장차 닥칠 재앙을 직접 보지 않을 것이요 평안하게 죽음을 맞이하리라는 것이었다.

요시아는 유다와 예루살렘의 모든 장로들을 모아 책의 내용을 읽고, 스스로 "마음을 다하고 목숨을 다하여 여호와를 순종하고 그의 계명과 법도와 율례를 지켜 이 책에 기록된 언약의 말씀을 이루리라"(대하34: 31)고 맹서했다. 그는 사무엘 선지자의 시대 이후 이스라엘 사람들이 지키지 않던 유월절(逾越節) 행사를 다시 회복했다. 그래서 자기 소유의 어린 양과 염소 3만 마리, 수소 3,000마리를 제물로 바치고, 성전의 단에서 번제물로 드렸다.

바빌론 제국의 등장과 이집트의 개입

요시아의 이러한 개혁을 가능케 했던 배경으로는 이제까지 유다 왕국을 무겁게 짓누르고 있던 아시리아 제국의 약화를 들 수 있다. 므낫세의 치세에 그렇게 우상숭배가 광범위하게 퍼진 데에는 물론 왕과 왕족들의 신앙적 타락이라는 점 이외에, 종주국인 아시리아의 종교적 관행이 미친 영향이라는 점도 크게 작용했다. 그런데 기원전 7세기 중반으로 들어서면서 아시리아는 현저하게 약화되기 시작했다. 반면 오래 전부터 그에 강력한 반발을 해왔던 바빌론의 세력이 점점 더 강해졌다. 게다가 이란계 민족 메데스와 북방 초원에서 내려온 유목민족 스키타이가 근동의 역사 무대에 등장하여 새로운 변수로 작용하게 되었다.

지도 28 느부갓네살의 침공과 유다 왕국의 멸망

기원전 626년에는 나보폴라사르(재위 626-605 기원전)라는 인물이 메소포타미아 남부를 장악하고 바빌론에 도읍을 세움으로써 바빌론 제국을 건설했다. 이것은 이보다 오래 전에 아모리인들(Amorites)이 건설한 바빌론 제국(1894-1595 기원전)과 구별하기 위해서 '신바빌론 제국'이라고 불리기도 한다. 역사상 최초로 정비된 법전을 만든 것으로 유명한 함무라비(재위 1728?-1686? 기원전)는 고바빌론 제국의 군주였다. 나보폴라사르는 군대를 이끌고 북상하면서 아시리아에 압력을 가하기 시작했다. 궁지에 몰린 아시리아는 북방에서 내려온 스키타이인에게 지원을 요청했다.

그러나 이란 고원에 있던 메데스가 기원전 624년 스키타이를 격파하고 서진하기 시작했다. 메데스는 이어서 아시리아 영토로 들어가서 기원전 614년에는 티그리스 강변의 도시 앗수르를 점령했다. 마침내 바빌론과 메데스 이 두 나라는 연합하여 기원전 612년 수도 니네베를 점령했다. 이로써 아시리아 제국은 붕괴되었다.

이 시기에 등장하여 활동했던 두 명의 선지자가 있었다. 스바냐와 하박국이었다. 스바냐는 히스기야의 현손이며 요시아 왕 시대에 여호와의 계시를 받았다. 그 역시 여호와를 배반하고 좇지 않으며 그를 찾지도 않고 구하지도 않은 자들에 대해서 경고하면서, "여호와의 큰 날이 가깝도다……그 날은 분노의 날이요 환난과 고통의 날이요……견고한 성읍들을 치며 높은 망대를 치는 날"(습1:14-16)이라고 했다. 그러나 여호와께서 곤고하고 가난한 백성을 남겨두어 그들을 보호할 것이라고 했다.

한편 하박국 역시 아시리아를 무너뜨리고 등장하는 바빌론에 대해서 "표범보다 빠르고 저녁 이리보다 사나운" 그 기병에 대한 두려움을 나타내면서도, 여호와께서 환난의 날에 이스라엘 백성들을 구원해주시리라는 강한 희망을 표현했다. 그는 과거 이사야가 아시리아에 대해서 그렇게 생각했던 것처럼 바빌론에 대해서도 그들이 여호와가 이스라엘의 타락을 징계하기 위해서 쓰시는 도구라고 생각했다.

그러나 동시에 그는 바빌론이 이렇게 맡겨진 일을 다한 뒤, 그들 자신역시 징벌을 받게 될 것이며, 이스라엘은 풀려나 구원을 받게 될 것이라고 생각했다. 그래서 그의 글은 우리에게도 익숙한 다음과 같은 구절로맺었다. "비록 무화과나무가 무성하지 못하며 포도나무에 열매가 없으며 감람나무에 소출이 없으며 밭에 먹을 것이 없으며 우리에 양이 없으며 외양간에 소가 없을지라도 나는 여호와로 말미암아 즐거워하며 나의구원의 하나님으로 말미암아 기뻐하리로다"(합3:17-18).

한편 남쪽의 이집트는 북방에서 벌어지는 정세의 변화를 지켜보던가운데 아시리아 왕족의 긴급한 구원 요청을 받았고 근동 사태에 적극적으로 개입하기로 결정했다. 느고 2세(재위 610-595 기원전)라는 파라오가 직접 군대를 이끌고 북상하기 시작했다. 그런데 바빌론 측과 연합한 유다의 요시아 왕은 이를 저지하기 위해서 므깃도 계곡에 진을 치고있었다. 여기에서 벌어진 전투에서 요시아는 화살에 맞았고 예루살렘으로 돌아온 뒤 얼마 되지 않아 기원전 609년에 사망했다.

요시아의 저지선을 돌파한 느고 2세는 유프라테스 강가의 갈그미스까지 진출하여 기원전 609년에 바빌론과 메데스 연합군과 전투를 벌였다. 그러나 결과는 이집트의 패배였고, 이로써 아시리아의 멸망은 확정적이 되었다. 느고는 퇴각하여 이집트로 귀환했는데, 예루살렘을 지나면서 요시아의 뒤를 이어 왕이 된 지 석 달밖에 되지 않은 여호아하스를 붙잡아 데리고 갔다. 느고는 그 대신 동생인 엘리야김을 왕위에 앉히고, 이름도 여호아김(재위 609-598기원전)으로 고쳐 불렀다. 여호아김의 재위 11년은 왕국이 최종적인 멸망으로 가는 시기였다. "여호와 보시기에 악을 행하였더라"는 평가처럼 종교적으로도 요시아 시대의 건전함을 잃어버렸다. 그는 이집트에 조공을 바치기 위해서 백성들 각자에게 금과 은을 부과하여 무거운 세금을 매겼다.

두 차례의 바빌론 유수

이집트는 갈그미스 전투에서 패배한 뒤에도 여러 차례 군대를 북방으로 보내 바빌론의 세력을 견제하려고 했다. 그러나 기원전 605년 이집트의 군대가 아직 즉위하기 전인 느부갓네살(재위 605-526 기원전)이 이끄는 군대와 갈그미스에서 다시 한번 충돌하여 패배를 당했다. 느부갓네살은 도망가는 적을 추격하면서 남하하여 이집트 변경 지역까지 진출했다. 그는 유다의 예루살렘 성전에 있던 얼마간의 성물들을 탈취했고 일부 왕족과 귀족들도 바빌론으로 끌고 갔다. 바로 이때 끌려간 귀족의 자제들 가운데 선지자 다니엘도 포함되어 있었다(단1:1-6).

이렇게 끌려간 사람들이 바빌론에서 유폐되어 포로생활을 하게 된 것을 일컬어 바빌론의 '유수(幽囚)' 혹은 '포수(捕囚)'라고 부른다. 바빌론으로의 강제 이주는 여러 차례에 걸쳐 이루어졌는데, 이 유수가 제1차 이주에 해당된다.

그런데 그뒤 이집트가 공세에 나서 바빌론을 밀어내는 듯한 상황이 벌어지자 여호아김은 곧바로 바빌론에 대해서 반기를 들었다. 이에 느

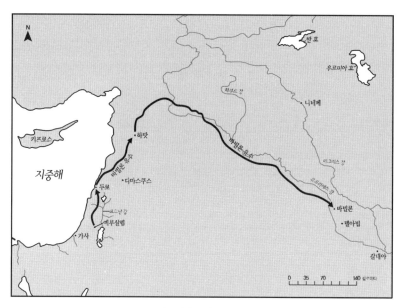

지도 29 바빌론 유수

부갓네살은 갈대아, 아람, 모압, 암몬 지역의 왕들에게 명령을 내려 군
대를 규합하여 유다를 공격하라고 했다. 이로 인해서 "무죄한 자의 피를
흘려 그의 피가 예루살렘에 가득하게"(왕하24:4) 되었다.

그러나 참화는 이것으로 끝나지 않았다. 여호아김이 사망하고 그의
아들 여호아긴이 즉위한 직후인 기원전 597년 이번에는 느부갓네살이
직접 군대를 이끌고 와서 예루살렘을 포위했다. 견디지 못한 여호아긴
은 신하들과 함께 바빌론의 왕에게 나아갔다. 바빌론의 왕은 성전과 왕
궁의 모든 보물을 탈취하고, 예루살렘의 백성과 방백들과 용사들 가운
데 1만 명, 그리고 장인과 대장장이까지 모두 포로로 끌고 가버려, "비
천한 자 외에는 그 땅에 남은 자가 없었더라"는 지경이 되었던 것이다.
여호아긴 왕도 물론 포로가 되기는 마찬가지였으며, 당시 사제였던 에

스겔 역시 이때 끌려갔다. 이것이 제2차 이주였다(왕하24:10-14).

느부갓네살은 여호아긴을 대신하여 여호아긴의 숙부를 왕위에 앉히고 이름을 시드기야라고 고쳐 부르게 했다. 그는 바빌론의 충복으로 11년(597-586 기원전) 동안 재위에 있었다. 그런데 588년 이집트가 군대를 끌고 북상하자 시드기야는 에돔, 모압, 암몬, 두로, 시돈 등과 함께 이집트 편에 가담했다.

그러자 느부갓네살은 다시 신속하게 병력을 동원하여 남진했다. 기원전 588년 1월 바빌론의 군대는 예루살렘을 포위했고, 기원전 586년 중순 마침내 도읍은 함락되었다. 성벽은 파괴되고 성전은 불에 타서 사라져버렸다. 이스라엘 역사에서는 솔로몬이 성전을 건설한 때부터 이때까지를 '제1차 성전 시대'(960-586 기원전)라고 부른다. 시드기야는 여리고 방면으로 도망갔지만, 붙잡혀 와서 눈이 뽑히는 신세가 되었고, 그의 아들들은 모두 처형되고 말았다. 시드기야를 위시해서 예루살렘과 유다에 남은 사람들은 다시 한번 바빌론으로 끌려갔다. 이것이 제3차 이주였다.

느부갓네살은 유다 왕국을 제국의 영역 속에 편입하고, 유다의 귀족 출신인 그다랴를 총독으로 임명했다. 그는 미스바에 근거지를 두고 바빌론이 남긴 군대의 지원을 받으며 황폐한 나라의 재건을 위해서 노력했다. 그러나 그를 바빌론의 앞잡이라고 하며 비난하던 유다의 왕족이 기원전 582년경 부하들을 데리고 와서 그를 살해하는 사건이 벌어졌다. 보복을 두려워한 관리와 백성들은 이집트로 도망갔다. 그리고 이를 진압하기 위해서 내려온 바빌론 군대에 의해서 일부 주민들이 다시 바빌론으로 끌려갔는데, 이것이 제4차 이주였다. 이렇게 해서 유다 왕국과 그 백성들은 고향을 떠나 낯선 땅에서 살아가는 신세가 된 것이다.

'눈물의 예언자' 예레미야

그다랴를 살해한 사람들이 이집트로 도망갈 때, 그들에 의해서 억지로 끌려간 사람이 바로 선지자 예레미야였다. 그는 그다랴와 함께 미스바에 있다가 변을 당했고, 본인의 의지에 반해서 끌려갔다. 그는 요시아왕의 시대부터 시작해서 바빌론의 유수가 벌어질 때까지 유다 왕국이쇠망해가는 과정을 지켜보면서 통렬한 경고를 했다. 심지어 이집트에끌려간 뒤에도 그곳에 간 사람들에게 닥칠 종말에 대해서 말을 아끼지않았다.

'눈물의 예언자'라는 별명으로도 알려진 예레미야는 유다 왕국이 파괴되고 잿더미로 변해버리기 직전 그 최후의 순간에, 예루살렘의 거리에서, 성전에서 또 왕궁에서 장차 그들에게 닥칠 끔찍한 재앙을 눈물로서 호소하고 경고했던 비극적인 인물이다.

예레미야는 므낫세 치세의 거의 말년인 기원전 645년경에 예루살렘에서 그리 멀지 않은 아나돗이란 곳의 제사장 가문에서 태어나, 요시아의 치세에 하나님의 계시를 받았다. '율법책'의 발견으로 인한 종교적각성은 그에게도 깊은 영향을 미쳤던 것으로 보인다. 그러나 요시아 왕의 종교 개혁에도 불구하고 사회적으로 광범위하게 행해지던 우상 숭배는 근절되지 않았다. 그가 "요시아 왕 때에 여호와께서 또 내게 이르시되 네가 배역한 이스라엘의 행한 바를 보았느냐 그가 모든 높은 산에오르며 모든 푸른 나무 아래로 가서 거기서 행음하였도다"(렘3:6)라는

예레미야 (시스티나 성당, 미켈
란젤로 그림)

구절이 이를 말해준다.

요시아가 므깃도 전투 이후 사망하고 여호아김이 그의 뒤를 이으면서
상황은 급속하게 악화되었다. "너희가 도적질하며 살인하며 간음하며
거짓 맹세하며 바알에게 분향하며 너희의 알지 못하는 다른 신들을 좇
으면서," "내 말 듣기를 거절한 자기들의 선조의 죄악에 돌아가서 다른
신들을 좇아 섬겼(기)" 때문에, 하나님은 그들의 열조와 맺은 언약을 파
기하지 않을 수 없게 되었다고 경고했다(렘7:9; 11:10). 예레미야는 이러
한 우상 숭배와 죄악으로 인하여 이스라엘은 이미 징벌을 받았거니와
유다 역시 동일한 운명을 피할 수 없을 것이라고 말했다.

그는 거듭해서 '북방'으로부터 내려올 재앙에 대해서 경고했는데, 물론 그것은 신흥 바빌론 제국을 두고 하는 말이었다. "끓는 가마를 보나이다 그 윗면이 북에서부터 기울어졌나이다……재앙이 북방에서 일어나 이 땅의 모든 주민들에게 부어지리라"(렘1:13-14)라고 한 것이나, "보라 한 민족이 북방에서 오며 큰 나라가 땅 끝에서부터 떨쳐 일어나니 그들은 활과 창을 잡았고 잔인하여 사랑이 없으며 그 목소리는 바다처럼 포효하는 소리라 그들이 말을 타고 전사 같이 다 대열을 벌이고 시온의 딸인 너를 치려 하느니라 하시도다"(렘6:22-23)라고 한 것이 그렇다. 북방에서 나타나 예루살렘을 덮칠 이 위협에 대해서 예레미야가 남긴 생생한 묘사들은 그의 심정이 얼마나 절박했을까 그리고 그의 말을 들은 사람들의 마음에 어떠한 공포가 일어났을까 능히 상상하고도 남음이 있다.

그는 예루살렘이 파괴되고 왕과 그곳의 주민들은 모두 끌려가 치욕을 당할 것이라고 단언했다. "내가 예루살렘을 무더기로 만들며 승냥이 굴이 되게 하겠고 유다의 성읍들을 황폐하게 하여 주민이 없게 하리라"(렘9:11). 예레미야는 여기서 후일 사도 바울이 인용한 유명한 토기장이의 비유를 들고 있다. 그는 토기장이의 집으로 내려가서 그가 녹로(물레)로 일하는 것을 보라고 한 여호와의 계시를 받았다. 그래서 가서 보니 토기장이는 진흙으로 만든 그릇을 손으로 부셔버리고 자기 의견에 합당한 대로 다른 그릇을 만들고 있었던 것이다. 이에 여호와는 "이스라엘 족속아 이 토기장이가 하는 것같이 내가 능히 너희에게 행하지 못하겠느냐 이스라엘 족속아 진흙이 토기장이의 손에 있음같이 너희가 내 손에 있느니라"(렘18:6)라고 말했던 것이다.

예레미야는 장차 바빌론이 유다 사람들에게 멍에를 씌워 노예나 가축처럼 끌고 가리리는 것을 사람들에게 분명히 보여주기 위해서 나무로 된 멍에를 만들어 자신의 어깨에 메고 다녔다. 그러자 어떤 한 선지자가 그의 목에서 그 멍에를 빼내어 꺾어버리면서, 2년 뒤에는 하나님이 바빌론을 이 멍에처럼 꺾으실 것이라고 말씀하셨다고 예언했다. 예레미야는 하나님의 계시에 따라 이번에는 쇠로 멍에를 다시 만들어 자신의 어깨에 쓰고 다님으로써, 거짓 예언자의 말에 현혹되는 것을 경계했다(렘 29:10-13).

이처럼 그는 유다 왕국의 종교적 부패와 행악을 준엄하게 비판하고 장차 다가올 엄청난 재앙을 경고했지만, 그것은 오히려 많은 사람의 비난과 증오를 불러일으켰다. 특히 왕궁의 귀족과 제사장 및 선지자들은 그를 비판하고 야유하며 어떻게 해서든지 그를 제거하려고 생각하기에 이르렀다. 그래서 한번은 성전의 총책임자가 그를 붙잡아 구타하고 형틀에 채워서 성전에 부속된 방에 가두어놓기도 했다(렘20:1-3). 그런가 하면 방백들이 그를 어떤 서기 관리의 집에 가두어놓기도 했다. 또 왕궁 안의 시위대 뜰에 있던 구덩이에 그를 줄에 매달아 내렸는데, 그 구덩이 속에는 진흙이 가득 차 있었다. 물론 그를 구덩이 속에 빠뜨려 죽이려는 생각이었다(렘38:1-13).

구원과 귀환의 희망

예레미야 선지자는 미래에 대한 극도의 절망적인 예언 속에서도, 이사야가 그랬던 것처럼 여호와 하나님이 궁극적으로는 이스라엘 백성들을 구원해주실 것이라는 희망을 버리지 않았고, 또한 그것을 사람들에게 알려주려고 했다. 그 구원은 물론 완전한 패망과 치욕을 겪고 난 뒤에야 찾아오는 것이었다. 예레미야는 "너는 내게 부르짖으라 내가 네게 응답하겠고 네가 알지 못하는 크고 은밀한 일을 네게 보이리라"(렘33:3)는 하나님의 말씀을 전하면서, "그날 그때에 내가 다윗에게서 한 공의로운 가지가 나게 하리니 그가 이 땅에 정의와 공의를 실행할 것이라 그 날에 유다가 구원을 받겠고 예루살렘이 안전히 살 것이며 이 성은 여호와는 우리의 의라는 이름을 얻으리라"(렘33:15-16)는 여호와의 약속을 전해 주었다.

예레미야는 이러한 약속이 언젠가는 이루어지리라고 막연한 희망과 기대만을 가지고 이야기한 것은 아니었다. 바빌론은 이스라엘의 죄를 응징하기 위해서 하나님이 사용하신 도구에 불과하기 때문에, 그 소임을 다한 뒤에는 자기 자녀들의 회복을 위해서 다시 그것을 없애실 것이라고 믿었다. 그래서 그는 "한 나라가 북방에서 나와서 그를 쳐서 그 땅으로 황폐케 하여 그중에 거하는 자가 없게 함이라"고 했고, 그것은 "뭇 백성 곧 메대[메데스] 사람의 왕들과 그 도백들과 그 모든 태수와 그 관할하는 모든 땅을 준비시켜"(렘51:28), 바빌론을 멸망시키는 역사적 드라마로 종결될 것이라고 확신했던 것이다.

예레미야가 이집트로 끌려간 뒤 언제 사망했는지는 알려지지 않았다. 그러나 그가 사망한 뒤 얼마 지나지 않아서 그의 예언은 마침내 실현되었다. 이란 고원 남부의 파르스 지방에서 흥기한 퀴루스(재위 559-530 기원전)라는 인물이 메데스를 격파한 뒤에 서쪽으로 군대를 움직여 바빌론 제국의 수도를 함락한 것이다. 기원전 539년의 일이므로, 예루살렘과 그 성전이 파괴된 지 약 50년 뒤의 일이었다. 페르시아 제국의 퀴루스가 바로 성경에서 여호와의 기름부음을 받은 "바사(페르시아)의 왕 고레스"였다. 이와 관련해서 「역대」는 다음과 같은 구절로 글을 마치고 있다.

바사의 고레스 왕 원년에 여호와께서 예레미야의 입으로 하신 말씀을 이루시려고 여호와께서 바사의 고레스 왕의 마음을 감동시키시매 그가 온 나라에 공포도 하고 조서도 내려 이르되 바사 왕 고레스가 이같이 말하노니 하늘의 신 여호와께서 세상 만국을 내게 주셨고 나에게 명령하여 유다 예루살렘에 성전을 건축하라 하셨나니 너희 중에 그의 백성된 자는 다 올라갈지어다 너희 하나님 여호와께서 함께 하시기를 원하노라 하였더라(대하36: 22-23).

제10장

귀환과 회복 : 에스겔에서 느헤미야까지

끌려간 사람들과 남은 사람들

「창세기」에서부터 시작한 구약성경은 「말라기」라는 예언서를 마지막으로 해서, 모두 39권으로 이루어진 이스라엘 민족 역사의 대드라마이다. '말라기(Malachi)'라는 말은 예언자 본인의 고유한 이름일 수도 있지만, 히브리어가 뜻하는 대로 '나의 전달자(messenger)'라는 의미의 일반명사일 수도 있다. 아무튼 그것이 쓰인 시기는 기원전 5세기 초반으로 추정된다. 따라서 시간이라는 관점에서만 본다면, 「에스라」와 「느헤미야」가 그것보다 더 늦게 쓰였다고 할 수 있다. 다만 이 두 책은 '역사서'로 분류되어 앞에서 살펴본 「열왕기」나 「역대」 등과 함께 배치되었다. 그래서 '예언서' 가운데 가장 늦게 쓰인 「말라기」가 구약의 가장 끝에 오게 되었다. 쓰인 시기가 이들과 비슷한 「에스더」 역시 역사서로 분류되어 「느헤미야」 다음에 배치되었다.

말라기, 에스라, 느헤미야, 에스더 등은 모두 바빌론의 유수라는 역사적 사건이 발생한 뒤부터 이스라엘 백성들이 예루살렘으로 다시 돌아와 성전을 건축하고 완공할 때까지의 기간 동안에 역사의 무대에 등장했던 인물들이다. 구약에는 이들 네 사람 이외에도 에스겔, 다니엘, 학개, 스

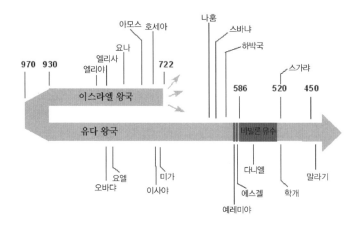

이스라엘의 선지자들

가라와 같이 바빌론 유수 이후 시대에 활동했던 선지자들에 관한 흥미로운 내용들도 발견된다. 예루살렘이 무너진 기원전 6세기 전반부터 이스라엘 사람들의 귀환과 성전의 건축이 완성되는 기원전 5세기 중반에 이르기까지, 약 150년에 걸친 역사 속에서 그들은 어떤 활동을 했을까?

바빌론의 유수라는 사건이 이스라엘 민족 역사에 중요한 의미를 지닌 것은 분명하지만, 그 구체적인 내용에 대해서는 불분명한 점이 많다. 앞에서 전후 4차례에 걸쳐서 사람들을 끌고 갔다고 했는데, 우선 끌려간 사람들의 숫자를 정확히 파악하기가 힘들다. 「열왕기」에는 느부갓네살이 기원전 587년에 예루살렘을 포위하여 항복을 받은 뒤 "예루살렘의 모든 백성과 모든 지도자와 모든 용사 만 명과 모든 장인과 대장장이를 사로잡아 가매 비천한 자 외에는 그 땅에 남은 자가 없었더라"(왕하 24:14)는 기록이 보인다. 그리고 곧 다시 왕족들을 잡아가고 "또 용사 칠천 명과 장인과 대장장이 천 명 곧 용감하여 싸움을 할 만한 모든 자들"(왕하24:16)을 바빌론으로 잡아갔다고 했다.

이 숫자들을 합하면 왕족과 귀족 이외에도 용사 1만7,000명과 장인 1,000명 이상을 끌고 간 것이다. 만약 그들과 함께 여자와 어린아이들이 함께 끌려갔다면, 그 숫자는 이보다 훨씬 더 많았을 것이다. 그러나 「예레미야」에는 이와는 상이한, 그러나 매우 구체적인 숫자가 나와 있다. 즉 기원전 597년에 3,023명, 기원전 586년에 830명, 기원전 581년에 745명으로 모두 4,600명이었다는 것이다(렘52:28-30). 이 상이한 두 기록을 어떻게 이해할 것이냐를 두고 여러 논란이 있다. 아무튼 포로로 끌려간 사람들이 숫자는 1-2만 명 수준이었다는 데에는 의심의 여지가 없다.

이렇게 볼 때 느부갓네살에 의해서 이루어진 이주가 이스라엘 사람들을 무차별적으로 끌고 가서 이스라엘 땅에서 씨를 말리려는 것은 아니었다는 점을 알 수 있다. 반란을 일으킬 소지가 있다거나 아니면 자기에게 이용 가치가 있다고 판단되는 사람들을 선별해서 데리고 간 것이다. 그렇지만 수십 년에 걸친 전쟁과 약탈로 예루살렘은 물론 유다 왕국 전역이 거의 폐허로 변했다. 수많은 사람들이 그 과정에서 죽음을 당했고, 살아남은 사람들 가운데 다수는 산 속에 숨어버리거나 타지로 떠났다.

이처럼 전쟁의 광풍이 휩쓸고 지나간 뒤 그 땅에 남아 있던 사람들의 숫자 그 자체가 많지 않았을 것은 분명하다. 따라서 수십만이 아니라 수만을 끌고 가는 것만으로도 그 지역의 인구는 대폭 줄어들었을 것이다. 그뿐만 아니라 포로로 끌려간 사람들은 대체로 사회적으로나 경제적으로나 유력한 계층에 속한 사람들이었다. 앞에서도 인용했듯이 빈천한 자 외에는 그 땅에 남은 자가 없었다는 기록도 그런 사실을 방증하고 있다. 따라서 비록 포로가 된 사람의 숫자는 많지 않더라도, 그것이 이스라엘 사회에 미친 영향은 심대했다고 보아야 할 것이다.

그렇다면 이렇게 바빌론으로 끌려간 사람들은 어떻게 되었을까? 이와 관련해서 「역대」는 "칼에서 살아남은 자를 그가 바벨론으로 사로잡아가매 무리가 거기서 갈대아 왕과 그의 자손의 노예가 되어 바사국이 통치할 때까지 이르니라"(대하36:20)고 기록했다. 즉 그들이 바빌론의 왕과 그 후계자들의 노예가 되어 페르시아 제국이 출현할 때까지 그렇게 살았다는 것이다. 그러나 여기에서 노예라는 말은 문자 그대로 인간 이하의 대접을 받는 노예라기보다는 왕에게 복속된 백성으로서 예속된 신분으로 살아갔다는 정도의 의미로 해석하는 것이 옳을 것이다. 왜냐하면 우리는 다른 기록들을 통해서 바빌론 영토의 이스라엘 사람들이 가옥과 전답을 소유하며 생활했고, 또 상업과 수공업에도 종사했던 사실을 알고 있기 때문이다.

성경에는 바빌론 영토로 끌려갔던 사람들 가운데 에스겔과 같은 사제, 혹은 다니엘이나 느헤미야나 모르드개와 같은 고관들, 에스더와 같은 왕비에 관한 이야기가 나온다. 그들이 오늘날과 같은 종교의 자유를 누렸던 것은 아니지만, 그렇다고 여호와 신앙이 철저하게 금지되었던 것도 아니었다. 때로는 종교적인 탄압이 가해지기는 했지만, 대부분 일시적인 것으로 그쳤다. 「다니엘」과 「에스더」라는 책에는 그런 탄압과 박해를 극복해나간 일화들이 소개되어 있다. 그런가 하면 에스겔과 같은 선지자는 바빌론에 끌려온 뒤에도 하나님의 계시를 받고 이스라엘의 운명을 예언했다.

에스겔

에스겔은 기원전 597년의 제2차 바빌론 이주 때에 끌려온 사람이었다. 그가 받은 계시와 예언은 「에스겔」이라는 책에 기록되었는데, 그것은 「이사야」 및 「예레미야」와 함께 3대 예언서로 꼽히고 있다. 앞의 두 사람이 각각 유다 왕국의 중기와 말기를 대표하는 예언자라면, 에스겔은 '바빌론 유수' 이후 시대를 대표하는 인물이라고 할 수 있다. 그는 바빌론으로 끌려온 뒤 도성에서 남쪽으로 80킬로미터쯤 떨어진 곳에 있던 텔아빕(Tel-abib)이라는 곳에 살았다. 현재 이스라엘의 수도 이름 텔아비브와 같으며 '샘의 언덕'이라는 뜻이다. 에스겔은 붙잡혀온 지 5년째 되던 해인 기원전 592년에 유프라테스 강의 한 지류인 그발 강가에서 갑자기 하늘이 열리며 하나님이 나타내는 이상(異像), 즉 기이한 형상을 보게 되었다. 그의 나이 서른 살 때의 일이었다.

그는 얼굴과 날개가 네 개씩 달린 동물과, 그 옆에 눈이 가득히 붙어 있고 이리저리 움직이는 네 개의 바퀴를 보았다. 그는 이 형상의 모습과 움직임에 대해서 매우 구체적으로 묘사하고 있는데, 그것은 「요한계시록」 4-5장에 나오는 '네 생물'과 흡사하다. 이어 그는 하나님이 주시는 두루마리를 받아먹었는데, 달기가 꿀과 같았다. 그것은 곧 하나님이 주시는 계시의 말씀을 이스라엘 백성들에게 하나도 빠짐없이 있는 그대로 전하라는 명령이었다. 그는 먼저 여러 차례 경고에도 불구하고, 이스라엘 사람들이 끝까지 돌이키지 않기 때문에 장차 더 큰 재앙이 찾아올 것이라고 하면서, "주 여호와께서 이같이 이르시되 재앙이로다, 비상한 재앙이로다 볼지어다 그것이 왔도다 끝이 왔도다, 끝이 왔도다 끝이 너

에스겔 (시스티나 성당, 미켈란젤로 그림)

에게 왔도다 볼지어다 그것이 왔도다"(겔7:5-6)라고 했다.

그는 유다 왕국의 멸망과 예루살렘의 파괴가 단순한 비극적 재앙이 아니라 하나님의 공의로운 심판의 결과라는 점을 선포했다. 그는 백성들이 매달려 있던 우상숭배의 악습, 완악한 성품과 패악함이 하나님의 진노를 부른 것이라고 생각했다. 그래서 그는 여호와의 명령에 따라 자기 머리털과 수염을 깎아서 저울에 달아 세 묶음으로 나누었다가 불에 태웠다. 그것은 이스라엘 백성들이 당할 능욕, 그들에게 닥칠 운명을 극적으로 표현한 행위였다.

그러나 이사야와 예레미야가 그랬듯이 그 역시 장차 하나님이 이스라엘 백성들을 다시 회복시키시리라는 희망을 버리지 않았다. 그가 본 마른 뼈들로 가득 찬 골짜기의 환상은 바로 이스라엘의 부활을 예언한 것이었다. 그가 이 환상을 본 것은 기원전 589년이었기 때문에 아직 예루살렘의 성전이 파괴되기 전이었다. 그럼에도 불구하고 그는 골짜기에 가득 찬 마른 뼈들에 살이 붙고 생기가 돌아 그것들이 거대한 군대로 변하는 놀라운 장면을 목격했다.

그는 이렇게 말했다. "내가 또 보니 그 뼈에 힘줄이 생기고 살이 오르며 그 위에 가죽이 덮이나 그 속에 생기는 없더라……내가 그 명령대로 대언하였더니 생기가 그들에게 들어가매 그들이 곧 살아나서 일어나 서는데 극히 큰 군대더라……내 백성들아 내가 너희 무덤을 열고 너희로 거기에서 나오게 하고 이스라엘 땅으로 들어가게 하리라"(겔37:8-12).

다니엘

에스겔보다 조금 이른 시기인 기원전 605년에 끌려온 사람이 다니엘이다. 그는 흠이 없고 외모가 출중하며 재능과 지식을 겸비한 소년들 가운데 하나로 선발되었다. 왕궁에서는 그들에게 바빌론의 언어와 학문을 가르치고 맛난 음식과 포도주로 양육해서 장차 왕을 모실 수 있도록 교육하기로 했다. 그 가운데 네 명의 소년들을 골랐는데, 그들의 이름은 다니엘, 하나야, 미사엘, 아사랴였다. 모두 히브리어에서 하나님 뜻하는 '엘(el)'이나 여호와를 뜻하는 '야(yah-weh)'라는 말로 끝나는 이름이었다. 그래서 왕궁에서는 이들에게 히브리어 이름 대신에 바빌론어로 된 이름을 지어 주었다. 그리고 '하나님은 나의 판관'이라는 뜻의 이름을 지닌 다니엘 (Daniel)도 바빌론어로 '왕자의 생명을 보호하라'는 뜻을 지닌 벨드사살 (Belteshazzar)로 불리게 되었다. 그의 세 친구들 역시 사드락, 메삭, 아 벳느고라는 바빌론식 이름들을 받았다.

하루는 느부갓네살이 꿈을 꾸었는데, 그 꿈 때문에 번민하여 잠을 이 루지 못하게 되었다. 그래서 나라 안의 박수와 점쟁이와 술사들을 불러 서 자신의 꿈이 무엇을 의미하는지 해석해보라고 했다. 아무도 대답을 하지 못하자, 그는 진노하여 모든 박사(현자)를 죽이라는 명령을 내렸 고, 다니엘 역시 처형당할 처지가 되었다. 일이 이렇게 되자 다니엘은 하나님께 기도를 올리고 그 권능을 구한 뒤에 왕에게 자신이 그의 꿈을 해석하겠노라고 말했다.

왕의 꿈은 이러했다. 하나의 큰 신상(神像)을 보았는데, 머리는 정금 이고 가슴과 팔들은 은이며, 배와 넓적다리는 놋쇠였고 종아리는 철이 었다. 그리고 그 발의 일부는 철이었고 일부는 진흙이었다. 그런데 사람 의 손으로 자른 것이 아닌, 산에서 잘려져 나온 돌 하나가 신상의 철과 진흙으로 된 발을 쳐서 부셔버리자, 거기서 흩어져 나온 금과 은과 철과 진흙이 바람에 날려 사라져버리고, 그 우상을 친 돌은 태산을 이루어 온 세상에 가득하게 되었다는 것이다.

이에 대한 다니엘의 해석은 이러했다. 금으로 된 우상의 머리는 왕을 뜻한다. 가슴과 팔이 은으로 된 것은 왕이 죽은 뒤에 그보다 못한 나라 가 일어날 것이라는 뜻이며, 넓적다리가 놋쇠라는 것은 그뒤를 이어서 또 더 못한 나라가 일어나서 세계를 다스릴 것이라는 뜻이다. 철로 된 종아리는 넷째 나라를 나타내며 그 나라가 철처럼 강하기 때문에 모든 나라를 파괴할 것이다. 그 발이 철과 진흙으로 되었다는 것은 철로 된 그 나라가 나누어지되, 어떤 것은 철처럼 강하고 어떤 것은 진흙처럼 약할 것이라는 의미이다. 그렇게 여러 나라가 들어섰을 때 철과 진흙이 섞인 것처럼 서로 다른 종족들이 섞이겠지만, 마치 철과 진흙이 합쳐지지 못하는 것처럼 합쳐지지는 못할 것이다. 이와 같이 열국들이 병존하고 있을 때 하나님이 한 나라를 세울 것이니, 그것은 영원히 망하지 않을 것이며 다른 모든 나라를 쳐서 멸하고 영원히 서리라는 것이다(단 2:31-45).

다니엘의 해몽을 들은 왕은 "너희 하나님은 참으로 모든 신들의 신이시요 모든 왕의 주재시로다"라고 하면서, 다니엘에게 귀한 선물을 주고 "바벨론 온 지방을 다스리게 하며 또 바벨론 모든 지혜자의 어른"(단 2:47-48)으로 삼았다고 한다. 다니엘은 소년 시절에 자기와 함께 왔던 다른 세 사람에게 바빌론의 전국을 관할하는 임무를 맡기고, 자신은 왕궁 안에 머물며 그 사무를 담당했다. 마치 과거에 요셉이 이집트에 노예로 팔려간 뒤에 파라오의 꿈을 해석하여 그 나라의 총리대신이 된 것과 흡사하다. 물론 다니엘은 그 당시 바빌론으로 끌려간 이스라엘 사람들 가운데에서도 예외적으로 출세를 한 경우이겠지만, 그들이 반드시 노예로 부림을 당하고 학대를 받는 비참한 생활을 한 것은 아니었다는 사실을 알려준다.

다니엘이 피정복민으로 끌려왔음에도 불구하고 그렇게 높은 지위에 오른 것은 사람들의 비난과 질시의 대상이 되었다. 특히 그가 바빌론의

불 속에 던져진 3인의 다니엘의 친구들 (로마 부근 프리실라의 카타콤에 그려진 벽화)

신들을 경배하지 않고 이스라엘 민족의 여호와 신앙을 고수하는 것은
그들에게 좋은 구실이 되었다. 그때 느부갓네살이 금으로 거대한 신상
을 세웠는데, 좌우의 폭이 6규빗(2.7미터)에 높이가 60규빗(27미터)에
달했다. 그 낙성식이 열렸을 때 왕과 나라의 모든 고관들이 모두 참석한
자리에서, 다니엘의 세 친구들이 금 신상에 절을 하지 않았다. 그들을
매도한 사람들은 왕이 약속한 대로 그들을 극렬하게 타는 풀무 가운데
에 던져져야 한다고 주장했다.

　느부갓네살은 풀무불을 평소보다 일곱 배나 더 뜨겁게 한 뒤에 세 사
람을 그 속에 던졌다. 그들은 옷을 입고 모자도 그대로 쓴 채 결박되어
불 속으로 던져졌는데, 불이 어찌나 뜨거운지 그들을 붙잡은 사람들이

타죽을 정도였다. 그런데 그때 왕이 그 풀무 속을 들여다보니 셋이 아니라 네 사람이 불 속에서 걸어다니는 것이었다. 한 사람의 모양은 '신들의 아들'과 같았다. 마침내 그들을 꺼내보니 머리털도 그슬리지 않았고 옷 색깔도 변하지 않았으며 불탄 냄새조차 나지 않았다. 이에 느부갓네살은 전국에 조서를 내려 이스라엘 사람들의 하나님을 모욕하는 사람이 있다면, "그의 몸을 쪼개고 그 집으로 거름터를 삼을" 것이라고 공포했다(단3:1-30).

그뒤 느부갓네살은 한번 더 기이한 꿈을 꾸었고, 그는 다니엘을 불러 해석을 부탁했다. 그는 꿈에서 나무 하나를 보았는데, 높이 자라서 하늘에 닿았고 많은 잎사귀와 열매가 달려 들짐승과 새들의 안식처가 되었다. 그런데 하늘에서 내려온 한 거룩한 순찰자가 그 나무를 베고 짐승과 새들을 쫓아낸 뒤에 뿌리의 그루터기는 철과 놋쇠로 동여맨 뒤에 그 자리에 그냥 두게 했다. 그래서 그 나무의 마음이 사람이 아니라 짐승의 마음을 받아서 일곱 때를 지내게 되었다는 것이다. 이에 대해서 다니엘은 왕의 권세가 하늘을 찌를 듯이 높아지겠지만, 사람들에 의해서 쫓겨나 들짐승처럼 살게 될 것이고, 그렇게 일곱 때, 즉 7년을 지낸 다음에야 비로소 하나님이 온 세상을 다스리시는 분이라는 것을 깨닫게 되고, 마치 그루터기처럼 왕의 나라도 견고해질 것이라는 해석을 내렸다.

바빌론 제국은 실제로 느부갓네살의 치세에 절정에 이르렀다. 유다 왕국을 무너뜨린 그는 지중해 연안의 중요한 항구 도시인 두로를 상대로 13년 동안(586-573 기원전)에 걸쳐서 포위 공략을 했고, 그 결과 두로는 바빌론에게 조공을 바치는 속국이 되었다. 지중해 연안에 대한 지배권을 확고히 한 그는 공격의 예봉(銳鋒)을 이집트로 돌렸다. 이집트

이슈타르 성문 (페르가몬 박물관)

원정을 마치고 돌아온 그는 수도 바빌론에 수로와 저수지를 건설하고
사원들을 세우는 대형 건축 사업을 시행했다. 특히 기원전 575년경에
그가 건축한 바빌론의 내성에 두어진 이슈타르 성문의 지붕과 문짝은
백향목으로 만들었고 그 표면은 청금석으로 덮었다. 이 성문은 바빌론
의 대표적인 여신인 이슈타르에게 바쳤다.

그리고 그 성문에서 궁전으로 연결되는 행진 가도의 양측 벽면은 120
개의 사자, 황소, 용, 꽃 등이 황색과 흑색 유약을 발라 구운 타일로 장
식되었다. 황소와 용은 각각 아다드와 마르둑이라는 신을 상징하는 것
이었다. 현재 이슈타르 성문은 독일 베를린의 페르가몬 박물관에 옮겨
져서 전시되어 있는데, 그 위용과 아름다움이 어느 정도였는지 알 수
있다. 행진 가도 벽면에 있었던 사자나 다른 장식들은 이스탄불을 비롯

하여 세계 각지의 박물관에 흩어져 보관되어 있다.

페르시아 제국의 등장

바빌론의 뒤를 이어 근동의 패자가 된 것은 페르시아 제국이었다. 이 제국의 건설자는 이란 남부 출신의 퀴루스(재위 559-530 기원전)라는 인물이었다. 우리말 성경에 고레스라는 이름으로 알려진 사람이다. 처음에 그는 바빌론에 복속된 토착 수령이었지만, 세력을 강화한 뒤에 서북방으로 진출하여 기원전 550년 메데스라는 나라의 수도였던 에크바타나를 함락시켰다. 이어서 그는 소아시아 지방으로 들어가서 기원전 546년경에 사르디스를 점령하고 리디아 왕국을 무너뜨려 에게 해까지 진출했다. 그는 거기서 남하하여 이미 약화된 바빌론의 군대를 격파하고 기원전 539년 그 수도에 입성했다.

바빌론 제국의 붕괴와 페르시아 제국의 출현은 이스라엘 민족의 역사에 또 하나의 획기적인 전환점이 되었다. 그것은 무엇보다도 페르시아 제국 창업의 군주 퀴루스가 바빌론에 입성한 직후 그 도시에 있던 이스라엘 사람들에게 고국으로 돌아가는 것을 허락했을 뿐만 아니라, 예루살렘에 가서 파괴된 성전을 재건축하도록 하고 성전 재건축을 위한 재정적인 후원까지 약속했기 때문이다. 퀴루스의 명령에 따라 바빌론 영내에 있던 이스라엘 사람들은 고향으로의 귀환을 시작했다. 규모는 훨씬 적었지만, 과거 이집트를 탈출하여 가나안으로 향하던 조상들이 밟았던 역사를 다시 되풀이한 셈이었다. 그런데 우리가 잊지 말아야 할 것은 이때 돌아가지 않고 남은 사람들도 상당수 있었다는 사실이다. 그

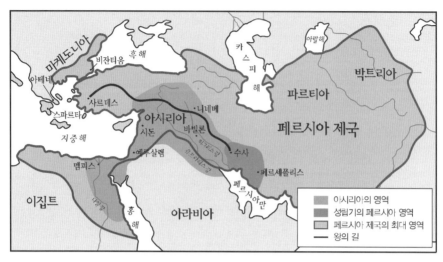

지도 30 페르시아 제국의 영역

들은 어떻게 살았을까?

바빌론을 점령한 페르시아 제국에 남기로 선택한 이스라엘 사람들에 관해서 말해주는 자료는 그리 많지 않다. 그런 점에서 성경에 포함되어 있는 「에스더」는 매우 흥미롭고 중요한 기록이라고 할 수 있다. 이 책에 대해서는 기록된 내용이 역사적인 사실을 충실하게 전한 것이라기보다는 하나의 문학 작품이라고 보는 것이 옳다는 견해가 제기되었다. 사실 읽다 보면 소설적인 구성과 전개가 눈에 띄는 것도 사실이다. 에스더의 모습이 후일 「아라비안 나이트」에 나오는 세헤라자데의 원형이 되었다는 주장을 하는 학자도 있다. 그러나 왕궁의 관직에 대한 구체적인 묘사, 역참제도와 지방 행정기구에 대한 언급 등을 보면 상당히 정확하고 역사적인 실상과 부합하는 면들이 많다. 따라서 「에스더」가 역사성을 결여한 문학 작품이라고 치부하기는 어렵다.

에스더는 원래는 이스라엘 사람이었지만, 페르시아 제국의 군주인 아하수에로의 왕비가 된 여자였다. 아하수에로는 역사상 크세르크세스 1세(재위 486-465 기원전)라는 이름으로 알려진 제국의 제4대 군주로 추정된다. 그는 다리우스 1세(재위 522-486 기원전)의 아들이자 후계자였다. 다리우스와 크세르크세스의 시대에 페르시아 제국은 가장 절정기를 누렸다. 그러나 다리우스는 창건자인 퀴루스의 후예가 아니었다. 그럼에도 불구하고 그는 거의 붕괴 직전의 제국을 구하고 왕위에 오른 인물이었다. 그가 즉위하기 전에 무슨 일이 있었던 것일까?

제국의 창건자인 퀴루스는 기원전 530년에 중앙아시아 초원지역에 살던 마사게태라는 부족에 대한 원정을 감행했다. 당시 이 부족은 마치 아마조네스와 같이 여자들이 전사로서 활약했고, 그 수령도 토미리스라는 여자였다. 그런데 뜻하지 않은 일이 벌어졌다. 퀴루스가 그들과의 전투에서 전사한 것이었다. 바빌론 제국을 무너뜨린 그가 변방의 부족과 싸우다가 목숨을 잃었다.

퀴루스가 사망한 뒤 그의 아들인 캄비세스(재위 530-522 기원전)가 제위에 올랐다. 그는 즉위한 뒤에 아버지가 싸우던 동방을 포기하고 서방으로 관심을 돌려 이집트 경략에 힘을 기울였다. 그는 군대를 이끌고 팔레스타인 해안 지방을 거쳐서 남하하여, 이집트로 들어가 그 대부분을 장악하는 데에 성공했다. 그러나 원정을 마치고 돌아온 뒤 얼마 지나지 않아 그도 갑작스러운 죽음을 맞이했다. 여러 곳에서 반란이 일어났고, 왕위 계승을 둘러싼 혼란이 벌어지면서 제국은 깊은 수렁으로 빠져들고 말았다.

다리우스와 크세르크세스

이 혼란을 정리하고 제국을 다시 확고한 기반 위에 올려놓은 인물이 바로 다리우스 대제였다. 퀴루스와 같은 집안 출신인 그는 퀴루스의 아들을 참칭(僭稱)하며 반란을 일으킨 가우마타라는 인물을 제거하고 제국 전역을 통일하는 데에 성공했다.

그는 통일을 기념하기 위해서 이란 중부의 키르만샤라는 곳에 비문을 하나 남겼는데, 그 유명한 비스툰 비문이다. 높이 105미터의 깎아지른 절벽에 가로 22미터, 세로 7.8미터의 넓이에 새겨져 있는 이 비문은 보는 이를 압도한다. 중앙에는 등신대 사이즈(1.72미터)의 다리우스 대제가 위로는 최고신 아후라 마즈다의 축복을 받으며, 발아래로는 찬탈자 가우마타를 짓밟고, 반란을 일으킨 수령들 9명을 사슬에 묶어 뒤에서 궁수와 창수의 호위를 받는 모습이 부조되어 있다. 그 주위에는 다리우스의 업적을 칭송하는 명문이 설형문자로 새겨져 있다. 내용은 고대 페르시아어, 엘람어, 아카드어 등 모두 세 가지 언어로 기록되어 있다.

헤로도토스의 기록에 의하면, 페르시아 제국은 20개 정도의 성(省, satrapy)으로 나누어져 있었다고 한다. 「에스더」는 아하수에로(크세르크세스)에 대해서 "인도로 구스까지 일백이십칠 도를 치리(治理)하는 왕"(에1:1)이라고 했다. 구스(Cuth)는 에티오피아를 칭하는 말이다. 즉 제국 전역을 127도(道)로 나누었다고 했는데, 도는 성보다 더 작은 행정 단위를 가리킨다. 「다니엘」에도 그가 방백 120명을 세워 전국을 통치하게 했고, 그들을 총괄하는 총리 세 명을 두었는데, 그 가운데 하나가 바로 다니엘이었다고 기록했다.

다리우스 대제의 비스툰 비문

　각 성에는 크샤트라파라고 하는 성장(省長)을 두었는데, 현지인 가운데 유력자를 임명하는 경우가 많았다. 성장은 군사권을 제외한 사법, 징세, 행정 등 광범위한 민정권을 행사했다. 각 성은 매년 은을 세금으로 납부해야 했다. 행정을 원활하게 하기 위해서 전국 각지를 잇는 주요 간선도로를 건설했다. 특히 소아시아의 사르디스에서 제국의 수도인 수사에 이르는 2,470킬로미터 '왕의 대로'에는 111개의 역참이 설치되었고, 신속을 요하는 사항은 하루 300킬로미터 이상의 속도로 1주일 만에 전 구간을 주파하여 전달되었다고 한다. 또한 문화적으로도 통일을 기하기 위해서 아람어와 아람 문자를 제국의 공용언어로 정했다.

　다리우스의 시대에 제국의 영역은 최대로 확장되었지만, 그만큼 각지에서 반란도 자주 일어났다. 따라서 그는 이를 진압하기 위해서 자주 원정을 가야 했다. 예를 들면 500년경에 이오니아 지방에서 반란이 일어나자 에게 해 방면으로 진출하여 밀레토스를 함락하고 파괴했다. 기원전 490년에는 그리스 본토로 들어갔지만, 이번에는 패배를 당하고 말았다. 그것이 유명한 마라톤 전투였다. 그는 그 직후에 사망했지만, 그의 아들인 크세르크세스가 페르시아 전쟁을 재개하여 기원전 480년에는 승리를 거둔 뒤에 아테네로 들어가 도시를 불태웠다. 그러나 기원전 479년에 벌어진 살라미스 해전에서 페르시아 함대가 패배하여 그의 군대는 소아시아 방면으로 후퇴하게 되었다.

「에스더」에 의하면 아하수에로 왕의 즉위 7년에 페르시아와 메데스의 장군들 및 각지의 귀족과 방백들을 제국의 겨울 궁전이 있는 수산 성으로 불러 잔치를 벌이며 180일간 '나라의 부함과 위엄의 혁혁함'을 자랑했다고 한다. 수산은 수사라고도 불렸으며, 오늘날 이란 남부의 슈쉬에 해당된다. 지금도 슈쉬에 가면 다니엘과 에스더의 성묘로 알려진 곳이 있어 관광객들의 발길이 끊이지 않는다. 왕의 즉위 7년은 기원전 480년이기 때문에 그가 그리스를 침공하여 아테네까지 함락시켰던 성과를 거두었던 해와 일치한다. 아마 승전을 축하하는 연회였을 가능성이 크다.

오랜 연회가 끝난 그해 겨울에 에스더는 왕궁으로 들어갔다. 왕이 그녀를 다른 여자들보다 더 사랑하여 머리에 면류관을 씌우고, 자신의 명을 거역하여 눈 밖에 난 와스디를 대신하여 왕후로 삼았다. 당시 에스더의 나이가 스무 살 전후라고 가정했을 때, 그녀의 출생은 기원전 500년경이 된다. 그녀는 "퀴루스의 칙령"이 있은 지 40년, 그리고 마지막 '바빌론의 유수'가 있은 지 80년 뒤에 태어난 것이다. 「에스더」에는 그녀의 사촌으로 베냐민 지파에 속하는 모르드개라는 인물이 등장한다. 두 사

사자굴 안의 다니엘 (루벤스 그림)

람의 나이 차이가 많이 났기 때문에 모르드개는 그녀가 자기 사촌이었지만 마치 딸같이 길렀다고 한다.

바빌론 영내에 있다가 나중에 페르시아의 지배를 받게 된 이스라엘 사람들은 말하자면 소수의 피지배 민족으로서 여러 가지 차별과 편견의 대상이 되었다. 다니엘이 겪은 고초가 좋은 예이다. 다니엘이 다리우스의 총애를 받아 승승장구 출세를 계속하자 그를 질시하는 사람들이 생겼다. 그들은 다리우스가 왕 이외에는 어느 신이나 사람에게도 기도하거나 구하지 말라는 금령을 내렸는데도 다니엘이 금령을 어겼다고 고발했다. 다니엘은 사자굴에 던져졌고 그럼에도 불구하고 아무런 해도 입지 않고 살아나왔다는 것은 아주 유명한 이야기이다. 「에스더」도 바로 페르시아 제국에 있던 이스라엘 사람들이 겪었던 고난을 보여주는 좋은 예이다.

에스더

에스더의 본명은 하닷사(Hadassah)였다. 히브리어로 향기나는 복숭아 나무라는 말이다. 에스더는 바빌론-페르시아어로는 '별'을 뜻하면서 동시에 신의 이름이기도 하다. 그녀의 사촌인 모르드개(Mordecai)라는 이름도 마르둑이라는 신의 이름에서 연유한 것이다. 이스라엘 사람들은 바빌론으로 끌려온 뒤에는 히브리 이름과 바빌론 이름의 두 개를 가지는 경우가 많았다. 그러나 그녀는 자기 민족과 종족을 밝히지 말라는 모르드개의 말에 따랐기 때문에 자신의 본명은 사용하지 않았다.

당시 모르드개의 직책은 대궐 문을 출입하는 사람들을 통제하는 일이었다. 그는 우연히 왕을 암살하려는 음모를 알게 되었고, 그 정보를 에스더에게 알려 왕에게 전하도록 했다. 음모를 꾸몄던 사람들을 붙잡아 심문한 결과 사실임이 밝혀졌고, 그들은 나무에 매달려져 처형되었다. 그때 하만이라는 고관이 있었다. 왕이 그를 모든 신하들의 위에 두었다고 한 것으로 보아 총리대신 정도의 지위에 있었던 것 같다. 그런데 그 역시 페르시아 사람은 아니었다. 성경에는 그가 "아각 사람"이라고 되어 있는데, 아각은 바로 옛날에 사울 왕과 싸우던 아말렉 족속의 왕의 이름이었다(삼상15:7-9). 사울은 베냐민 지파에 속했기 때문에 같은 베냐민 출신의 모르드개는 사울의 후손이었다. 조상 때에 벌어졌던 대결이 다시 후손들에 의해서 재현된 것이다.

하만은 자신이 성문을 출입할 때 모르드개가 무릎을 꿇거나 절을 하

에스더의 성묘 (이란 수사)

지 않는 것을 보고 분노하여, 모르드개 한 사람이 아니라 나라 안에 있
는 유다인 전부를 죽이겠노라고 결심했다. 그는 왕에게 제국 각지에 흩
어져 사는 유다인들이 왕의 법을 따르지 않고 자신들의 율법만 고집하
니 그들을 진멸해야 마땅하다고 보고했다.

그러나 당시 페르시아 제국은 언어와 종교와 관습이 다른 여러 민족
들이 각자 공동체를 이루며 살고 있었고, 제국의 기본 정책은 고유한
관습을 존중하는 것이었다. 하만은 왕을 설득하기 위해서 만약 자기에
게 유다인들을 처리할 전권을 부여하면, 자신은 왕의 재고에 은 1만 달

란트를 넣겠다고 약속했다. 그것은 34만 킬로그램에 달하는 것으로 실로 어마어마한 액수였다. 아하수에로 왕은 자신의 반지 인장을 주면서 그가 원하는 대로 조서를 작성하여 반포하라고 했다.

하만은 제국의 발달된 역참제도를 이용하여 전국 각 성과 도에 조서를 보내어, 그해 마지막 달 열세 번째 날에 유다 사람은 남녀노소를 막론하고 모두 도륙하고 그들의 재산도 전부 빼앗으라고 명령했다. 이 소식을 들은 모르드개는 자기 옷을 찢고 굵은 베를 입고 재를 뒤집어 쓴 채 대궐 문 앞에서 통곡했다. 전국의 유다 사람들도 마찬가지로 금식하고 통곡했다. 모르드개는 에스더에게 전갈을 보내 "네가 왕후의 자리를 얻은 것이 이때를 위함이 아닌지 누가 알겠느냐"(에4:14)고 하면서 왕에게 가서 그의 마음을 돌릴 것을 원했다.

그러나 왕의 부름이 없이 마음대로 궁의 안뜰에 들어가면 처형되는 것이 법이었기 때문에 그녀는 이러지도저러지도 못하는 처지가 되었다. 에스더는 삼일 밤낮을 금식하면서 기도한 끝에 마침내 왕에게 나아가기로 결심했다. 이때 그녀가 한 말이 그 유명한 "죽으면 죽으리이다"(에4:16)라는 말이었다.

왕궁 안뜰에 들어온 에스더를 본 왕은 그녀를 어여삐 여겨 황금 왕홀(王笏)을 내밀며 그녀가 규례를 어긴 것을 용서했다. 그리고 그녀의 소원을 묻고는 무엇이든 들어줄 것이며 나라의 절반이라도 주겠노라고 약속했다. 에스더는 용기를 내어 자신이 유다 사람임을 밝히고 동족들이 억울한 누명을 쓰고 모두 진멸하게 되었다고 탄원했다. 왕이 이 일을 꾸민 자가 누구냐고 물었고, 하만이라는 사실이 밝혀졌다. 하만은 처음에 모르드개를 죽이려고 높이 50규빗이나 되는 나무를 세웠는데, 오히려 자신이 그 나무에 매달려져 처형되는 최후를 맞았다.

이렇게 해서 전국의 유다 사람들은 위기를 모면하게 되었고, 이를 기념하기 위해서 그후로 자신들을 몰살시키려고 하만이 정했던 날의 다음 날, 즉 열두 번째 달인 아달 월 십사일을 부림절로 정하여 해마다 축제를 즐겼다. 부림(Purim)이라는 말은 '제비(뽑기)'를 뜻하는 부르(pur)에서 기원한 것인데, 그것은 하만이 유다인들을 몰살시킬 날짜를 제비뽑기로 정했기 때문에 붙여진 이름이었다. 부림절은 지금도 유대인들에게 중요한 세시 축제의 하나로 꼽히고 있다.

퀴루스 칙령과 이스라엘의 귀환

그렇다면 이제 화제를 돌려서 퀴루스의 명령에 따라 귀향을 선택한 사람들은 어떻게 되었을까? 유다 사람들의 귀환을 허락한 명령을 흔히 "퀴루스 칙령"이라고 부르는데, 성경에서 그 내용을 확인할 수 있다 (스 1:2-4; 스6:3-5; 대하36:23). 「에스라」에 기록된 것을 인용하면 다음과 같다.

바사 왕 고레스는 말하노니 하늘의 하나님 여호와께서 세상 모든 나라를 내게 주셨고 나에게 명령하사 유다 예루살렘에 성전을 건축하라 하셨나니 이스라엘의 하나님은 참 신이시라 너희 중에 그의 백성 된 자는 다 유다 예루살렘으로 올라가서 이스라엘의 하나님 여호와의 성전을 건축하라 그는 예루살렘에 계신 하나님이시라 그 남아 있는 백성이 어느 곳에 머물러 살든지 그 곳 사람들이 마땅히 은과 금과 그 밖의 물건과 짐승으로 도와 주고

그 외에도 예루살렘에 세울 하나님의 성전을 위하여 예물을 기쁘게 드릴지
니라.(스1:2-4)

이 문장이 과연 칙령의 원문을 그대로 옮긴 것인지는 단언할 수는 없
지만, 적어도 당시 퀴루스가 그와 매우 유사한 내용의 칙령을 내렸으리
라는 사실은 다른 자료를 통해서 확인할 수 있다. 그는 바빌론 제국 시
대에 정복으로 끌려온 사람들에게 고향으로 되돌아가도록 한 칙령을 유
다인들 뿐만 아니라 다른 여러 지역의 주민들에게도 내렸다. 현재 대영
박물관에 소장되어 있는 "퀴루스 원통(Cyrus Cylinder)"의 표면에는 설
형문자로 그러한 칙령 하나가 새겨져 있다. 그 칙령은 과거에 바빌론
제국의 왕 나보니두스가 수메르인들과 아카드인들이 숭배하던 여러 우
상들을 바빌론으로 가지고 온 적이 있는데, 이제 그것을 훼손시키지 말
고 원래 있던 성소에 그대로 옮겨놓으라는 퀴루스의 명령이다.

그 칙령에서 퀴루스는 자신의 결정이 "위대한 주인인 마르둑의 명령
에 의거한 것"임을 분명히 밝히고 있다. 유다인들을 대상으로 한 칙령에
서는 "하늘의 신 여호와"의 이름을 운운했는데, 수메르인들과 아카드인
들을 대상으로 한 칙령에서는 그 지역의 최고신인 마르둑을 찬양한 것
이다. 이것은 페르시아 제국을 건설한 퀴루스가 그의 제국에 앞섰던 바
빌론 제국과는 달리, 복속민들이 믿던 다양한 신들을 그대로 용인하는
종교적인 다원주의를 채택했기 때문에 가능한 일이었다. 그리고 그러한
정책은 인류 역사상 그때까지 출현한 제국들 가운데에서 가장 광범위한
영역을 아우르게 된 페르시아로서는 어쩌면 불가피한 선택이었을 것이
다. 제국의 중심에서 멀리 떨어진 곳에 있는 다양한 민족들의 종교적

퀴루스 원통 (대영박물관: 길이 22.3센티미터, 높이 10센티미터)

관습을 용인함으로써 그로 인한 불필요한 반란의 소지를 미리 없애려고
했기 때문이다.

"퀴루스의 칙령"에 따라 유다인들의 귀환이 시작되었다. 기원전 538
년 퀴루스는 유다의 왕족 출신인 세스바살을 초대 총독으로 임명하여
동족들과 함께 예루살렘으로 돌아가도록 했다. 이것이 1차 귀환이었다.
왕은 고지기(재무장관)에게 명하여 과거 느부갓네살이 예루살렘 성전에
서 가지고 온 그릇들을 조사해서 모두 돌려주도록 했는데, 금과 은으로
된 쟁반과 대접이 모두 5,400점에 이르렀다. 귀환은 한 차례로 끝나지
않고 그후에도 두어 차례 계속되었다. 정확한 시기는 알 수 없지만, 기
원전 538-521년에 스룹바벨이 그 다음 총독에 임명되어 제사장 예수아
와 함께 예루살렘으로 돌아갔는데, 이것이 2차 귀환이었다. 그뒤에 기
원전 458년에 에스라와 함께 3차 귀환, 기원전 445년에는 느헤미야와

함께 4차 귀환이 이루어졌다.

이렇게 해서 귀환한 사람들에 대해서 「에스라」와 「느헤미야」는 '누구의 자손이 몇 명' 하는 식으로 아주 상세하게 숫자를 기록으로 남겼는데, 그 총수는 42,360명이었다. 통상 20세 이상의 남자만 계수했기 때문에 여자와 아이들까지 포함한다면 모두 15만-20만 명은 되었다고 보아야 할 것이다. 그밖에도 노예가 7,337명, 노래하는 남녀가 245명이었다고 한다. 그리고 수백 수천을 헤아리는 말과 노새와 낙타와 나귀도 함께 길을 나섰다(스1:7-2:67; 느7:66-69).

당시 유다 지방은 페르시아 제국의 행정 구역상 예후드라는 하나의 도(道)를 이루었다. 앞에서도 설명했듯이 페르시아는 제국 전역을 20개 정도의 성(省)으로 구분하고, 각각의 성을 다시 여러 개의 도로 나누었다. 예후드도는 아바르 나하라라는 성에 속해 있었다. 아바르 나하라(Abar Nahara)는 '강 너머'라는 뜻으로 유프라테스 강 서쪽을 관할하는 큰 행정 구역이었으며, 도읍은 다마스쿠스였다. 이 성에는 유다 이외에도 북쪽의 사마리아, 남쪽의 이두메아, 과거에 블레셋 사람들이 살던 서쪽 해안 지방의 아스돗 등의 도가 속해 있었다. 그리고 요르단 강 동쪽에 암몬인과 모압인들이 살고 있던 길르앗 지방에도 또다른 도가 있었다.

제2의 성전 건축

그런데 이들 각 도의 책임자인 총독은 세스바살이 그러했듯이 현지의 왕족이나 세력가에게 맡겨졌고, 이 총독들은 각자의 이해관계가 서로 엇갈려 자주 충돌을 빚곤 했다. 세스바살이 유다 사람들을 이끌고 총독

으로 부임한 것은 주변의 총독들이나 민족들에게는 결코 반가운 일이
아니었다. 유다 총독으로 임명된 세스바살은 먼저 모세의 율법에 따라
번제를 드리기 위해서 하나님의 단을 세우려고 했으나, "무리가 모든 나
라 백성을 두려워하여" 단을 과거에 성전이 있던 그 터에 세웠다고 한다
(스3:2-3). 문장의 내용만으로는 그 뜻이 분명치 않으나, 이웃 민족들의
비난이 두려워 무너진 성전의 바닥에 조그만 단을 쌓고 번제를 드렸다
는 것으로 이해된다.

이어서 본격적인 성전 건축에 들어갔다. 석수와 목수를 고용하고, 레
바논에서 바닷길을 이용하여 백향목을 들여왔다. 그들이 귀환한 지 2년
째 되던 해에 마침내 성전의 기초를 쌓았고, 이를 기념하는 행사까지
치렀다. 그러나 성전을 건축한다는 말을 들은 유다와 베냐민의 대적들
이 찾아와서 이를 문제삼기 시작했다. 그들은 "바사 왕 고레스의 시대부
터 바사 왕 다리오가 즉위할 때까지" 관리들에게 뇌물을 주며 건축을
하지 못하도록 저지했다(스4:1-5).

이렇게 성전 건축이 지지부진하는 사이에 페르시아 제국은 거대한 정
치적 혼란에 빠져들게 되었다. 앞에서도 말했듯이 퀴루스의 뒤를 이은
캄비세스가 갑작스럽게 사망하면서 각지에서 반란이 일어난 것이다. 그
러나 다리우스가 즉위하고 다시 안정 국면으로 전환되면서 새로운 기회
가 찾아왔다. 다리우스는 제국의 영토를 더욱 확장시키기 위해서 이집
트 원정을 결심했고 이를 위한 준비 작업의 일환으로 유다 사람들을 확
실하게 자기의 지지 세력을 만들 필요가 있었다.

그때 마침 유다의 장로들이 다리우스에게 과거 자신들이 받았던 "퀴
루스의 칙령"을 상기시키면서 터만 닦은 채 중단한 성전의 건축을 완성

시킬 수 있게 해달라고 탄원했다. 다리우스는 관리들에게 과연 그런 일이 있었는지 조사하라고 지시했다. 그 결과 메데스의 도읍이 있던 에크바타나(악메다)의 궁에서 두루마리를 하나 발견했고, 성전 건축을 지시하면서 성전의 규모까지 구체적으로 기록한 사실이 확인되었다. 즉 높이와 폭은 각각 60규빗으로 하고, 나무와 돌을 쌓을 때에는 큰 돌 세 켜에 새 목재 한 켜를 놓으라고 했다. 그리고 소요되는 모든 경비는 왕실에서 부담한다는 내용이었다(스6:1-4).

다리우스는 새로운 조서를 내려 퀴루스의 칙령에 따라 성전 건축을 신속히 재개할 것을 명했다. 이번의 공사는 새 총독으로 임명된 스룹바벨과 제사장 예수아가 중심이 되어 추진되었다. 또한 선지자 학개와 스가랴는 다리우스 재위 제2년인 기원전 521년경부터 계속해서 여호와의 계시를 받으면서 건축의 당위성을 선포하고 건축을 권면(勸勉)했다(스6:14). 학개는 "너희는 산에 올라가서 나무를 가져다가 성전을 건축하라 그리하면 내가 그것으로 말미암아 기뻐하고 또 영광을 얻으리라"(학1:8)고 했다. 스가랴도 여러 가지 기이한 환상과 계시를 보았는데, 그중에서 "금 기름을 흘려 내는 두 금관" 옆에 있는 두 그루의 감람나무는 바로 성전 건축을 위해서 기름부음을 받은 스룹바벨과 예수아를 지칭하는 것이었다(슥4:11-14). 이렇게 해서 다리우스 6년(517)에 드디어 성전이 완공되고 봉헌식을 올렸다.

구약성경의 마지막 책인 「말라기」는 성전 건축이 끝나기 바로 직전에 쓰인 것으로 보인다. 여호와께 예물을 드릴 때 눈먼 희생이나 병들고 약한 동물을 드리는 것에 대해서 경계하면서, 만약 그런 것을 "총독에게 드려보라 그가 너를 기뻐(하겠느냐)"(말1:8)고 했는데, 여기서 총독은 물론 페르시아 제국에 속하는 유다 도(道)의 행정 책임자를 가리킨다. 따라서 그의 활동은 이스라엘 사람들이 예루살렘으로 귀환한 뒤의 상황을 가리키는 것이지만, 아직 완성된 성전에 대한 언급이 없는 것으로 보아 에스라와 느헤미야가 본격적이 활동을 시작하기 전으로 추정된다. 「말라기」에서는 이스라엘에 대한 하나님의 보살핌이 끝나지 않을 것이라는 점, 여호와를 제외한 다른 우상들에 대한 숭배의 철저한 중지, 온전한 십일조와 헌물의 중요성, 그리고 교만한 자와 악을 행하는 자에 대한 징벌 등을 강조하고 있다.

제3차 귀환은 기원전 458년 당시 페르시아의 군주였던 아닥사스다 1세(재위 465-424 기원전)가 제사장이자 율법 학사인 에스라에게 칙령을 내림으로써 성사되었다. 그는 "이스라엘 백성과 저희 제사장들과 레위 사람들 중에 예루살렘으로 올라갈 뜻이 있는 자는 누구든지 너와 함께 갈지어다"라고 하며 추가 귀환을 허락했다. 그리고 자신이 하사한 금은 그릇들은 물론, 각지에서 거둔 금은으로 값진 예물을 사서 하나님의 성전, 곧 예루살렘 성전에 바치라고 했다(스7). 그러나 에스라와 함께 고향으로 돌아간 사람들의 숫자는 비교적 적은 규모였다. 「에스라」에는 구체적으로 각 집안의 자손들의 숫자가 기록되어 있는데, 모두 합하면 1,854명 정도가 된다(스8:1-20).

느헤미야의 활동

이 일이 있은 뒤에 기원전 445년 이후에 또 한 차례의 귀환이 있었다는 것이 알려져 있다. 이것은 느헤미야라는 인물에 의해서 추진되었다. 그는 아닥사스다 왕의 술 담당 관원 즉 '술잔 바치는 사람'이었다. 왕을 시해할 목적으로 술잔에 독을 타는 일도 있기 때문에, 왕은 자신이 정말로 신임하는 사람에게 이 직책을 맡기는 것이 보통이었다. 느헤미야도 왕의 두터운 신임을 받는 인물이었음이 분명하다. 따라서 그는 왕에게 자신이 예루살렘으로 돌아가 무너진 성벽을 다시 수축할 수 있게 해달라고 직접 청원했다.

아닥사스다 왕은 느헤미야를 유다 총독으로 임명했다. 동시에 "강 서편에 있는 총독들"에게 조서를 내려 그가 유다까지 통과할 수 있도록 돕게 했고, 동시에 제국의 삼림을 총괄하는 장관에게 성문과 성곽과 대궐을 건축하는 데에 필요한 목재를 제공하라고 지시했다. 여기서 "강 서편"이란 아바르 나하라, 즉 유프라테스 강의 서쪽을 가리킨다. 그런데 성경은 이 조서가 전해지자 북방의 사마리아 총독과 동쪽의 암몬인들이 "이스라엘 자손을 흥왕케 하려는 사람이 왔다 함을 듣고 심히 근심하더라"(느2:10)고 기록했다. 유다 사람들이 이제 다시 성곽을 수축하고 새로운 세력으로 부상하는 것은 그들에게 반가운 소식이 아니었다. 과거에 그들이 성전의 중건을 반대했던 것도 동일한 이유에서였다.

느헤미야는 예루살렘에 도착하여 일단 성 안팎을 둘러보았다. 성벽은 무너지고 성문은 불타서 없어진 상태였다. 그는 드디어 성벽과 성문과 망대의 건축에 착수했다. 이때 그가 취한 방법은 재산과 권세가 있는 가문에게 성벽의 일정 구간을 맡기기도 하고, 혹은 여리고나 기브온과 같이 특정한 도시 출신 사람들이 한 팀이 되어 일정한 구간을 건축하도록 한 것이었다. 「느헤미야」에는 어느 집안의 누가 혹은 어느 도시의 사람들이 어느 부분을 지었는지 매우 상세하게 적혀 있다.

지도 31 느헤미야가 복구한 예루살렘 도성과 성전

그러나 성벽이 연결되고 점점 더 높이 쌓여가자 원래부터 불만을 품었던 세력들이 본격적으로 방해하기 시작했다. 그래서 사마리아, 암몬, 아라비아, 아스돗 등의 사람들이 무력으로 그들을 공격하고 작업을 못하게 하려고 했다. 이에 느헤미야는 공사에 투입된 사람들 가운데 절반은 무기를 들고 적의 침입에 대비하게 하고, 나머지 절반은 흙을 나르고 쌓는 일에 전념하게 했다. 이렇게 해서 수많은 난관을 극복하고 마침내 느헤미야는 예루살렘의 성벽과 성문을 모두 중건했으니, 전후해서 모두 52일이 걸렸다. 여러 악조건을 생각한다면, 정말로 놀라울 정도로 단기

간에 완성된 셈이다. "이 역사를 우리 하나님이 이루신 것"(느6:15-16)
이라고 할 만했다.

예루살렘으로의 귀환, 성전의 건축, 성벽의 중건. 이로써 마침내 '제2
의 성전 시대'가 개막되었다. 재건된 예루살렘과 성전은 고향을 찾아와
다시 그곳을 터전으로 잡은 이스라엘 백성들에게 여호와 하나님을 믿고
모세의 율법을 받드는 하나의 공동체로서 그후 그들에게 닥친 역사의
격랑을 헤치며 살아가게 하는 구심점이 되었다. 물론 과거에 다윗이 건
설한 왕국은 더 이상 존재하지 않았다. 이제 유다인들은 페르시아의 지
배를 받는 유다 땅의 속민일 뿐이었다.

이스라엘 사람들은 페르시아 제국이 무너진 뒤에도 독립을 하지 못하
고 계속해서 외세의 지배를 받아야 했다. 페르시아를 무너뜨린 마케도
니아의 알렉산드로스 대왕(재위 356-323 기원전)이 죽은 뒤 그의 제국
은 삼분되었고, 처음에는 이집트에 근거를 둔 프톨레마이오스 왕조가
팔레스타인 지방을 지배했지만, 곧 이 지역의 패권은 셀레우코스 왕조
에게로 넘어갔다. 기원전 142년에는 마카비 가문이 주도한 반란이 성공
을 거두면서 이스라엘인들이 세운 소위 하스몬 왕조가 들어섰다. 그러
나 그것도 기원전 63년 로마 제국의 속국으로 전락하고 말았으니, 이로
써, 구약의 시대는 마침내 막을 내리고 예수님의 탄생과 함께 신약의
시대로 넘어가게 된 것이다.

글을 마치며

성경에 대해서 전공을 하지는 않았지만, 언젠가 시간이 된다면 역사를 공부한 사람의 눈으로 성경을 읽고 느낀 감상들을 정리해서 써봐야지 하는 생각은 꽤 오래 전부터 했었다. 아마 정년퇴직한 뒤라면 여가 시간도 많을 테니 가능하지 않을까 하는 생각도 했었다.

그런데 그 기회는 의외로 빨리 찾아왔다. 내가 은퇴하기 전에 누릴 수 있는 마지막 연구학기를 맞아서 미국 프린스턴에 있는 고등연구원에 객원연구원으로 작년 9월부터 금년 3월 중순 경까지 머물게 되었다. 처음 다섯 달 정도는 밀린 작업들을 하느라고 정신없이 보냈다. 숲과 전원에 둘러싸인 자연 환경에다가 가족과 떨어져 혼자 있다 보니 제법 집중도 잘 되었다. 연구소는 수십 년 전에 아인슈타인이 그곳에서 연구를 했었다고 해서 대단히 자랑스러워 한다. 정말로 연구하기에는 그보다 더 좋은 곳이 없을 정도였다.

나는 운동 부족을 메우려고 탁구를 치기 시작했다. 마침 초등학교부터 대학교까지 같이 다녔던, 신심이 아주 깊은 죽마고우가 뉴욕에 있었기에, 그 친구와 한두 주일에 한 번씩 만나서 탁구를 치며 우애도 다지고 운동을 즐기기도 했다. 하루는 운동을 끝내고 저녁 식사를 하는 자리에서 앞으로의 계획에 대해서 서로 이런 저런 얘기를 하는 도중에, 언젠가 성경에 대해서 써보고 싶다는 희망을 피력했다. 그러자 그 친구는 내가 최근에 출간한 「아틀라스 중앙유라시아」라는 책과 비슷하게 써보면 어떻겠느냐고 제안했다.

그 순간 나는 마치 무엇인가에 한 대 얻어맞은 것 같은 느낌을 받았다. 나는 그것이 하나님이 내게 주시는 '말씀'이라는 것을 알았다. "맞아! 그래, 그렇게 써야겠구나!" 그 길로 나는 프린스턴으로 돌아와서 책 전체의 윤곽을 정하고 집필에 들어갔다. 새벽 일찍 일어나 기도를 한 뒤에 성경과 주석서들, 그리고 관련된 연구서들을 읽기 시작했다. 저녁 식사할 때가 되면 완전히 녹초가 되었고 머리는 마비가 되어서 더 이상 쓸 수가 없을 지경이 되었다. 이렇게 꼬박 두 달을 보냈고 마침내 모두 10개의 장으로 이루어진 성경 이야기(구약)의 초고를 완성했다. 그뒤 상당한 기간에 걸쳐서 조금씩 수정과 보완을 한 결과 지금의 형태에 이르게 되었다.

그런데 막상 출판을 하려니 여러 가지 걱정이 앞섰다. 먼저 내가 감히 성경에 대해서 어떤 책을 써서 출판한다는 것 자체가 주저되었다. 이제까지 대체로 '전공'이라는 분야에서 벗어나지 않았고 나름 '프로 정신'을 지키는 것이 중요하다고 생각해왔기 때문에, 나의 전공과는 거리가 먼 성경에 대해서 책을 써서 출판한다는 것이 심히 외람된 것이 아닌가 느껴졌다. 그러나 나는 이러한 우려를 떨쳐버리고 책으로 내리라고 결심했다. 그 이유는 무엇보다도 내가 쓴 글이 어떤 사람들에게는 그래도 도움이 될지도 모른다는 생각 때문이었다. 오랫동안 성경을 읽었는데도 그 내용들이 잘 정리가 안 되는 사람들이 나의 글을 읽고 도움을 받는다면, 그것만으로도 가치 있는 일이 아닐까?

그러나 지금 돌이켜 생각해보면 내가 이 글을 쓴 것은 다른 사람에게 보다는 오히려 내게 더 큰 은혜였던 것 같다. 열 개의 스토리를 준비하는 과정에서 그동안 조각조각 나의 머릿속에 떠돌던 성경의 일화들이 이제는 하나의 장대하고 멋진 파노라마가 되어 연결되었기 때문이다. 독자들의 이해를 위해서 여러 개의 지도들을 그리는 과정도 그러했다. 가나안 땅의 수많은 지명들과 지리적 특징들을 알게 되었다. 다만 아쉬운 것은 현지에서의 체험 부족이다. 그동안 몇 차례 학회 관계로 이스라엘을 다녀오긴 했지만, 성경에 나오는 지방들을 샅샅이 찾아다니지 못했기 때문이다. 언젠가는 그곳에 오래 머물며 여러 곳을 돌아보았으면 하는 바람이다.

마지막으로 이 책의 초고를 기쁜 마음으로 읽고 자상한 충고를 아끼지 않은 아내에게 고마운 마음을 전하고 싶다. 또한 이 책의 출판을 기꺼이 수락해주신 까치글방의 박종만 대표에게 감사를 드린다. 내가 의도한 것은 아니지만 그동안 까치글방에서 나온 나의 책들 가운데 기독교와 관련된 것들이 제법 있었다. 「동방기독교와 동서문명」도 그렇고 「몽골 제국 기행」도 그러했다. 그것도 내가 처음부터 의도한 것은 아니었지만, 어떻게 하다 보니 그렇게 된 것이다.

언젠가, 아마 은퇴 후의 일이 되겠지만, 신약성경도 이와 비슷한 방식으로 써보고 싶은 희망을 가지고 있다. 그러나 모든 것이 그러하듯이 나의 의지만으로 일이 성사되는 것은 아닐 터이니, 하나님께서 가장 좋은 방법으로 인도해주시리라고 믿는 마음으로 기도할 뿐이다.

2016년 11월 1일
양평 성숙재에서

참고 문헌

Aiken, Edwin James. *Scriptural Geography: Portraying the Holy Land* (New York: Tauris, 2010).

Beitzel, Barry J. *The Moody Atlas of the Bible* (Chicago: Moody Publishers, 2009).

Bible Atlas: with Charts and Biblical Reconstructions. Introduction and Text by Paul H. Wright (Nashville: Holman Bible Publishers, 2004).

Bright, John. *A History of Israel* (4th ed., Louisville: Westminster John Knox Press, 2000); 존 브라이트, 『이스라엘 역사』(1981년 제3증보판, 박문재 옮김, 서울: 크리스챤 다이제스트, 1993).

Coogan, Michael D. *The Old Testament: A Very Short Introduction* (Oxford: Oxford University Press, 2008).

Curtis, Adrian. *Oxford Bible Atlas* (4th edition, Oxford: Oxford University Press, 2007).

Davies, G. I. *The Way of the Wildernes: A Geographical Study of the Wilderness Itineraries in the Old Testament* (Cambridge: Cambridge University Press, 1979).

Dever, William G. *Who were the Early Israelites and Where did they come from?* (Grand Rapids, Michigan: Wm. B. Eerdmans, 2003)

Hamilton, Victor. *Handbook on the Historical Books* (Grand Rapids, Michigan: Wm. B. Eerdmans, 2001; 빅터 해밀턴, 『역사서 개론』(강성열 옮김, 서울: 크리스챤 다이제스트, 2005).

Hendel, Ronald. *Remembering Abraham: Culture, Memory, and History in the Hebrew Bible* (Oxford: Oxford University Press, 2005).

Henry, Matthew. *Matthew Henry's Commentary on the Whole Bible* (Complete and unabridged in one volume, 16th printing, Hendrickson Publishers, 2006).

Hoffmeier, James K. *Israel in Egypt: The Evidence for the Authenticity of the Exodus Tradition* (Oxford: Oxford University Press, 1996).

Holy Bible: NIV (New International Version; Grand Rapids, Michigan: Zondervan, 1973).

Josephus, Flavius. *The Complete Works of Flavius Josephus* (Nashville: T. Nelson Publishers, 1988).

Kholenberger, John R. III. *The Interlinear NIV: Hebrew-English Old Testament* (Grand Rapids, Michigan: Zondervan, 1979).

Kilebrew, Ann E. *Biblical Peoples and Ethnicity: An Archaeological Study of Egyptians, Canaanites, Philistines, and Early Israel, 1300-1100 B.C.E.* (Atlanta: Society of Biblical Literature, 2005).

Miller, J. Maxwell & Hayes, John H. *A History of Ancient Israel and Judah* (2nd ed., Louisville: Westminster John Knox Press, 2006); 『고대 이스라엘 역사』 (박문재 옮김, 서울: 크리스챤 다이제스트, 1996).

New Bible Atlas. Wheaton, Illinois: Tyndale, 1985.

Pritchard, James B. ed. *Ancient Near Eastern Texts: Relating to the Old Textament* (3rd edition, Princeton: Princeton University Press, 1969).

Pritchard, James B. ed. *The Times Atlas of the Bible* (London: Times Books, 1987).

Provan, Iain, V. Philips Long, & Tremper Longman III. *A Biblical History of Israel* (Louisville: Westminster John Knox Press, 2003)

Rasmussen, Carl G. *Atlas of the Bible* (Revised edition; Grand Rapids, Michigan: Zondervan, 20109).

The New Oxford Annotated Bible: New Rivised Standard Version with the Apocrypha (Oxford: Oxford University Press, 2010).

The Oxford Bible Commentary. Ed. by John Barton and John Muddiman (Oxford: Oxford University Press, 2001).

롤랑 드보. 『구약시대의 생활풍속』 (이양구 옮김, 서울: 대한기독교서회, 1983).

박대선, 김찬국, 김정준. 『구약성서개론』 (서울: 대한기독교서회, 1960).

R. N. 와이브레이. 『오경입문』 (차준희 옮김, 서울: 기독교서회, 2005).

이븐 할둔, 『역사서설: 아랍, 이슬람, 문명』 (김호동 옮김, 서울: 까치, 2003).

조병호. 『성경과 5대제국』 (서울: 통독원, 2011).

토마스 W. 만. 『구약오경 이야기』 (김은규 옮김, 서울: 맑은 울림, 2004).

롤란드 해리슨. 『구약서론』 (류호준, 박철현 옮김, 서울: 크리스챤 다이제스트, 1993).